高职高专"十三五"建筑及工程管理类专业系列教材

建筑工程质量与安全管理

主　编　殷　勇　钟　焘　曾　虹

副主编　阳江英　郑晓蕾

主　审　张银会

U0282273

西安交通大学出版社
XI'AN JIAOTONG UNIVERSITY PRESS

国家一级出版社
全国百佳图书出版单位

内容简介

本书按照高等职业技术教育土建类专业对建筑工程质量与安全管理课程的有关要求,以国家现行建筑工程标准、规范、规程为依据,结合工程实例,系统地阐述了建筑工程质量管理与安全管理的主要内容,力求使读者通过对本书的阅读,能对建筑工程的质量和安全管理有较深刻的认识,并掌握常用的质量与安全管理方法和技术。本书具有较强的针对性、实用性和通用性,内容新颖、覆盖面广、可读性强,是学习建筑工程质量与安全管理的实用教材。

本书可作为高等职业技术教育建筑工程技术、工程监理、工程管理等相关专业的教学用书,也可作为从事工程建设的技术人员和管理人员的学习参考。

图书在版编目(CIP)数据

建筑工程质量与安全管理 / 殷勇,钟焘,曾虹主编
. —西安:西安交通大学出版社,2021.4
ISBN 978 - 7 - 5693 - 1060 - 3

Ⅰ.①建… Ⅱ.①殷… ②钟… ③曾… Ⅲ.①建筑工程-工程质量-质量管理-高等职业教育-教材 ②建筑工程-安全管理-高等职业教育-教材 Ⅳ.①TU71

中国版本图书馆 CIP 数据核字(2019)第 008874 号

书　　名	建筑工程质量与安全管理
	JIANZHU GONGCHENG ZHILIANG YU ANQUAN GUANLI
主　　编	殷　勇　钟　焘　曾　虹
责任编辑	祝翠华
责任校对	郭　　剑
出版发行	西安交通大学出版社
	(西安市兴庆南路 1 号　邮政编码 710048)
网　　址	http://www.xjtupress.com
电　　话	(029)82668357　82667874(发行中心)
	(029)82668315　82669096(总编办)
传　　真	(029)82668280
印　　刷	西安明瑞印务有限公司
开　　本	787mm×1092mm　1/16　印张 14.5　字数 381 千字
版次印次	2021 年 4 月第 1 版　　2021 年 4 月第 1 次印刷
书　　号	ISBN 978 - 7 - 5693 - 1060 - 3
定　　价	39.80 元

如发现印装质量问题,请与本社发行中心联系、调换。
订购热线:(029)82665248　(029)82665249
投稿热线:(029)82664840
读者信箱:xj_rwjg@126.com

前言 Preface

　　建筑工程质量与安全管理是建筑工程技术、建筑工程监理专业的一门重要专业课程,同时也是其他建筑工程类专业的必修课程。为了适应21世纪高等职业技术教育发展的需要,培养出适应生产、建设、管理、服务等一线需要的具备建筑工程质量与安全管理技能的专业技术应用型人才,依据当前建筑工程质量与安全管理发展的趋势,并结合高职院校实际教学工作的情况编写了本书。

　　本书在编写过程中充分体现了"以工作为导向、以能力为本位"的特点,以国家现行的建设法规为依据,全面阐述了建筑工程质量与安全管理的基本理论和管理方法。本书分为上下两篇,即建筑工程质量管理篇和建筑工程安全管理篇。建筑工程质量管理篇(第1章至第4章)的内容主要包括建筑工程质量概述、建筑工程质量验收及质量事故、建筑工程施工质量控制及其要点等;建筑工程安全管理篇(第5章至第8章)的主要内容包括安全管理基础知识、建筑施工安全技术措施、施工机械与用电管理、安全文明施工等。全书力求概念准确、层次清楚、语言简明、详略得当、重点突出,注重实用性和可操作性。

　　本书由重庆建筑工程职业学院殷勇、钟焘、曾虹担任主编,由殷勇负责统稿,重庆建筑工程职业学院阳江英、郑晓蕾担任副主编,重庆建筑工程职业学院彭红、沈雅雯、吕依然参与编写。具体章节编写分工如下:第1至3章由殷勇编写,第4章由曾虹编写,第5至6章由钟焘编写,第7章由阳江英编写,第8章由郑晓蕾、彭红、沈雅雯、吕依然编写。

　　重庆建筑工程职业学院张银会对本书进行了精心审读,并提出很多宝贵意见,在此表示感谢。

　　在本书编写过程中,编者参考和引用了大量国家颁布的法律、法规、条例和书籍资料,在此向原书作者和主编单位表示衷心感谢。

　　限于编者的水平和经验,加之时间仓促,书中难免存在不足和疏漏之处,敬请读者批评指正。

编　者
2020年11月于重庆

目录 Contents

第一篇　建筑工程质量管理

第二篇　建筑工程安全管理

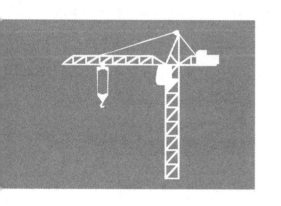

第一篇

建筑工程质量管理

第 1 章

建筑工程质量概述

美国通用电气公司菲根鲍姆博士于 20 世纪 60 年代提出了全面质量管理的思想,经过不断补充、完善,目前已形成了一套质量管理的理论体系,为质量管理工作开启了一个新的发展阶段。特别是 20 世纪 70 年代,随着高技术产业的兴起和社会生产力的发展,国际市场的竞争由价格竞争转向质量竞争。各国企业为了使自己的产品达到一流的质量而采取了各种措施。国际标准化组织(ISO)为了有效解决国际之间的质量争端,消除和减少技术壁垒,促进国际贸易的发展,加强国际技术合作,统一国际质量工作语言,研究制定了国际上共同遵守的国际规范,并于 1987 年颁布了 ISO 9000 系列质量管理和质量保证的国际标准。该标准一经颁布就受到了世界相当多国家和地区的欢迎,同时也极大地丰富和规范了质量管理理论,统一了质量和质量管理的术语,推动了质量管理工作的开展。

1.1 工程质量和质量控制

1.1.1 有关质量的术语

1.质量

我国国家标准《质量管理体系要求》(GB/T 1900—2008)对质量的定义是"一组固有特性满足要求的程度"。

质量不仅指产品质量,也可以是某项活动或过程的工作质量,还可以是质量管理体系运行的质量。

质量的关注点是一组固有特性,而不是赋予的特性。对产品来说,例如水泥的化学成分、细度、凝结时间、强度是固有特性,而价格和交货期是赋予特性;对过程来说,固有特性是过程将输入转化为输出的能力;对质量管理体系来说,固有特性是实现质量方针和质量目标的能力。

质量定义中的"要求"是指明示的、通常隐含的和必须履行的需求或期望。

"明示要求",一般是指在合同环境中,用户明确提出的需要和要求,通常是通过合同、标准、规范、图纸、技术文件等所作出的明文规定,由供方保证实现。

"隐含要求",一般是指非合同环境中,用户明确提出或未提出明确要求,而由生产企业通过市场调研进行识别或探明的需要或要求。这是用户或社会对产品服务的"期望",也是人们公认的,不言而喻的那些"要求"。如住宅的平面布置要方便生活,要能满足人们最起码的居住功能就属于隐含的要求。

"必须履行的"是指法律法规的要求或强制性的要求。

1.1.2 建设工程质量

建设工程质量简称工程质量。工程质量是指工程满足业主需要的,符合国家法律、法规、技术规范标准、设计文件及合同规定的特性综合。

质量具有动态性、时效性和相对性。而建设工程作为一种特殊的产品,除具有一般产品共有的质量特征,如性能、寿命、可靠性、安全性、经济性等满足社会需要的使用价值及其属性外,还具有特定的内涵。建设工程质量的特性主要表现在以下六个方面。

1. 安全性

安全性是指工程建成后在使用过程中保证结构安全,保证人身和环境免受危害的程度。建设工程产品的结构安全度、抗震、耐火及防火能力,以及人民防空的抗辐射、抗核污染、抗爆炸波等能力,是否能达到特定的要求,都是安全性的重要标志。工程交付使用之后,必须保证人身财产、工程整体都能免遭工程结构破坏及外来危害的伤害。工程组成部件,如阳台栏杆楼梯扶手、电器产品漏电保护、电梯及各类设备等,也要保证使用者的安全。

2. 适用性

适用性,即功能,是指工程满足使用目的的各种性能。适用性包括:①理化性能,如尺寸、规格、保温、隔热、隔声等物理性能,耐酸、耐碱、耐腐蚀、防水、防风化、防尘等化学性能;②结构性能,如地基基础牢固程度,结构的强度、刚度和稳定性;③使用性能,如民用住宅工程要能使居住者安居,工业厂房要能满足生产活动需要,道路、桥梁、铁路、航道要能通达便捷,建设工程的组成部件、配件和水、暖、电、卫器具及设备也要能满足其使用功能;④外观性能,是指建筑物的造型、布置、室内装饰效果等美观大方、协调等。

3. 耐久性

耐久性,即寿命,是指工程在规定的条件下,满足规定功能要求使用的年限,也就是工程竣工后的合理使用寿命周期。由于建筑物本身结构类型不同、质量要求不同、施工方法不同、使用性能不同,目前国家对建设工程的合理使用寿命周期还缺乏统一的规定,仅少数技术标准中提出了明确要求。如民用建筑主体结构耐用年限分为四级(15~30年、30~50年、50~100年、100年以上)。

4. 可靠性

可靠性是指工程在规定的时间和规定的条件下完成规定功能的能力。工程不仅要求在交工验收时要达到规定的指标,而且在一定的使用时期内要保持应有的正常功能。如工程上的防洪与抗震能力,防水隔热、恒温恒湿能力等。

5. 经济性

经济性是指工程从规划、勘察、设计、施工到整个产品使用寿命周期内的成本和消耗的费用。工程经济性具体表现为设计成本、施工成本、使用成本三者之和。具体包括从征地、拆迁、勘察、设计、采购(材料、设备)、施工、配套设施等建设全过程的总投资和工程使用阶段的能耗、水耗、维护、保养乃至改建更新的使用维修费用。通过对经济性的分析比较,判断工程是否符合经济要求。

6. 与环境的协调性

与环境的协调性是指工程与其周围生态环境相协调、与所在地区的经济环境相协调以及与周围已建工程相协调,以适应可持续发展的要求。

上述六个方面的质量特性彼此之间是相互依存的,是工程质量必须达到的基本要求,缺一不可。但是对于不同门类、不同专业的工程,如工业建筑、民用建筑、公共建筑、住宅建筑、道路建筑,根据其所处的特定地域环境条件、技术经济条件的差异,有不同的侧重点。

1.1.3 工程质量的形成过程及影响因素分析

1. 工程建设各阶段对质量形成的作用与影响

工程项目具有周期长的特点,工程质量不是旦夕之间形成的。工程建设各个阶段紧密衔接且相互制约,每一个阶段均对工程质量具有十分重要的影响。一般来说,工程项目可行性研究、决策、设计、施工和竣工验收等阶段的过程质量应该为使用阶段服务,应该满足使用阶段的要求。工程建设的不同阶段(见图1-1)对工程质量的形成起着不同的作用和影响。

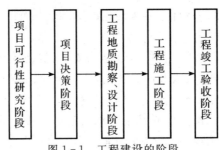

图 1-1　工程建设的阶段

（1）项目可行性研究阶段。

项目可行性研究是在项目建议书和项目策划的基础上，运用经济学原理对投资项目有关技术、经济、社会、环境等所有方面进行调查研究，对各种可能的拟建方案和建成投产后的经济效益、社会效益等进行技术经济分析、预测和论证，确定项目建设的可行性，并在可行的情况下通过多方案比较从中选择出最佳建设方案，作为项目决策和设计的依据。在此过程中，需要确定工程项目的质量要求，并与投资目标相协调。因此，项目的可行性研究直接影响项目的决策质量和设计质量。

（2）项目决策阶段。

项目决策阶段是通过项目可行性研究和项目评估，对项目的建设方案作出决策，使项目的建设充分反映业主的意愿，并与地区环境相适应，做到投资、质量、进度三者协调统一。所以，项目决策阶段对工程质量的影响主要是确定工程项目应达到的质量目标和水平。

（3）工程地质勘察、设计阶段。

工程地质勘察是为建设场地的选择和工程的设计与施工提供地质资料依据。而工程设计是根据建设项目总体需求（包括已明确的质量目标和水平）和地质勘察报告，对工程的外形和内在的实体进行策划、研究、构思、设计和描绘，形成设计说明和图纸等相关文件，使得质量目标和水平具体化，为施工提供直接依据。

工程设计质量是决定工程质量的关键环节，工程采用什么样的平面布置和空间形式、选用什么样的结构类型、使用什么样的材料、构配件及设备等，都直接关系到工程主体结构的安全性，关系到建设投资的综合功能是否充分体现规划意图。在一定程度上，设计的完美性也反映了一个国家的科技水平和文化水平。设计的严密性、合理性从根本上决定了工程建设的成败，是建设工程的安全、适用、经济、环境保护、消防等措施得以实现的保证。

（4）工程施工阶段。

工程施工阶段是指按照设计图纸和相关文件的要求，在建设场地上将设计意图付诸实现的测量、作业、检验，是形成工程实体、建成最终产品的活动。任何优秀的勘察设计成果，只有通过施工才能变为现实。因此，工程施工活动决定了设计意图能否实现，它直接关系到工程是否安全可靠，使用功能能否保证，以及外表美感能否体现建筑设计的艺术水平。在一定程度上，工程施工阶段是形成实体质量的决定性环节。

（5）工程竣工验收阶段。

工程竣工验收就是对项目施工阶段的质量通过检查评定、试车运转，考核项目质量是否达到设计要求，是否符合决策阶段确定的质量目标和水平，并通过验收确保工程项目的质量。这一阶段是工程建设向生产和使用转移的必要环节，影响工程能否最终形成生产能力和满足使用要求，体现工程质量水平的最终结果。因此，工程竣工验收决定着工程质量的最终结果。

工程项目质量的形成是一个系统工程,是工程可行性研究、决策、勘察、设计、施工和竣工验收各阶段质量的综合反映。按照实际工作的统计,质量问题的原因主要表现在设计的问题(约占40%)、施工责任问题(约占29%)、材料问题(约占15%)、使用责任问题(约占9%)、其他问题(约占7%)。

2.影响工程质量的因素

影响工程质量的因素很多,但归纳起来主要有五个方面,即人(man)、材料(material)、机械(machine)、方法(method)、环境(environment),简称4M1E。

(1)人员因素。

人是生产经营活动的主体,也是工程项目建设的决策者、管理者、操作者,工程建设的全过程,如项目的规划、决策、勘察、设计和施工,都是通过人来完成的。人员的素质,即人的文化水平、技术水平、决策能力、管理能力、组织能力、作业能力、控制能力、身体素质及职业道德等,都将直接或间接地对规划、决策、勘察、设计和施工的质量产生影响,而规划是否合理,决策是否正确,设计是否符合所需的质量功能,施工能否满足合同、规范、技术标准的需要等,都将对工程质量产生不同程度的影响,所以人员素质是影响工程质量的一个重要因素。因此,建筑业实行经营资质管理和各类专业从业人员持证上岗制度是保证人员素质的重要管理措施。

(2)工程材料。

工程材料是指构成工程实体的各类建筑材料、构配件、半成品等,它是工程建设的物质条件,是工程质量的基础。工程材料选用是否合理、产品是否合格、材料是否经过检验、保管使用是否得当等,都将直接影响建设工程的结构刚度和强度,影响工程外观及美感,影响工程的使用功能,影响工程的使用安全。

(3)机械设备。

机械设备可分为两类:一是指组成工程实体及配套的工艺设备和各类机具,如电梯、泵机、通风设备等,它们构成了建筑设备安装工程或工业设备安装工程,形成完整的使用功能;二是施工过程中使用的各类机具设备,包括大型垂直与横向运输设备、各类操作工具、各种施工安全设施、各类测量仪器和计量器具等,简称施工机具设备,它们是施工生产的手段。机具设备对工程质量也有着重要的影响。工程用机具设备,其产品质量优劣直接影响工程使用功能质量。施工机具设备的类型是否符合工程施工特点,性能是否先进稳定,操作是否方便安全等,都将会影响工程项目的质量。

(4)方法。

方法是指工艺方法、操作方法和施工方案。在工程施工中,这个方案是否合理,施工工艺是否先进,施工操作是否正确,都将对工程质量产生重大的影响。大力推进使用新技术、新工艺、新方法,不断提高工艺技术水平,是保证工程质量稳定提高的重要因素。

(5)环境条件。

环境条件是指对工程质量起重要作用的环境因素,包括:工程技术环境,如工程地质、水文、气象等;工程作业环境,如施工作业面大小、防护措施、通风照明和通信条件等;工程管理环境,主要是指工程实施的合同结构与管理关系的确定,组织体制与管理体制等;周边环境,如工程邻近的地下管线、建筑物等。环境条件往往对工程质量产生特定的影响。加强环境管理,改进作业条件,把握好技术环境,辅以必要的措施,是控制环境对质量影响的重要保证。

1.1.4 工程质量的特点

建设工程质量的特点是由建设工程本身和建设生产的特点决定的。建设工程(产品)及其生产的特点如下:一是产品的固定性,生产的流动性;二是产品的多样性,生产的单件性;三是产品形体庞大,高投入,生产周期长,具有风险性;四是产品的社会性,生产的外部约束性。正是由于上述建设工程的特点而形成了工程质量以下特点。

(1)影响因素多。

建设工程质量受到多种因素的影响,如决策、设计、材料、机具设备、施工方法、施工工艺、技术措施、人员素质、工期、工程造价等,这些因素直接或间接地影响工程项目质量。

(2)质量波动大。

由于建筑生产的单件性、流动性,不像一般工业产品的生产那样,有固定的生产流水线、有规范化的生产工艺和完善的检测技术,有成套的生产设备和稳定的生产环境,所以工程质量容易产生波动且波动较大。同时由于影响工程质量的偶然性因素和系统性因素比较多,其中任一因素发生变动,都会使工程质量产生波动。如材料规格品种使用错误、施工方法不当、操作未按规定进行、机械设备过度磨损或出现故障、设计计算失误等,都会发生质量波动,产生系统因素的质量变异,造成工程质量事故。为此,要严防出现系统性因素的质量变异,要把质量波动控制在偶然性因素范围内。

(3)质量隐蔽性。

建设工程在施工过程中,分项工程交接多、中间产品多、隐蔽工程多,因此质量存在隐蔽性。若在施工中不及时进行质量检查,事后只能从表面上检查,就很难发现内在的质量问题,这样就容易判断错误,即第一类判断错误(将合格品判为不合格品)和第二类判断错误(将不合格品误认为合格品)。

(4)终检的局限性。

工程项目的终检(竣工验收)无法进行工程内在质量的检验,很难发现隐蔽的质量缺陷。因此,工程项目的终检存在一定的局限性。这就要求工程质量控制应以预防为主,重视事先、事中控制,防患于未然。

(5)评价方法的特殊性。

工程质量的检查评定及验收是按检验批、分项工程、分部工程、单位工程进行的。检验批的质量是分项工程乃至整个工程质量检验的基础,检验批合格质量主要取决于主控项目和一般项目经抽样检验的结果。隐蔽工程在隐蔽前要检查合格后验收,涉及结构安全的试块、试件以及有关材料,应按规定进行见证取样检测,涉及结构安全和使用功能的重要分部工程要进行抽样检测。工程质量是在施工单位按合格质量标准自行检查评定的基础上,由监理工程师(或建设单位项目负责人)组织有关单位、人员进行检验确认验收。这种评价方法体现了"验评分离、强化验收、完善手段、过程控制"的指导思想。

1.1.5 工程质量控制主体和原则

1. 工程质量控制主体

工程质量控制贯穿于工程项目实施的全过程,其侧重点是按照既定目标、准则、程序,使产品和过程的实施保持受控状态,预防不合格的发生,持续稳定地生产合格品。

工程质量控制按其实施主体不同,分为自控主体和监控主体。前者是指直接从事质量职能的活动者,后者是指对他人质量能力和效果的监控者,主要包括以下五个方面:

(1)政府的工程质量控制。政府属于监控主体,它主要是以法律法规为依据,通过对工程报建、施工图设计文件审查、施工许可、材料和设备准用、工程质量监督、工程竣工验收备案等主要环节实施监控。

(2)建设单位的工程质量控制。建设单位属于工程质量监控主体,建设单位的质量控制贯穿于工程建设全过程的各阶段。

①决策阶段的质量控制,主要是通过项目的可行性研究,选择最佳建设方案,使项目的质量要求符合业主的意图,并与投资目标相协调,与所在地区环境相协调。

②工程勘察设计阶段的质量控制,主要是要选择好勘察设计单位,要保证工程设计符合决策阶段确定的质量要求,保证设计符合有关技术规范和标准的规定,要保证设计文件、图纸符合现场和施工的实际条件,其深度能满足施工的需要。

③工程施工阶段的质量控制,一是择优选择能保证工程质量的施工单位,二是择优选择服务质量好的监理单位,委托其严格监督施工单位按设计图纸进行施工,并形成符合合同文件规定质量要求的最终建设产品。

(3)工程监理单位的质量控制。工程监理单位属于监控主体,主要是受建设单位的委托,根据法律法规、工程建设标准、勘察设计文件及合同,制订和实施相应的监理措施,采用旁站、巡视、平行检验和检查验收等方式,代表建设单位在施工阶段对工程质量进行监督和控制,以满足建设单位对工程质量的要求。

(4)勘察设计单位的质量控制。勘察设计单位属于自控主体,它是以法律、法规及合同为依据,对勘察设计的整个过程进行控制,包括工作质量和成果文件质量的控制,确保提交的勘察设计文件所包含的功能和使用价值,满足建设单位工程建造的要求。

(5)施工单位的质量控制。施工单位属于自控主体,它是以工程合同、设计图纸和技术规范为依据,对施工准备阶段、施工阶段、竣工验收交付阶段等施工全过程的工作质量和工程质量进行的控制,以达到施工合同文件规定的质量要求。

2. 工程质量控制的原则

(1)坚持"质量第一"的原则。

建设工程质量不仅关系工程的适用性和建设项目投资效果,而且关系到人民群众生命财产的安全。所以,项目监理机构在进行投资、进度、质量三大目标控制时,应坚持"百年大计,质量第一",在工程建设中自始至终把"质量第一"作为对工程质量控制的基本原则。

(2)坚持"以人为核心"的原则。

人是工程建设的决策者、组织者、管理者和操作者。工程建设中各单位、各部门、各岗位人员的工作质量水平和完善程度,都直接和间接地影响工程质量。所以在工程质量控制中,要以人为核心,重点控制人的素质和人的行为,充分发挥人的积极性和创造性,以人的工作质量保证工程质量。

(3)坚持"以预防为主"的原则。

工程质量控制应该是积极主动的,应事先对影响质量的各种因素加以控制,而不能是消极被动的,等出现质量问题再进行处理。要重点做好质量的事先控制和事中控制,以预防为主,加强过程和中间产品的质量检查和控制。

(4)以合同为依据,坚持"质量标准"的原则。

质量标准是评价产品质量的尺度,工程质量是否符合合同规定的质量标准要求,应通过质量检验并与质量标准对照。符合质量标准要求的为合格;不符合质量标准要求的即为不合格,必须返工处理。

(5)坚持"科学、公平、守法"的职业道德规范。

在工程质量控制中,项目监理机构必须坚持"科学、公平、守法"的职业道德规范,要尊重科学,尊重事实,以数据资料为依据,客观、公平地进行质量问题的处理。要坚持原则,遵纪守法,秉公监理。

1.2 工程质量管理制度

《中华人民共和国建筑法》(简称《建筑法》)第一条明确了制定该法的目的是"为加强对建筑活动的监督管理,维护建筑市场秩序,保证建筑工程的质量和安全,促进建筑业的健康发展"。该法的第三条又再次强调了对建筑活动的基本要求是"建筑活动应当确保建筑工程质量和安全,符合国家的建筑工程安全标准"。由此可见,建筑工程质量与安全问题在建筑活动中占有重要地位。长期以来几乎所有建筑工地上都悬挂"百年大计,质量第一"的标语,这实质上是对质量的高度概括。所以,工程项目的质量是项目建设的核心,是决定工程建设成败的关键。

为了保证建设工程质量监督的有效进行,《建筑法》同时在建设工程质量管理方面确立了建设工程质量监督制度、建设工程质量责任制度、建设工程质量检测制度、建设工程竣工验收制度、建设工程质量保修制度等。

1.2.1 工程质量监督制度

《建设工程质量管理条例》规定,国家实行建设工程质量监督管理制度。

住房和城乡建设部 2010 年 8 月 1 日发布的《房屋建筑和市政基础设施工程质量监督管理规定》(住房和城乡建设部令第 5 号)规定,凡新建、扩建、改建房屋建筑和市政基础设施工程,均应接受建设行政主管部门及工程质量监督机构的监督。

工程质量监督管理,是指主管部门依据有关法律法规和工程建设强制性标准,对工程实体质量和工程建设、勘察、设计、施工、监理单位(以下简称工程质量责任主体)和质量检测等单位的工程质量行为实施监督。

工程实体质量监督,是指主管部门对涉及工程主体结构安全、主要使用功能的工程实体质量情况实施监督。

工程质量行为监督,是指主管部门对工程质量责任主体和质量检测等单位履行法定质量责任和义务的情况实施监督。

1. 监督管理机构及措施

国家住房和城乡建设主管部门负责全国房屋建筑和市政基础设施工程(以下简称工程)质量监督管理工作。

县级以上地方人民政府建设主管部门负责本行政区域内工程质量监督管理工作。

工程质量监督管理的具体工作可以由县级以上地方人民政府建设主管部门委托所属的工程质量监督机构(以下简称监督机构)实施。

县级以上政府建设行政主管部门和其他部门履行检查职责时,有权要求被检查单位提供有关工程质量的文件和资料,有权进入被检查单位的施工现场进行检查,在检查中发现工程质量存在问题时,有权责令改正。

政府的工程质量监督管理具有权威性、强制性、综合性的特点。

2. 工程质量监督管理内容

工程质量监督管理应当包括下列内容:

(1)执行法律法规和工程建设强制性标准的情况;

(2)抽查涉及工程主体结构安全和主要使用功能的工程实体质量;

(3)抽查工程质量责任主体和质量检测等单位的工程质量行为;

(4)抽查主要建筑材料、建筑构配件的质量;

（5）对工程竣工验收进行监督；

（6）组织或者参与工程质量事故的调查处理；

（7）定期对本地区工程质量状况进行统计分析；

（8）依法对违法违规行为实施处罚。

3. 工程项目质量监督程序

对工程项目实施质量监督，应当依照下列程序进行：

（1）受理建设单位办理质量监督手续；

（2）制订工作计划并组织实施；

（3）对工程实体质量、工程质量责任主体和质量检测等单位的工程质量行为进行抽查、抽测；

（4）监督工程竣工验收，重点对验收的组织形式、程序等是否符合有关规定进行监督；

（5）形成工程质量监督报告；

（6）建立工程质量监督档案。

1.2.2 施工图设计文件审查制度

施工图审查，是指施工图审查机构（以下简称审查机构）按照有关法律法规，对施工图涉及公共利益、公众安全和工程建设强制性标准的内容进行的审查。施工图审查应当坚持先勘察后设计的原则。

施工图未经审查合格的，不得使用。从事房屋建筑工程、市政基础设施工程施工、监理等活动，以及实施对房屋建筑和市政基础设施工程质量安全监督管理，应当以审查合格的施工图为依据。

建设单位应当将施工图送审查机构审查，但审查机构不得与所审查项目的建设单位、勘察设计企业有隶属关系或者其他利害关系。送审管理的具体办法由省、自治区、直辖市人民政府住房和城乡建设主管部门按"公开、公平、公正"的原则规定。

建设单位不得明示或者暗示审查机构违反法律法规和工程建设强制性标准进行施工图审查，不得压缩合理审查周期、压低合理审查费用。

（1）建设单位应当向审查机构提供下列资料并对所提供资料的真实性负责：

①作为勘察、设计依据的政府有关部门的批准文件及附件；

②全套施工图；

③其他应当提交的材料。

（2）审查机构应当对施工图审查下列内容：

①是否符合工程建设强制性标准；

②地基基础和主体结构的安全性；

③是否符合民用建筑节能强制性标准，对执行绿色建筑标准的项目，还应当审查是否符合绿色建筑标准；

④勘察设计企业和注册执业人员以及相关人员是否按规定在施工图上加盖相应的图章和签字；

⑤法律、法规、规章规定必须审查的其他内容。

（3）施工图审查原则上不超过下列时限：

①大型房屋建筑工程、市政基础设施工程为15个工作日，中型及以下房屋建筑工程、市政基础设施工程为10个工作日；

②工程勘察文件，甲级项目为7个工作日，乙级及以下项目为5个工作日。

以上时限不包括施工图修改时间和审查机构的复审时间。

（4）审查机构对施工图进行审查后，应当根据下列情况分别做出处理：

①审查合格的，审查机构应当向建设单位出具审查合格书，并在全套施工图上加盖审查专用章。审查合格书应当有各专业的审查人员签字，经法定代表人签发，并加盖审查机构公章。审查机构应当在出具审查合格书后5个工作日内，将审查情况报工程所在地县级以上地方人民政府住房城乡建设主管部门备案。

②审查不合格的，审查机构应当将施工图退回建设单位并出具审查意见告知书，说明不合格原因。同时，应当将审查意见告知书及审查中发现的建设单位、勘察设计企业和注册执业人员违反法律、法规和工程建设强制性标准的问题，报工程所在地县级以上地方人民政府住房城乡建设主管部门。

施工图退回建设单位后，建设单位应当要求原勘察设计企业进行修改，并将修改后的施工图送原审查机构复审。

任何单位和个人不得擅自修改审查合格的施工图；确需要修改并满足规定要求的，建设单位应当将修改后的施工图送原审查机构复审。

1.2.3　工程质量检测制度

为了加强对建设工程质量检测的管理，根据《建筑法》和《建设工程管理条例》，2005年建设部颁布了《建设工程质量检测管理办法》（建设部令第141号）。

建设工程质量检测（以下简称质量检测），是指工程质量检测机构（以下简称检测机构）接受委托，依据国家有关法律、法规和工程建设强制性标准，对涉及结构安全项目的抽样检测以及对进入施工现场的建筑材料、构配件的见证取样检测。

检测机构是指具有独立法人资格的中介机构。检测机构资质按照其承担的检测业务内容分为专项检测机构资质和见证取样检测机构资质。质量检测试样的取样应当严格执行有关工程建设标准和国家有关规定，在建设单位或者工程监理单位监督下现场取样。提供质量检测试样的单位和个人，应当对试样的真实性负责。

检测机构完成检测业务后，应当及时出具检测报告。检测报告经检测人员签字、检测机构法定代表人或者其授权的签字人签署，并加盖检测机构公章或者检测专用章后方可生效。检测报告经建设单位或者工程监理单位确认后，由施工单位归档。

见证取样检测的检测报告中应当注明见证人单位及姓名。

任何单位和个人不得明示或者暗示检测机构出具虚假检测报告，不得篡改或者伪造检测报告。

检测人员不得同时受聘于两个或者两个以上的检测机构。

检测机构和检测人员不得推荐或者监制建筑材料、构配件和设备。

检测机构不得与行政机关，法律、法规授权的具有管理公共事务职能的组织以及所检测工程项目相关的设计单位、施工单位、监理单位有隶属关系或者其他利害关系。

检测机构应当对其检测数据和检测报告的真实性和准确性负责。检测机构不得转包检测业务。

检测机构违反法律、法规和工程建设强制性标准，给他人造成损失的，应当依法承担相应的赔偿责任。

检测机构应当将检测过程中发现的建设单位、监理单位、施工单位违反有关法律、法规和工程建设强制性标准的情况，以及涉及结构安全检测结果的不合格情况，及时报告工程所在地建设主管部门。

知识链接

质量检测的业务内容

一、专项检测

（一）地基基础工程检测

（1）地基及复合地基承载力静载检测；

（2）桩的承载力检测；

（3）桩身完整性检测；

（4）锚杆锁定力检测。

（二）主体结构工程现场检测

（1）混凝土、砂浆、砌体强度现场检测；

（2）钢筋保护层厚度检测；

（3）混凝土预制构件结构性能检测；

（4）后置埋件的力学性能检测。

（三）建筑幕墙工程检测

（1）建筑幕墙的气密性、水密性、风压变形性能、层间变位性能检测；

（2）硅酮结构胶相容性检测。

（四）钢结构工程检测

（1）钢结构焊接质量无损检测；

（2）钢结构防腐及防火涂装检测；

（3）钢结构节点、机械连接用紧固标准件及高强度螺栓力学性能检测；

（4）钢网架结构的变形检测。

二、见证取样检测

（1）水泥物理力学性能检验；

（2）钢筋（含焊接与机械连接）力学性能检验；

（3）砂、石常规检验；

（4）混凝土、砂浆强度检验；

（5）简易土工试验；

（6）混凝土掺加剂检验；

（7）预应力钢绞线、锚夹具检验；

（8）沥青、沥青混合料检验。

1.2.4　工程质量保修制度

建设工程质量保修制度是指建设工程在办理交工验收手续后，在规定的保修期限内，因勘察、设计、施工、材料等原因造成的质量问题，要由施工单位负责维修、更换，由责任单位负责赔偿损失。其质量问题是指工程不符合国家工程建设强制性标准、设计文件以及合同中对质量的要求。

建设工程承包单位在向建设单位提交工程竣工验收报告时，应向建设单位出具其工程质量保修书。质量保修书中应明确建设工程保修范围、保修期限和保修责任等。

在正常使用条件下,建设工程的最低保修期限要求如下:

(1)基础设施工程、房屋建筑工程的地基基础和主体结构工程,最低保修期限为设计文件规定的该工程的合理使用年限;

(2)屋面防水工程、有防水要求的卫生间,房间和外墙面的防渗漏,最低保修期限为5年;

(3)供热与供冷系统,最低保修期限为两个采暖期、供冷期;

(4)电气管线、给排水管道、设备安装和装修工程,最低保修期限为2年。

其他项目的保修期由发包方与承包方约定,保修期自竣工验收合格之日起计算。

建设工程在保修期限内发生质量问题的,施工单位应当履行保修义务,并对造成的损失承担赔偿责任。

保修义务的承担和经济责任的承担应按下列原则处理:

(1)施工单位未按国家有关标准、规范和设计要求施工造成的质量问题,由施工单位负责返修并承担经济责任。

(2)由于设计方面的原因造成的质量问题,先由施工单位负责维修,其经济责任按有关规定通过建设单位向设计单位索赔。

(3)因建筑材料、构配件和设备质量不合格引起的质量问题,先由施工单位负责维修,其经济责任属于施工单位采购的,由施工单位承担经济责任;属于建设单位采购的,由建设单位承担经济责任。

习 题

1.简述建设工程质量的特点。

2.简述建设工程质量的影响因素。

3.简述工程质量监督管理的内容。

4.简述建设工程质量控制原则。

第2章

建筑工程质量验收及质量事故

随着我国经济的发展和施工技术的进步,工程建设规模不断扩大,技术复杂程度越来越高,社会生活中出现了众多工程规模较大的单体工程和具有综合使用功能的建筑物。由于大型单体工程一般在功能或结构上由若干个单体组成,且整个建设周期较长,可能会出现已建成可使用的部分单体需先投入使用,或先将工程中一部分提前建成使用等情况,因此对这类工程需要进行分段验收。另外,对规模特别大的工程进行一次验收也不方便等,因此国家的相关法律标准规定,可将此类工程划分为若干个子单位工程进行验收。同时,为了更加科学地评价工程施工质量和有利于对其进行验收,根据工程特点,按结构分解的原则单位或子单位工程又可划分为若干个分部工程。在分部工程中,按相近工作内容和系统又划分为若干个子分部工程。每个分部工程或子分部工程又可划分为若干个分项工程。每个分项工程中又可划分为若干个检验批。检验批是工程施工质量验收的最小单位。

2.1 建筑工程质量验收的层次划分

工程施工质量验收涉及工程施工过程质量验收和竣工质量验收,是工程施工质量控制的重要环节。根据工程特点,按项目层次分解的原则合理划分工程施工质量验收层次,将有利于对工程施工质量进行过程控制和阶段质量验收,特别是不同专业工程的验收批的确定,将直接影响工程施工质量验收工作的科学性、经济性、实用性和可操作性。因此,对施工质量验收层次进行合理划分非常必要,这有利于工程施工质量的过程控制和最终把关,以确保工程质量符合有关标准。

建筑工程施工质量验收应划分为单位工程、分部工程、分项工程和检验批。建筑工程的分部工程、分项工程划分详见表2-1,室外工程的划分详见表2-2。

表2-1 建筑工程的分部工程、分项工程划分

序号	分部工程	子分部工程	分项工程
1	地基与基础	土方	土方开挖,土方回填,场地平整
		基坑支护	灌注桩排桩围护墙,重力式挡土墙,板桩围护墙,型钢水泥土搅拌墙,土钉墙与复合土钉墙,地下连续墙,咬合桩围护墙,沉井与沉箱,钢或混凝土支撑,锚杆(索),与主体结构相结合的基坑支护,降水与排水
		地基处理	素土、灰土地基,砂和砂石地基,土工合成材料地基,粉煤灰地基,强夯地基,注浆加固地基,预压地基,振冲地基,高压喷射注浆地基,水泥土搅拌桩地基,土和灰土挤密桩地基,水泥粉煤灰碎石桩地基,夯实水泥土桩地基,砂桩地基
		桩基础	先张法预应力管桩,钢筋混凝土预制桩,钢桩,泥浆护壁混凝土灌注桩,长螺旋钻孔压灌桩,沉管灌注桩,干作业成孔灌注桩,锚杆静压桩
		混凝土基础	模板,钢筋,混凝土,预应力,现浇结构,装配式结构
		砌体基础	砖砌体,混凝土小型空心砌块砌体,石砌体,配筋砌体
		钢结构基础	钢结构焊接,紧固件连接,钢结构制作,钢结构安装,防腐涂料涂装

序号	分部工程	子分部工程	分项工程
1	地基与基础	钢管混凝土结构基础	构件进场验收,构件现场拼装,柱脚锚固,构件安装,柱与混凝土梁连接,钢管内钢筋骨架,钢管内混凝土浇筑
		型钢混凝土结构基础	型钢焊接,紧固件连接,型钢与钢筋连接,型钢构件组装及预拼装,型钢安装,模板,混凝土
		地下防水	主体结构防水,细部构造防水,特殊施工法结构防水,排水,注浆
2	主体结构	混凝土结构	模板,钢筋,混凝土,预应力,现浇结构,装配式结构
		砌体结构	砖砌体,混凝土小型空心砌块砌体,石砌体,配筋砌体,填充墙砌体
		钢结构	钢结构焊接,紧固件连接,钢零部件加工,钢构件组装及预拼装,单层钢结构安装,多层及高层钢结构安装,钢管结构安装,预应力钢索和膜结构,压型金属板,防腐涂料涂装,防火涂料涂装
		钢管混凝土结构	构件现场拼装,构件安装,柱与混凝土梁连接,钢管内钢筋骨架,钢管内混凝土浇筑
		型钢混凝土结构	型钢焊接,紧固件连接,型钢与钢筋连接,型钢构件组装及预拼装,型钢安装,模板,混凝土
		铝合金结构	铝合金焊接,紧固件连接,铝合金零部件加工,铝合金构件组装,铝合金构件预拼装,铝合金框架结构安装,铝合金空间网格结构安装,铝合金面板,铝合金幕墙结构安装,防腐处理
		木结构	方木和原木结构,胶合木结构,轻型木结构,木结构防护
3	建筑装饰装修	建筑地面	基层铺设,整体面层铺设,板块面层铺设,木、竹面层铺设
		抹灰	一般抹灰,保温层薄抹灰,装饰抹灰,清水砌体勾缝
		外墙防水	外墙砂浆防水,涂膜防水,透气膜防水
		门窗	木门窗安装,金属门窗安装,塑料门窗安装,特种门安装,门窗玻璃安装
		吊顶	整体面层吊顶,板块面层吊顶,格栅吊顶
		轻质隔墙	板材隔墙,骨架隔墙,活动隔墙,玻璃隔墙
		饰面板	石板安装,陶瓷板安装,木板安装,金属板安装,塑料板安装
		饰面砖	外墙饰面砖粘贴,内墙饰面砖粘贴
		幕墙	玻璃幕墙安装,金属幕墙安装,石材幕墙安装,陶板幕墙安装
		涂饰	水性涂料涂饰,溶剂型涂料涂饰,美术涂饰
		裱糊与软包	裱糊,软包
		细部	橱柜制作与安装,窗帘盒和窗台板制作与安装,门窗套制作与安装,护栏和扶手制作与安装,花饰制作与安装
4	屋面	基层与保护	找坡层和找平层,隔气层,隔离层,保护层
		保温与隔热	板状材料保温层,纤维材料保温层,喷涂硬泡聚氨酯保温层,现浇泡沫混凝土保温层,种植隔热层,架空隔热层,蓄水隔热层
		防水与密封	卷材防水层,涂膜防水层,复合防水层,接缝密封防水
		瓦面与板面	烧结瓦和混凝土瓦铺装,沥青瓦铺装,金属板铺装,玻璃采光顶铺装
		细部构造	檐口,檐沟和天沟,女儿墙和山墙,水落口,变形缝,伸出屋面管道,屋面出入口,反梁过水孔,设施基座,屋脊,屋顶窗

续表

序号	分部工程	子分部工程	分项工程
5	建筑给水排水及供暖	室内给水系统	给水管道及配件安装,给水设备安装,室内消火栓系统安装,消防喷淋系统安装,防腐,绝热,管道冲洗、消毒,试验与调试
		室内排水系统	排水管道及配件安装,雨水管道及配件安装,防腐,试验与调试
		室内热水系统	管道及配件安装,辅助设备安装,防腐,绝热,试验与调试
		卫生器具	卫生器具安装,卫生器具给水配件安装,卫生器具排水管道安装,试验与调试
		室内供暖系统	管道及配件安装,辅助设备安装,散热器安装,低温热水地板辐射供暖系统安装,电加热供暖系统安装,燃气红外辐射供暖系统安装,热风供暖系统安装,热计量及调控装置安装,试验与调试,防腐,绝热
		室外给水管网	给水管道安装,室外消火栓系统安装,试验与调试
		室外排水管网	排水管道安装,排水管沟与井池,试验与调试
		室外供热管网	管道及配件安装,系统水压试验,系统调试,防腐,绝热,试验与调试
		室外二次供热管网	管道及配管安装,土建结构,防腐,绝热,试验与调试
		建筑饮用水供应系统	管道及配件安装,水处理设备及控制设施安装,防腐,绝热,试验与调试
		建筑中水系统及雨水利用系统	建筑中水系统、雨水利用系统管道及配件安装,水处理设备及控制设施安装,防腐,绝热,试验与调试
		游泳池及公共浴池水系统	管道及配件系统安装,水处理设备及控制设施安装,防腐,绝热,试验与调试
		水景喷泉系统	管道系统及配件安装,防腐,绝热,试验与调试
		热源及辅助设备	锅炉安装,辅助设备及管道安装,安全附件安装,换热站安装,防腐,绝热,试验与调试
		监测与控制仪表	检测仪器及仪表安装,试验与调试
6	通风与空调	送风系统	风管与配件制作,部件制作,风管系统安装,风机与空气处理设备安装,风管与设备防腐,系统调试,旋流风口、岗位送风口、织物(布)风管安装
		排风系统	风管与配件制作,部件制作,风管系统安装,风机与空气处理设备安装,风管与设备防腐,系统调试,吸风罩及其他空气处理设备安装,厨房、卫生间排风系统安装
		防排烟系统	风管与配件制作,部件制作,风管系统安装,风机与空气处理设备安装,风管与设备防腐,系统调试,排烟风阀(口)、常闭正压风口、防火风管安装
		除尘系统	风管与配件制作,部件制作,风管系统安装,风机与空气处理设备安装,风管与设备防腐,系统调试,除尘器与排污设备安装,吸尘罩安装,高温风管绝热
		舒适性空调系统	风管与配件制作,部件制作,风管系统安装,风机与空气处理设备安装,风管与设备防腐,系统调试,组合式空调机组安装,消声器、静电除尘器、换热器、紫外线灭菌器等设备安装,风机盘管、VAV与UFAD地板送风装置、射流喷口等末端设备安装,风管与设备绝热

序号	分部工程	子分部工程	分项工程
6	通风与空调	恒温恒湿空调系统	风管与配件制作,部件制作,风管系统安装,风机与空气处理设备安装,风管与设备防腐,系统调试,组合式空调机组安装,电加热器、加湿器等设备安装,精密空调机组安装,风管与设备绝热
		净化空调系统	风管与配件制作,部件制作,风管系统安装,风机与空气处理设备安装,风管与设备防腐,系统调试,净化空调机组安装,消声器、静电除尘器、换热器、紫外线灭菌器等设备安装,中、高效过滤器及风机过滤器单元(FFU)等末端设备清洗与安装,洁净度测试,风管与设备绝热
		地下人防通风系统	风管与配件制作,部件制作,风管系统安装,风机与空气处理设备安装,风管与设备防腐,系统调试,风机与空气处理设备安装,过滤吸收器、防爆波活门、防爆超压排气活门等专用设备安装
		真空吸尘系统	风管与配件制作,部件制作,风管系统安装,风机与空气处理设备安装,风管与设备防腐,管道安装,快速接口安装,风机与滤尘设备安装,系统压力试验及调试
		冷凝水系统	管道系统及部件安装,水泵及附属设备安装,管道、设备防腐与绝热,管道冲洗与管内防腐,系统灌水渗漏及排放试验
		空调(冷、热)水系统	管道系统及部件安装,水泵及附属设备安装,管道、设备防腐与绝热,管道冲洗与管内防腐,系统压力试验及调试,板式热交换器,辐射板及辐射供热、供冷地埋管,热泵机组设备安装
		冷却水系统	管道系统及部件安装,水泵及附属设备安装,管道、设备防腐与绝热,管道冲洗与管内防腐,系统压力试验及调试,冷却塔与水处理设备安装,防冻伴热设备安装
		土壤源热泵换热系统	管道系统及部件安装,水泵及附属设备安装,管道、设备防腐与绝热,管道冲洗与管内防腐,系统压力试验及调试,埋地换热系统与管网安装
		水源热泵换热系统	管道系统及部件安装,水泵及附属设备安装,管道、设备防腐与绝热,管道冲洗与管内防腐,系统压力试验及调试,地表水源换热管及管网安装,除垢设备安装
		蓄能系统	管道系统及部件安装,水泵及附属设备安装,管道、设备防腐与绝热,管道冲洗与管内防腐,系统压力试验及调试,蓄水罐与蓄冰槽、罐安装
		压缩式制冷(热)设备系统	制冷机组及附属设备安装,管道、设备防腐与绝热,系统压力试验及调试,制冷剂管道及部件安装,制冷剂灌注
		吸收式制冷设备系统	制冷机组及附属设备安装,管道、设备防腐与绝热,试验及调试,系统真空试验,溴化锂溶液加灌,蒸汽管道系统安装,燃气或燃油设备安装
		多联机(热泵)空调系统	室外机组安装,室内机组安装,制冷剂管路连接及控制开关安装,风管安装,冷凝水管道安装,制冷剂灌注,系统压力试验及调试
		太阳能供暖空调系统	太阳能集热器安装,其他辅助能源、换热设备安装,蓄能水箱、管道及配件安装,系统压力试验及调试,防腐,绝热,低温热水地板辐射采暖系统安装
		设备自控系统	温度、压力与流量传感器安装,执行机构安装调试,防排烟系统功能测试,自动控制及系统智能控制软件调试

序号	分部工程	子分部工程	分项工程
7	建筑电气	室外电气	变压器、箱式变电所安装,成套配电柜、控制柜(屏、台)和动力、照明配电箱(盘)及控制柜安装,梯架、托盘和槽盒安装,导管敷设,电缆敷设,管内穿线和槽盒内敷线,电缆头制作,导线连接,线路绝缘测试,普通灯具安装,专用灯具安装,建筑照明通电试运行,接地装置安装
		变配电室	变压器、箱式变电所安装,成套配电柜、控制柜(屏、台)和动力、照明配电箱(盘)安装,母线槽安装,梯架、托盘和槽盒安装,电缆敷设,电缆头制作,导线连接,线路电气试验,接地装置安装,接地干线敷设
		供电干线	电气设备试验和试运行,母线槽安装,梯架、托盘和槽盒安装,导管敷设,电缆敷设,管内穿线和槽盒内敷线,电缆头制作,导线连接,线路绝缘测试,接地干线敷设
		电气动力	成套配电柜、控制柜(屏、台)和动力、照明配电箱(盘)安装,电动机、电加热器及电动执行机构检查接线,电气设备试验和试运行,梯架、托盘和槽盒安装,导管敷设,电缆敷设,管内穿线和槽盒内敷线,电缆头制作,导线连接,线路绝缘测试,开关、插座、风扇安装
		电气照明	成套配电柜、控制柜(屏、台)和动力、照明配电箱(盘)安装,梯架、托盘和槽盒安装,导管敷设,管内穿线和槽盒内敷线,塑料护套线直敷布线,钢索配线,电缆头制作,导线连接,线路绝缘测试,普通灯具安装,专用灯具安装,开关、插座、风扇安装,建筑照明通电试运行
		备用和不间断电源	成套配电柜、控制柜(屏、台)和动力、照明配电箱(盘)安装,柴油发电机组安装,不间断电源装置(UPS)及应急电源装置(EPS)安装,母线槽安装,导管敷设,电缆敷设,管内穿线和槽盒内敷线,电缆头制作,导线连接,线路绝缘测试,接地装置安装
		防雷及接地	接地装置安装,避雷引下线及接闪器安装,建筑物等电位连接
8	智能建筑	智能化集成系统	设备安装,软件安装,接口及系统调试,试运行
		信息接入系统	安装场地检查
		用户电话交换系统	线缆敷设,设备安装,软件安装,接口及系统调试,试运行
		信息网络系统	计算机网络设备安装,计算机网络软件安装,网络安全设备安装,网络安全软件安装,系统调试,试运行
		综合布线系统	梯架、托盘、槽盒和导管安装,线缆敷设,机柜、机架、配线架安装,信息插座安装,链路或信道测试,软件安装,系统调试,试运行
		移动通信室内信号覆盖系统	安装场地检查
		卫星通信系统	安装场地检查
		有线电视及卫星电视接收系统	梯架、托盘、槽盒和导管安装,线缆敷设,设备安装,软件安装,系统调试,试运行
		公共广播系统	梯架、托盘、槽盒和导管安装,线缆敷设,设备安装,软件安装,系统调试,试运行
		会议系统	梯架、托盘、槽盒和导管安装,线缆敷设,设备安装,软件安装,系统调试,试运行

续表

序号	分部工程	子分部工程	分项工程
8	智能建筑	信息导引及发布系统	梯架、托盘、槽盒和导管安装,线缆敷设,显示设备安装,机房设备安装,软件安装,系统调试,试运行
		时钟系统	梯架、托盘、槽盒和导管安装,线缆敷设,设备安装,软件安装,系统调试,试运行
		信息化应用系统	梯架、托盘、槽盒和导管安装,线缆敷设,设备安装,软件安装,系统调试,试运行
		建筑设备监控系统	梯架、托盘、槽盒和导管安装,线缆敷设,传感器安装,执行器安装,控制器、箱安装,中央管理工作站和操作分站设备安装,软件安装,系统调试,试运行
		火灾自动报警系统	梯架、托盘、槽盒和导管安装,线缆敷设,探测器类设备安装,控制器类设备安装,其他设备安装,软件安装,系统调试,试运行
		安全技术防范系统	梯架、托盘、槽盒和导管安装,线缆敷设,设备安装,软件安装,系统调试,试运行
		应急响应系统	设备安装,软件安装,系统调试,试运行
		机房	供配电系统,防雷与接地系统,空气调节系统,给水排水系统,综合布线系统,监控与安全防范系统,消防系统,室内装饰装修,电磁屏蔽,系统调试,试运行
		防雷与接地	接地装置,接地线等电位连接,屏蔽设施,电涌保护器,线缆敷设,系统调试,试运行
9	建筑节能	围护系统节能	墙体节能,幕墙节能,门窗节能,屋面节能,地面节能
		供暖空调设备及管网节能	供暖节能,通风与空调设备节能,空调与供暖系统冷热源节能,空调与供暖系统管网节能
		电气动力节能	配电节能,照明节能
		监控系统节能	监测系统节能,控制系统节能
		可再生能源	地源热泵系统节能,太阳能光热系统节能,太阳能光伏节能
10	电梯	电力驱动的曳引式或强制式电梯	设备进场验收,土建交接检验,驱动主机,导轨,门系统,轿厢,对重,安全部件,悬挂装置,随行电缆,补偿装置,电气装置,整机安装
		液压电梯	设备进场验收,土建交接检验,液压系统,导轨,门系统,轿厢,对重,安全部件,悬挂装置,随行电缆,电气装置,整机安装
		自动扶梯、自动人行道	设备进场验收,土建交接检验,整机安装

表 2-2 室外工程的划分

子单位工程	分部工程	分项工程
室外设施	道路	路基,基层,面层,广场与停车场,人行道,人行地道,挡土墙,附属构筑物
	边坡	土石方,挡土墙,支护
附属建筑及室外环境	附属建筑	车棚,围墙,大门,挡土墙
	室外环境	建筑小品,亭台,水景,连廊,花坛,场坪绿化,景观桥

2.1.1 单位工程的划分

单位工程是指具备独立的设计文件、独立的施工条件并能形成独立使用功能的建筑物或构筑物。对于建筑工程,单位工程的划分应按下列原则确定。

(1)具备独立施工条件并能形成独立使用功能的建筑物或构筑物称为一个单位工程。如某学校的图书馆、学生食堂、钟楼、办公室等均可作为一个单位工程。

(2)对于规模较大的单位工程,可将其能形成独立使用功能的部分划分为一个子单位工程。子单位工程的划分一般可根据工程的建筑设计分区、使用功能的显著差异、结构缝的设置等实际情况,在施工前由建设、监理、施工单位商定划分方案,并据此收集整理施工技术资料和验收。

(3)室外工程可根据专业类别和工程规模划分单位工程或子单位工程。室外工程可划分为室外设施、附属建筑及室外环境两个子单位工程。

2.1.2 分部工程的划分

分部工程是单位工程的组成部分,一般按专业性质、工程部位或特点、功能和工程量确定。对于建筑工程,分部工程的划分应按下列原则确定。

(1)分部工程的划分应按专业性质、工程部位确定。根据《建筑工程施工质量验收统一标准》(GB 50300—2013)规定,建筑工程的分部工程包括地基与基础、主体结构、建筑装饰装修、屋面、建筑给水排水、供暖通风与空调、建筑电气、智能建筑、建筑节能、电梯等十个分部工程。在编制工程资料时,要将工程建设内容对应到相应的分部工程中。如某工程无智能建筑部分,则不用填写智能建建筑分部工程资料。

(2)当分部工程较大或较复杂时,可按材料种类、施工特点、施工程序、专业系统及类别将分部工程划分为若干子分部工程。如建筑智能化分部工程中就包含了通信网络系统、计算机网络系统、建筑设备监控系统、火灾报警及消防联动系统、会议系统与信息导航系统、专业应用系统、安全防范系统、综合布线系统、智能化集成系统、电源与接地、计算机机房工程、住宅智能化系统等子分部工程。

2.1.3 分项工程的划分

分项工程是分部工程的组成部分,可按主要工种、材料、施工工艺、设备类别进行划分。如建筑工程主体结构分部工程中,混凝土结构子分部(分部)工程可划分为模板、钢筋、混凝土、预应力、现浇结构、装配式结构等分项工程;按施工工艺又分为预应力、现浇结构、装配式结构等分项工程。模板工程虽不构成工程实体,但它对混凝土成型质量影响较大,是混凝土工程验收的一个重要环节,因此将模板工程列入分项工程中进行验收。

2.1.4 检验批的划分

分项工程可由一个或若干个检验批组成,检验批可根据施工、质量控制和专业验收的需要,按工程量、楼层、施工段、变形缝进行划分。

(1)多层及高层建筑中主体分部的分项工程可按楼层及施工段划分检验批,单层建筑可按变形缝等来划分检验批。

(2)地基基础分部工程中的分项工程一般划分为一个检验批,有地下层的基础工程可按不同地下层划分检验批。

(3)屋面分部工程中的分项工程按不同楼层屋面划分为不同的检验批。

(4)其他分部工程中的分项工程一般按楼层划分检验批,工程量较小的分项工程可统一划分为一个检验批。

（5）安装工程一般按一个设计系统或级别划分为一个检验批。

（6）室外工程统一划分为一个检验批。散水、台阶、明沟等含在地面检验批中。

施工前，应由施工单位制订分项工程和检验批的划分方案，并由监理单位审核。对于《建筑工程施工质量验收统一标准》（GB 50300—2013）及相关专业验收规范未涵盖的分项工程和检验批，可由建设单位组织监理、施工等单位协商确定。

2.2 建筑工程质量验收程序

2.2.1 检验批质量验收

检验批是工程施工质量验收的最小单位，是分项工程乃至整个建筑工程质量验收的基础。按检验批验收有助于及时发现和处理施工中出现的质量问题，确保工程质量，也符合施工实际需要。检验批质量验收应由专业监理工程师组织施工单位项目专业质量检查员、专业工长等进行。

验收前，施工单位应先对施工完成的检验批进行自检，合格后由项目专业质量检查员填写检验批质量验收记录表（有关监理验收记录及结论不填写）及检验批报审、报验表，并报送项目监理机构申请验收；专业监理工程师对施工单位所报资料进行审查，并组织相关人员到验收现场进行主控项目和一般项目的实体检查、验收。对验收不合格的检验批，专业监理工程师应要求施工单位进行整改，并自检合格后予以复验；对验收合格的检验批，专业监理工程师应签字确认检验批报审、报验表及质量验收记录，并准予进行下一道工序施工。

2.2.2 隐蔽工程质量验收

隐蔽工程是指在下道工序施工后将被覆盖或掩盖，不易进行质量检查的工程，如钢筋混凝土工程中的钢筋工程，地基与基础工程中的混凝土基础和桩基础等。因此隐蔽工程完成后，在被覆盖或掩盖前必须进行隐蔽工程质量验收。隐蔽工程可能是一个检验批也可能是一个分项工程或子分部工程，所以可按检验批或分项工程、子分部工程进行验收。如隐蔽工程为检验批时，其质量验收应由专业监理工程师组织施工单位项目专业质量检查员、专业工长等进行。

施工单位应对隐蔽工程质量进行自检，合格后填写隐蔽工程质量验收记录及隐蔽工程报审、报验表，并报送项目监理机构申请验收；专业监理工程师对施工单位所报资料进行审查，并组织相关人员到验收现场进行实体检查、验收，同时应留有照片、影像等资料。对验收不合格的钢筋工程，专业监理工程师应要求施工单位进行整改，自检合格后予以复查；对验收合格的钢筋工程，专业监理工程师应签字确认钢筋隐蔽工程报审、报验表及质量验收记录，并准予进行下一道工序施工。

钢筋隐蔽工程验收的内容包括：纵向受力钢筋的品种、级别、规格、数量和位置等，钢筋的连接方式、接头位置、接头数量、接头面积百分率等，箍筋、横向钢筋的品种、规格、数量、间距等，预埋件的规格、数量、位置等。

检查要点：检查产品合格证、出厂检验报告和进场复验报告，检查钢筋力学性能试验报告，检查钢筋隐蔽工程质量验收记录，检查钢筋安装实物工程质量。

2.2.3 分项工程质量验收

分项工程质量验收应由专业监理工程师组织施工单位项目技术负责人等进行。

验收前，施工单位应先对施工完成的分项工程进行自检，合格后填写分项工程质量验收记录及分项工程报审、报验表，并报送项目监理机构申请验收。专业监理工程师对施工单位所报资料逐项进行审查，符合要求后签认分项工程报审、报验表及质量验收记录。

2.2.4 分部工程质量验收

分部(子分部)工程质量验收应由总监理工程师组织施工单位项目负责人和项目技术、质量负责人等进行。由于地基与基础、主体结构工程要求严格,技术性强,关系到整个工程的安全,为严把质量关,规定勘察、设计单位项目负责人和施工单位技术、质量负责人应参加地基与基础分部工程的验收。设计单位项目负责人和施工单位技术、质量负责人应参加主体结构、节能分部工程的验收。

验收前,施工单位应先对施工完成的分部工程进行自检,合格后填写分部工程质量验收记录及分部工程报验表,并报送项目监理机构申请验收。总监理工程师应组织相关人员进行检查、验收,对验收不合格的分部工程,应要求施工单位进行整改,自检合格后予以复查。对验收合格的分部工程,应签认分部工程报验表及验收记录表。

2.2.5 单位工程质量验收

1.预验收

当单位(子单位)工程完成后,施工单位应依据验收规范、设计图纸等组织有关人员进行自检,对检查结果进行评定,符合要求后填写单位工程竣工验收报审表,以及质量竣工验收记录、质量控制资料核查记录、安全和功能检验资料核查及观感质量检查记录等,并将单位工程竣工验收报审表及有关竣工资料报送项目监理机构申请验收。

总监理工程师应组织专业监理工程师审查施工单位提交的单位工程竣工验收报审表及有关竣工资料,并对工程质量进行竣工预验收。存在质量问题时,应由施工单位及时整改,整改完毕且合格后,总监理工程师应签认单位工程竣工验收报审表及有关资料,并向建设单位提交工程质量评估报告。施工单位向建设单位提交工程竣工报告,申请工程竣工验收。

对需要进行功能试验的项目(包括单机试车和无负荷试车),专业监理工程师应督促施工单位及时进行试验,并对重要项目进行现场监督、检查,必要时邀请建设单位和设计单位参加;专业监理工程师应认真审查试验报告单并督促施工单位搞好成品保护和现场清理。

2.正式验收

建设单位收到施工单位提交的工程竣工报告和完整的质量控制资料,以及项目监理机构提交的工程质量评估报告后,由建设单位项目负责人组织设计、勘察、监理、施工等单位项目负责人进行单位工程验收。对验收中提出的整改问题,项目监理机构应督促施工单位及时整改。工程质量符合要求的,总监理工程师应在工程竣工验收报告中签署验收意见。

2.3 工程质量问题和质量事故

根据我国《质量管理体系 基础和术语》(GB/T 19000—2016/ISO 9000:20015)规定,凡工程产品未满足明示的、通常隐含的或必须履行的需求或期望就称之为质量不合格,而与预期或规定用途有关的不合格称为质量缺陷。

凡是工程质量不合格,影响使用功能或工程结构安全,造成永久质量缺陷或存在重大质量隐患,甚至直接导致工程倒塌或人身伤亡,必须进行返修、加固或报废处理,按照由此造成人员伤亡和直接经济损失的大小区分,小于规定限额的为质量问题,在限额以上的为质量事故。

根据住房和城乡建设部《关于做好房屋建筑和市政基础设施工程质量事故报告和调查处理工作的通知》(建质〔2010〕111号),工程质量事故是指由于建设、勘察、设计、监理等单位违反工程质量有关法律法规和工程建设标准,使工程产生结构安全、重要使用功能等方面的质量缺陷,造成人身伤亡或者重大经济损失的事故。

2.3.1　工程质量事故的分类方法

工程质量事故具有成因复杂、后果严重、种类繁多、往往与安全事故共生的特点。建设工程质量事故的分类有多种方法,不同专业工程类别对工程质量事故的等级划分也不尽相同。

1.按事故造成损失的程度分级

在上述建质〔2010〕111号文中根据工程质量事故造成的人员伤亡或者直接经济损失,将工程质量事故分为四个等级。

(1)特别重大事故,是指造成30人以上死亡,或者100人以上重伤,或者1亿元以上直接经济损失的事故。

(2)重大事故,是指造成10人以上30人以下死亡,或者50人以上100人以下重伤,或者5000万元以上1亿元以下直接经济损失的事故。

(3)较大事故,是指造成3人以上10人以下死亡,或者10人以上50人以下重伤,或者1000万元以上5000万元以下直接经济损失的事故。

(4)一般事故,是指造成3人以下死亡,或者10人以下重伤,或者100万元以上1000万元以下直接经济损失的事故。

该等级划分所称的"以上"包括本数,所称的"以下"不包括本数。

2.按事故责任分类

(1)指导责任事故。指导责任事故是指由于工程实施指导或领导失误而造成的质量事故。例如,由于工程负责人片面追求施工进度,放松或不按质量标准进行控制和检验,降低施工质量标准等。

(2)操作责任事故。操作责任事故是指在施工过程中,由于实施操作者不按规程和标准实施操作,而造成的质量事故。例如,浇筑混凝土时随意加水,或振捣疏漏造成混凝土质量事故等。

(3)自然灾害事故。自然灾害事故是指由于突发的严重自然灾害等不可抗力造成的质量事故。例如地震、台风、暴雨、雷电、洪水等对工程造成破坏甚至倒塌,这类事故虽然不是人为责任造成,但灾害事故造成的损失程度也往往与人们是否在事前采取了有效的预防措施有关,相关责任人员也可能负有一定责任。

2.3.2　施工质量事故的预防

建立健全施工质量管理体系,加强施工质量控制,就是为了预防施工质量问题和质量事故,在保证工程质量合格的基础上,不断提高工程质量,所以,施工质量控制的所有措施和方法,都是预防施工质量事故的措施。具体来说,施工质量事故的预防,应运用风险管理的理论和方法,从寻找和分析可能导致施工质量事故发生的原因入手,抓住影响施工质量的各种因素和施工质量形成过程的各个环节,采取针对性的预防控制措施。

1.施工质量事故发生的原因

(1)技术原因。技术原因是指引发的质量事故是由于项目勘察、设计、施工中技术上的失误。例如,地质勘察过于疏略,对水文地质情况判断错误,致使地基基础设计采用不正确的方案;结构设计方案不正确,计算失误,构造设计不符合规范要求;施工管理及实际操作人员的技术素质差,采用了不合适的施工方法或施工工艺等。这些技术上的失误是造成质量事故的常见原因。

(2)管理原因。管理原因是指引发的质量事故是由于管理上的不完善或失误。例如,施工单位或监理单位的质量管理体系不完善、质量管理措施落实不力、施工管理混乱、不遵守相关规范、违章作业、检验制度不严密、质量控制不严格、检测仪器设备管理不善而失准,以及材料质量检验不严等原因引起质量事故。

(3)社会、经济原因。社会、经济原因是指引发的质量事故是由于社会上存在的不正之风及经济上的原因,滋长了建设中的违法违规行为,而导致出现质量事故。例如,违反基本建设程序,无立项、无报建、无开工许可、无招投标、无资质、无监理、无验收的"七无"工程,边勘察、边设计、边施工的"三边"工程,屡见不鲜,几乎所有的重大施工质量事故都能从这个方面找到原因。某些施工企业盲目追求利润而不顾工程质量,在投标报价中随意压低标价,中标后则依靠违法的手段或修改方案追加工程款,甚至偷工减料等,这些因素都会导致发生重大工程质量事故。

(4)人为事故和自然灾害原因。人为事故和自然灾害原因是指造成质量事故是由于人为的设备事故、安全事故,导致连带发生质量事故,以及严重的自然灾害等不可抗力造成质量事故。

2.施工质量事故预防的措施

(1)严格按照基本建设程序办事。

首先要做好项目可行性论证,不可未经深入的调查分析和严格论证就盲目拍板定案;要彻底搞清工程地质水文情况方可开工,杜绝无证设计、无图施工;禁止任意修改设计和不按图纸施工;工程竣工不进行试车运转、不经验收不得交付使用。

(2)认真做好工程地质勘察。

地质勘察时要适当布置钻孔位置和设定钻孔深度。钻孔间距过大,不能全面反映地基实际情况;钻孔深度不够,难以查清地下软土层、滑坡、墓穴、孔洞等有害地质构造。地质勘察报告必须详细、准确,防止因根据不符合实际情况的地质资料而采用错误的基础方案,导致地基不均匀沉降、失稳,使上部结构及墙体开裂、破坏、倒塌。

(3)科学地加固处理好地基。

对软弱土、冲填土、杂填土、湿陷性黄土、膨胀土、岩层出露、岩溶、土洞等不均匀地基要进行科学的加固处理。要根据不同地基的工程特性,按照地基处理与上部结构相结合使其共同工作的原则,从地基处理与设计措施、结构措施、防水措施、施工措施等方面综合考虑治理。

(4)进行必要的设计审查复核。

要请具有合格专业资质的审图机构对施工图进行审查复核,防止因设计考虑不周、结构构造不合理、设计计算错误、沉降缝及伸缩缝设置不当、悬挑结构未通过抗倾覆验算等原因,导致质量事故的发生。

(5)严格把好建筑材料及制品的质量关。

要从采购订货、进场验收、质量复验、储存和使用等几个环节,严格控制建筑材料及制品的质量,防止在工程中使用不合格或是变质、损坏的材料和制品。

(6)对施工人员进行必要的技术培训。

要通过技术培训使施工人员掌握基本的建筑结构和建筑材料知识,使其懂得遵守施工验收规范对保证工程质量的重要性,从而在施工中自觉遵守操作规程,不蛮干,不违章操作,不偷工减料。

(7)依法进行施工组织管理。

施工管理人员要认真学习、严格遵守国家相关政策法规和施工技术标准,依法进行施工组织管理;施工人员首先要熟悉图纸,对工程的难点和关键工序、关键部位应编制专项施工方案并严格执行;施工作业必须按照图纸施工验收规范、操作规程进行;施工技术措施要正确,施工顺序不可搞错,脚手架和楼面不可超载堆放构件和材料;要严格按照制度进行质量检查和验收。

(8)做好应对不利施工条件和各种灾害的预案。

要根据当地气象资料的分析和预测,事先针对可能出现的风、雨、高温、严寒、雷电等不利施工条件,制订相应的施工技术措施;还要对不可预见的人为事故和严重自然灾害做好应急预案,并配备相应的人力、物力。

(9)加强施工安全与环境管理。

许多施工安全和环境事故都会连带发生质量事故,加强施工安全与环境管理,也是预防施工质量事故的重要措施。

2.3.3 施工质量问题和质量事故的处理

1. 施工质量事故处理的依据

工程质量事故发生后,事故处理的基本要求是:查明原因,落实措施,妥善处理,消除隐患,界定责任,其中核心及关键是查明原因。

工程质量事故发生的原因是多方面的,引发事故的原因不同,事故责任的界定与承担也不同,事故处理的措施也不同。总之,对于所发生的质量事故,无论是分析原因、界定责任,还是作出处理决定,都需要以客观依据为基础。归纳起来,工程质量事故处理的主要依据主要有以下四个方面。

(1)质量事故的实况资料。

质量事故的实况资料包括:质量事故发生的时间、地点;质量事故状况的描述;质量事故发展变化的情况;有关质量事故的观测记录、事故现场状态的照片或录像;事故调查组调查研究所获得的第一手资料。

(2)有关合同及合同文件。

有关合同及合同文件包括工程承包合同、设计委托合同、设备与器材购销合同、监理合同及分包合同等。

(3)有关技术文件和档案。

有关技术文件和档案主要包括有关的设计文件(如施工图纸和技术说明)、与施工有关的技术文件、档案和资料(如施工方案、施工计划、施工记录、施工日记、有关建筑材料的质量证明资料、现场制备材料的质量证明资料、质量事故发生后事故状况的观测记录、试验报告等)。

(4)相关的建设法规。

相关的建设法规主要包括《建筑法》《建设工程质量管理条例》和《关于做好房屋建筑和市政基础设施工程质量事故报告和调查处理工作的通知》(建质〔2010〕111号)等与工程质量及质量事故处理有关的法规,以及勘察、设计、施工、监理等单位资质管理和从业者资格管理方面的法规,建筑市场管理方面的法规,以及相关技术标准、规范、规程、管理办法等。

2. 施工质量事故处理的基本要求

(1)质量事故的处理应达到安全可靠、不留隐患、满足生产和使用要求、施工方便、经济合理的目的;

(2)消除造成事故的原因,注意综合治理,防止事故再次发生;

(3)正确确定技术处理的范围和正确选择处理的时间和方法;

(4)切实做好事故处理的检查验收工作,认真落实防范措施;

(5)确保事故处理期间的安全。

3. 施工质量事故处理的基本方法

制订施工质量事故处理方法的目的是消除质量隐患,以达到建筑物的安全可靠和正常使用各项功能及寿命的要求,并保证施工的正常进行。施工质量事故处理的一般原则是:正确确定事故性质,分清是表面性还是实质性、是结构性还是一般性;正确确定处理范围,包括直接发生部位和相邻影响作用范围。其处理基本要求是:满足设计要求和用户期望;安全可靠,不留隐患;技术上可行,经济上合理。

(1)返修处理。

当项目的某些部分的质量虽未达到规范、标准或设计规定的要求,存在一定的缺陷,但经过采取整修等措施后可以达到要求的质量标准,又不影响使用功能或外观的要求时,可采取返修处理的方法。例如,混凝土结构表面出现蜂窝、麻面,或者混凝土结构缺陷或损伤仅仅在结构的表面或局部,如结构受撞击、局部未振实、冻害、火灾、酸类腐蚀、碱骨料反应等,当这不影响其使用和外观,可进行返修处理。再比如对混凝土结构出现裂缝,经分析研究后如果不影响结构的安全和使用功能时,也可采取返修处理。当裂缝宽度不大于 0.2 mm 时,可采用表面密封法;当裂缝宽度大于 0.3 mm 时,可采用嵌缝密封法;当裂缝较深时,则应采取灌浆修补的方法。

(2)加固处理。

这主要是针对危及结构承载力质量缺陷的处理。通过加固处理,使建筑结构恢复或提高承载力,重新满足结构安全性与可靠性的要求,使结构能继续使用或改作其他用途。对混凝土结构常用的加固方法主要有增大截面加固法、外包角钢加固法、粘钢加固法、增设支点加固法、增设剪力墙加固法、预应力加固法等。

(3)返工处理。

当工程质量缺陷经过返修、加固处理后仍不能满足规定的质量标准要求,或不具备补救可能性,则必须采取重新制作、重新施工的返工处理措施。例如,某防洪堤坝填筑压实后,其压实土的干密度未达到规定值,经核算将影响土体的稳定且不满足抗渗能力的要求,须挖除不合格土,重新填筑,重新施工;某公路桥梁工程预应力按规定张拉系数为 1.3,而实际仅为 0.8,属严重的质量缺陷,也无法修补,只能重新制作。再比如某高层住宅施工中,有几层的混凝土结构误用了安定性不合格的水泥,无法采用其他补救办法,不得不爆破拆除重新浇筑。

(4)限制使用。

当工程质量缺陷按修补方法处理后无法保证达到规定的使用要求和安全要求,而又无法返工处理的情况下,不得已时可作出诸如结构卸荷或减荷以及限制使用的决定。

(5)不作处理。

某些工程质量问题虽然达不到规定的要求或标准,但其情况不严重,对结构安全或使用功能影响很小,经过分析、论证、法定检测单位鉴定和设计单位等认可后可不作专门处理。一般可不作专门处理的情况有以下几种:

①不影响结构安全、生产工艺和使用要求的。例如,有的工业建筑物出现放线定位的偏差,且严重超过规范标准规定,若要纠正会造成重大经济损失,但经过分析、论证其偏差不影响生产工艺和正常使用,在外观上也无明显影响,可不作处理。又如,某些部位的混凝土表面的裂缝,经检查分析,属于表面养护不够的干缩微裂,不影响安全和外观,也可不作处理。

②后道工序可以弥补的质量缺陷。例如,混凝土结构表面的轻微麻面,可通过后续的抹灰、刮涂、喷涂等弥补,也可不作处理。再比如,混凝土现浇楼面的平整度偏差达到 10 mm,但由于后续垫层和面层的施工可以弥补,所以也可不作处理。

③法定检测单位鉴定合格的。例如,某检验批混凝土试块强度值不满足规范要求,强度不足,但经法定检测单位对混凝土实体强度进行实际检测后,其实际强度达到规范允许和设计要求

值时,可不作处理。经检测未达到要求值,但相差不多,经分析论证,只要使用前经再次检测达到设计强度,也可不作处理,但应严格控制施工荷载。

出现的质量缺陷,经检测鉴定达不到设计要求,但经原设计单位核算,仍能满足结构安全和使用功能的。例如,某一结构构件截面尺寸不足,或材料强度不足,影响结构承载力,但按实际情况进行复核验算后仍能满足设计要求的承载力,可不进行专门处理。这种做法实际上是挖掘设计潜力或降低设计的安全系数,应谨慎处理。

(6)报废处理。

出现质量事故的项目,通过分析或实践,采取上述处理方法后仍不能满足规定的质量要求或标准,则必须予以报废处理。

习 题

1.简述建筑工程质量验收的层次。

2.简述单位工程验收程序。

3.简述检验批划分原则。

4.如何区分工程质量事故中的一般事故、较大事故和重大事故?

5.常见的质量事故原因有哪几类?

6.工程质量事故处理的依据有哪些?

第3章

建筑工程施工质量控制

建筑工程施工质量控制是项目监理机构工作的主要内容。项目监理机构应基于施工质量控制的依据和工作程序,抓好施工质量控制工作。施工阶段的质量控制应重点做好图纸会审与设计交底、施工组织设计的审查、施工方案的审查和现场施工准备质量控制等工作。项目监理机构的质量控制包括审查、巡视、监理指令、旁站、见证取样、验收和平行检验,以及工程变更的控制和质量记录资料的管理等。

3.1 建筑工程施工质量控制的依据和工作程序

1.建筑工程施工质量控制的依据

施工阶段监理工程师质量控制的依据,主要有以下四类。

(1)工程合同文件,其中包括施工承包合同和监理合同。

(2)设计文件。"按图施工"是施工阶段质量控制的一项重要原则。因此经过批准的设计图纸和技术说明书等设计文件,无疑是质量控制的重要依据。

(3)国家及有关部门颁发的有关质量管理方面的法律、法规性文件。

(4)有关质量检验与控制的专门技术法规性文件,包括各种有关的标准、规范、规程或规定。具体如下:

①工程项目施工质量验收规范和标准;

②有关工程材料、半成品和构配件质量控制方面的专门技术法规性文件;

③控制施工作业活动质量的技术规程;

④凡采用新工艺、新技术、新材料的工程,事先应进行试验,并应有权威性技术部门的技术鉴定书及有关的质量数据、指标,在此基础上制定有关的质量标准和施工工艺规程,以此作为控制质量的依据。

2.建筑工程施工质量控制的工作程序

项目监理机构进驻现场后按图3-1所示进行工程施工质量监管。

3.2 施工准备阶段的质量控制

3.2.1 施工单位资质审查

对进场施工的承包企业应进行以下资质审查。

(1)审查承包单位的营业执照及建筑企业资质证书,并了解其实际的建设业绩、人员素质、管理水平、技术装备等情况。

(2)审查承包企业近期的表现,核对年检情况、资质升降情况,了解其是否有工程质量、施工安全、现场管理方面的问题。

（3）了解施工单位的质量意识、质量管理情况,重点了解质量管理的基础工作、工程项目管理和质量控制的情况。

（4）审查承包单位现场项目经理部的质量管理体系。

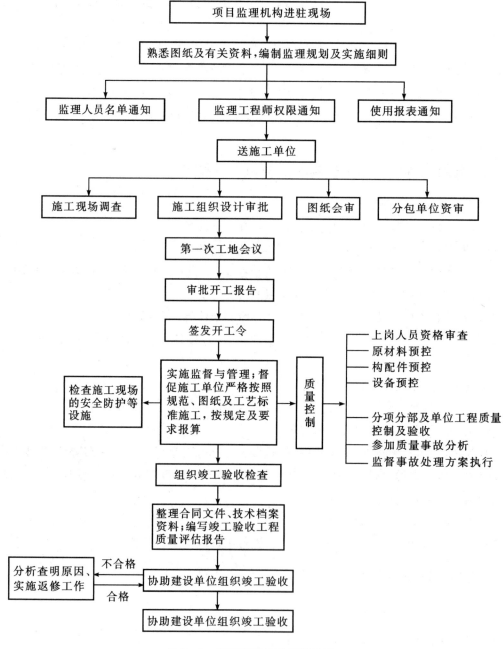

图 3-1　工程施工质量监管程序

3.2.2　施工组织设计审查

施工组织设计的审查应按照图3-2进行。

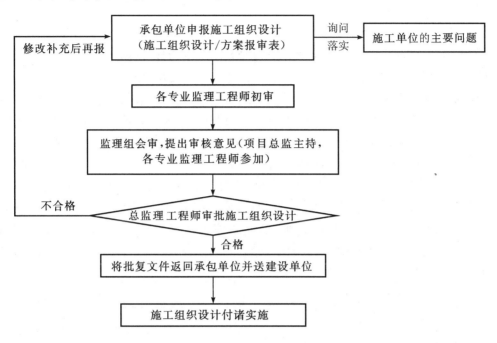

图3-2　施工组织设计审核流程

1.审查的主要内容

审查施工组织设计是施工准备阶段监理工程师进行质量控制的重要工作,这项工作的内容应包括:

(1)对承包单位编制的组织设计的审核、签认由总监理工程师负责。

(2)经审定的施工组织设计应报送建设单位。

(3)承包单位应按审定的施工组织设计文件组织施工。

(4)规模大、结构复杂的或新结构的、特种结构的,项目监理部对施工组织设计审查后,还应报送监理单位技术负责人审查,提出审查意见后由总监理工程师签发,必要时应与建设单位协商,组织有关部门和有关专家会审。

(5)施工单位还应根据工程进展情况编制分项、分部工程的专项施工方案,报项目监理部审查。

2.审查的原则

(1)施工组织设计的编制、审查和批准应符合规定的程序;

(2)施工组织设计应符合国家的技术政策,符合考虑承包合同规定的条件和法律法规等;

(3)施工组织设计应具有针对性;

(4)施工组织设计应具有可操作性;

(5)质量管理和技术管理体系、质量保证体系应健全且切合实际;

(6)安全、环保、消防和文明施工措施应切合实际并符合有关规定。

3.2.3　现场施工准备的质量控制

(1)工程定位及标高基准控制。监理工程师应要求施工单位对建设单位给定的原始基准点、基准线和标高等测量控制点复核,并报监理工程师审核,经批准后据此建立测量控制网。专业监理工程师应对施工测量控制网进行复核,主要抽检建筑方格网、控制高程的水准点以及标桩埋设位置等。

(2)施工机械配置的控制。除应考虑施工机械的技术性能、工作效率、工作质量、可靠性及维修难易、能源消耗,以及安全、灵活等方面对施工质量的影响与保证外,还应考虑其数量配置对施工质量的影响与保证条件。在选择机械性的参数方面,也要与施工对象特点及质量要求相适应,例如选择起重机械进行吊装施工时,其起重量、起重高度及起重半径均应满足吊装要求。监理工程师审查所需要的施工机械设备,是否按已批准的计划备妥;所准备的机械设备是否与监理工程师审查认可的施工组织设计或施工计划中所列者相一致;所准备的施工机械设备是否都处于完好的可用状态等;审查施工机械设备的数量是否足够。

(3)分包单位资格的审核确认。审查时,主要是审查施工承包合同是否允许分包、分包的范围和工程部位是否可进行分包、分包单位是否具有按工程承包合同规定的条件完成分包任务的能力。审查的重点一般是分包单位施工项目部经理、管理人员的资质与质量管理水平,特殊工种和关键施工工艺或新技术、新工艺、新材料等应用方面的操作者的素质与能力。分包单位资格审核程序如图 3-3 所示。

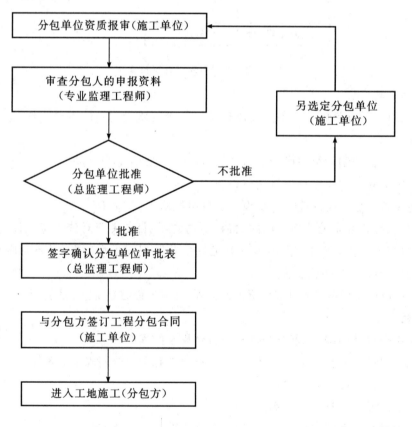

图 3-3 分包单位资格审核程序

注:①工程分包应征得建设单位同意,其资格由监理工程师进行审核。②分包单位资格审查的内容如下:分包单位的营业执照、企业资质等级证书、特殊行业施工许可证、国外(境外)企业在国内承包工程许可证;分包单位的业绩;拟分包工程的内容和范围;专职管理人员和特种作业人员的资格证、上岗证。

(4)设计交底与施工图纸的现场核对。监理工程师参加设计交底与图纸会审,主要的审核内容有:对施工图纸的合法性的认定;核对图纸是否符合国家有关技术政策、标准、规范和批准的技术文件精神,特别是有无违反强制性条文的规定;图纸与说明是否齐全,是否满足施工需要,图纸中是否有差错、遗漏或相互矛盾之处;所提出的施工工艺、方法是否切合实际;施工图或说明书中所涉及的各种图册标准承包单位是否具备。

(5)严把开工关。在开工前,应具备以下条件:

①施工许可证已获政府主管部门批准;

②征地拆迁已能满足工程进度的需要;

③施工组织设计已获总监理工程师批准;

④承包单位现场管理人员已到位,机具、施工人员已进场,主要工程材料已落实;

⑤进场道路及水、电、通信等已满足开工要求。

(6)项目监理部内部的监控准备工作。监理人员的数量、素质和能力对监理合同的履行、施工过程的质量控制起着决定性的作用。人员的配备应注意足够满足现场需要,并且专业齐全,应配置经验丰富的监理工程师。

3.3 施工过程的质量控制

3.3.1 施工准备阶段的控制

1.质量控制点的设置

应当选择那些保证质量难度大、对质量影响大或者是发生质量问题时危害大的重点部位、重点工序作为质量控制点。

选择质量控制点的原则如下:

(1)施工过程中的关键工序或环节以及隐蔽工程;

(2)施工中的薄弱环节或质量不稳定的工序、部位或对象;

(3)对后续工程或后续工序质量或安全有重大影响的工序、部位或对象;

(4)采用新技术、新工艺、新材料的部位或环节;

(5)施工尚无足够把握、施工条件困难或技术难度大的工序或环节等。

2.施工技术交底的控制

关键部位、技术难度或施工复杂的检验批、分项工程施工前,施工单位的技术交底要报项目监理部审查备案。

3.进场材料、构配件的质量控制

进场的原材料、半成品和构配件,进场前应向监理机构提交《工程材料/构配件/设备报审表》,同时附有产品出厂合格证及技术说明书,由承包单位按规定进行检验的检验报告,经监理工程师审查并确认其质量合格后,方可进场。材料、设备供应单位应严格按图3-4进行资格审查;同时,材料、构配件、设备入场质量控制严格按图3-5进行。

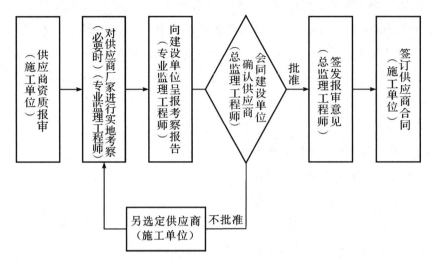

图 3-4 材料、设备供应单位资质审核程序

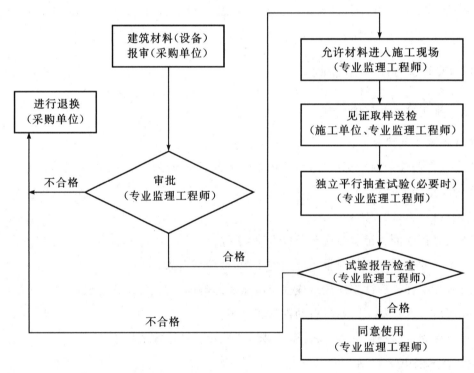

图 3-5 工程材料、构配件、设备审核程序

注:①采购单位进行建筑材料(设备)报审时应提供生产许可证、质保证书、相应性能测试报告,由专业监理工程师认真复核。②专业监理工程师要参与送检材料的见证取样,确保样品有代表性。③专业监理工程师对材料质量或检验数据有疑问的可以提出补充检测要求。

4.进场施工机械设备性能及工作状态的控制

对进场施工机械设备性能及工作状态的控制包括:对其进行进场检查,核对施工单位报送的进场设备清单;对机械设备工作状态的检查,重要的工程机械要实际复验其工作状态;对特殊设备安全运行的审核,应要求施工单位在使用前办理相关手续;对大型设备的检查,要办好相关使用手续才可投入使用。

5.施工测量及计量器具性能精度的控制

对工地标养室、工地测量仪器的检查和审核。

6.施工现场劳动组织及作业人员上岗资格的控制

操作人员数量满足作业活动的需要;管理人员到位;相关制度要健全,特种作业人员持证上岗。

3.3.2　施工过程的控制

1.施工单位自检与专检工作的监控

施工单位是工程质量的直接实施者和责任者,监理工程师的质量监督与控制就是使施工单位建立起完善的质量自检体系并有效运行。监理工程师的检查不能代替施工单位的自检。专职质检员没有检查或检查不合格的工程项目不能报送监理工程师。

2.技术复核工作的监控

监理工程师应把技术复核工作列入监理规划和技术质量控制计划之中,并作为一项经常性的工作任务,贯穿于整个施工过程之中。

3.见证取样送检工作的监控

根据相关规定,对工程材料、承重结构的混凝土试块、承重墙体的砂浆试块、结构工程的受力钢筋(包括接头)实行见证取样。

工作程序如下:施工单位落实建立标养室,并报监理工程师考察确认;项目监理部将选定的负责见证取样的监理工程师报质监站备案;在实施见证取样前,施工单位通知负责见证取样的监理工程师,在其现场监督下,施工单位按规范的要求,完成取样并将样本送至检测单位。

见证取样的要求如下:检测单位必须有相应的资质;负责见证取样的监理工程师一般为专业监理工程师;取样人员一般为专职质量检测人员担任;送往检测单位的样品,应附有送验单,并由负责见证取样的监理工程师签字;检测单位的测试报告分别由施工单位和监理项目部保存并归档;实行见证取样绝不能取代施工单位对材料构配件进场时必须进行的自检。

4.工程变更的监控

在施工过程中,工程变更的要求可能来自建设单位、设计单位或施工承包单位。工程变更按图3-6所示进行审核。

(1)施工单位提出的工程变更要求及处理。施工单位应就要求变更的问题填写工程变更单,送项目监理部。总监理工程师根据施工单位的申请,经与设计、建设、施工单位研究并做出变更决定后,签发工程变更单,并应附有设计单位提交的变更设计图纸。

(2)设计单位提出变更的处理。设计单位应将设计变更通知及有关附件送至建设单位,建设单位会同监理、施工单位对设计单位提交的设计变更通知进行细致研究,并予以实施。

(3)建设单位要求变更的处理。建设单位将变更的要求通知设计单位,设计单位对工程变更单进行细致研究,并确定是否符合设计要求和实际情况,并书面通知建设单位,根据建设单位的授权,监理工程师研究设计单位所提交的建议设计变更方案或其他意见,必要时会同有关施工单位一起进行方案变更研究。建设单位做出变更的决定后,由总监理工程师签发工程变更单,指示施工单位按变更的决定组织施工。

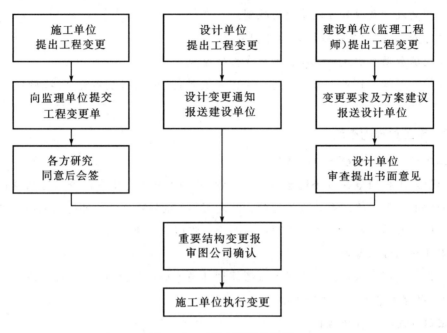

图3-6　工程变更审核程序

5.停、复工令的实施

根据委托监理合同中业主对监理工程师的授权,出现下列情况时,总监理工程师应下发停工令:

(1)施工作业存在重大隐患,可能造成质量事故或已造成质量事故的;

(2)施工单位未经许可擅自施工或拒绝项目监理部管理的;

(3)施工过程中出现异常质量情况,经发现后,施工单位未采取有效措施或措施不力未消除异常的;

(4)隐蔽工程未经依法查验确认合格,而擅自封闭的;

(5)已发生质量问题,迟迟未按监理工程师要求进行处理,或者若不停工则将造成工程质量缺陷或质量问题将继续发展的;

(6)未经监理工程师同意,而擅自变更设计或修改图纸进行施工的;

(7)未经技术资质审查的人员或不合格人员进入现场施工的;

(8)使用的原材料、构配件不合格或未经检查确认的,或擅自采用未经审查认可的代用材料的;

(9)擅自使用未经项目监理机构审查认可的分包单位进场施工的。

总监理工程师在下达工程暂停令、复工令前,宜事先向业主报告。

3.3.3　工程施工结果的控制

检验批、隐蔽工程、分项工程、分部(子分部)工程、单位工程验收程序详见图3-7、图3-8、图3-9、图3-10。

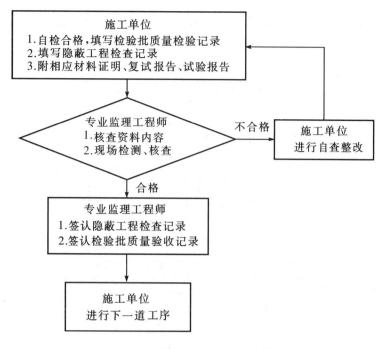

图 3-7 检验批、隐蔽工程验收程序

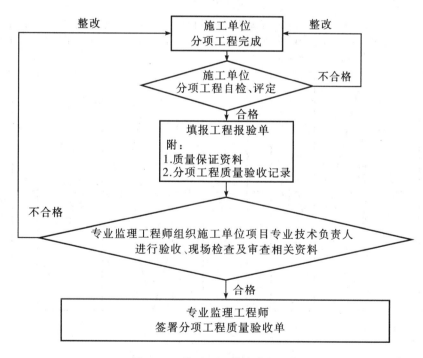

图 3-8 分项工程质量验收程序

注:①分项工程的验收应严格按标准规范执行。②专业监理工程师的抽检数量应符合审批的监理细则或监理规划要求。③监理工程师的评定与施工单位的自评相差较大,双方应按标准共同确定检查数量和方法,否则监理工程师应坚持自己的评定意见,并附监理检查评定表。④分项工程经验收评定后方可进入下一道工序。⑤建筑安装工程的分项工程验收,应在安装调试合格后进行。

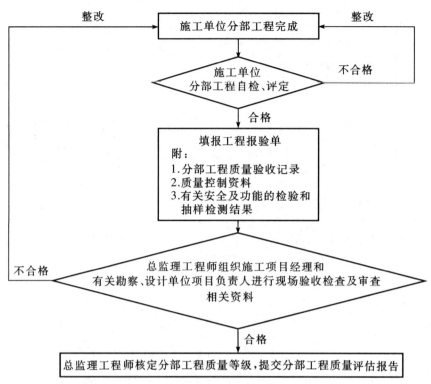

图 3-9 分部(子分部)工程验收程序

注：①分部工程的验收结果在分项评定的基础上经统计而得。②分部验收的工程质量评估报告应表明监理方对工程质量评定的意见。③分部工程的质量评定应经施工企业技术部门和质量部门核定后再向监理报审。监理工程师确认评定意见前应先进行现场检查。

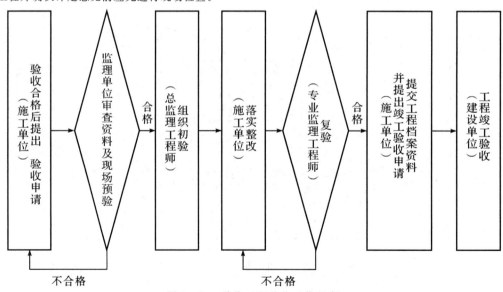

图 3-10 单位工程验收工作程序

注：①总监理工程师要组织专业监理工程师对质量情况、使用功能进行全面检查，对需要进行功能试验的项目应督促施工单位及时完成。②单位工程验收要在施工单位自查、自评的基础上，结合质量保证资料进行核查，并对有关质量评定和关键部位进行全面检查。③检查中发现的质量问题和缺陷要按部位、按层次逐项列出清单，要求承包单位限期整改，验收中存在的质量问题不得隐瞒。④总监理工程师配合建设单位组织各方共同验收，再由政府有关部门备案。⑤竣工备案的具体工作程序按照相关文件要求执行。

1.隐蔽工程验收

隐蔽工程施工完毕后,施工单位按有关技术规程、规范、施工图纸先进行自检,自检合格后,填写报验申请表,附上相应的隐蔽工程检查记录及有关材料证明、试验报告等,报送项目监理部。

监理工程师收到报验申请表后,应对质量证明资料进行审查,并在合同规定的时间内到现场检查或核查,施工单位的专职质检员及相关施工人员应随同一起到现场。

经现场检查,如符合质量要求,监理工程师在报验申请表及隐蔽工程检查记录上签字确认,准予施工单位隐蔽,进入下一道工序施工。如检查不合格,监理工程师提示施工单位整改,整改后自检查合格后再进行复查。

2.质量检验

施工作业活动结束后,施工单位在完成自检、互检、专检并符合要求后,向监理工程师提交报验申请表,监理工程师在收到通知后,在规定的时间内及时对其质量进行检验,确认合格后予以签字确认验收。

(1)检验批、分项、分部工程的验收。检验批(分项、分部工程)完成后,施工单位应首先进行检查验收,确认符合设计文件、符合相关验收规范的规定,然后向监理工程师提交申请,由监理工程师予以检查、确认。

检验批的质量应按主控项目和一般项目验收。

(2)单位工程或整个工程项目的竣工验收。在一个单位工程完工后或整个工程项目完成后,施工承包单位应先进行竣工自检,自检合格后,向项目监理部提交工程竣工报验单,总监理工程师组织专业监理工程师进行竣工初验。

对拟验收项目初验合格后,总监理工程师对施工单位的工程竣工报验单予以签认,并上报建设单位,同时提交工程质量评估报告,并参加由建设单位组织的正式竣工验收。

习　题

1.简述施工质量控制依据。

2.简述如何进行施工过程的质量控制。

第4章

建筑工程施工质量控制要点

4.1 地基与基础工程质量控制

地基与基础工程是建筑工程中重要的分部工程,任何一个建筑物或构筑物都是由地基、基础和上部结构三个部分组成。基础担负着承受建筑物的全部荷载,并将其传递给地基,与地基一起向下产生沉降;地基承受基础传来的全部荷载,并随土层深度向下扩散,被压缩而产生变形。

地基是指基础下面承受建筑物全部荷载的土层,其关键指标是地基土单位面积上随荷载增加所发挥的承载潜力,称为地基承载力。地基分为天然地基和人工地基。天然地基是指不经人工处理就直接承受房屋荷载的地基;人工地基是指由于土层较软弱或较复杂,必须经过人工处理使其提高承载力,才能承受房屋荷载的地基。

基础是指建(构)筑物地面以下墙(柱)的放大部分,根据埋置深度不同分为浅基础(埋深5 m以内)和深基础;根据受力情况不同分为刚性基础和柔性基础;根据基础构造形式不同分为条形基础、独立基础、桩基础、整体式基础(筏形和箱形)和壳形基础等。

任何建(构)筑物都必须有可靠的地基和基础。建筑物的全部重量(包括各种荷载)最终将通过基础传给地基,所以,对某些地基的处理及加固就成为基础工程施工中的一项重要内容。在施工过程中如发现地基土质过软或过硬,不符合设计要求时,应本着使建筑物各部位沉降尽量趋于一致以减少地基不均匀沉降的原则对地基进行处理。由于地基的特殊作用和功能,所以要求必须具备如下条件:

(1)足够的强度。基础具有足够的强度后才能发挥其支承和传导荷载的作用,才能保证上部结构不产生裂缝和不均匀沉降。要求基础具有足够的强度,就必须保证地基的土质、基槽、基坑的宽度及标高和使用的材料质量符合设计和验收规范的规定。

(2)良好的稳定性。稳定性是指地基与基础在承载后表现出的沉降均匀性。这一指标是通过对回填土质、回填夯实以及桩基质量等项目的质量控制来实现的。另外,沉降缝的合理设置也是保证稳定性的重要条件。

(3)满足耐久性的要求。地基与基础结构构件是处在隐蔽状态下工作的结构,它会受到地下水位以及不良土层的土质影响而使其耐久性达不到设计要求。所以,地基选用的材料及其构造的质量必须达到设计和国家验收规范的规定。

地基与基础工程的施工质量应满足国家标准《建筑地基基础工程施工质量验收规范》(GB 50202—2018)及相关施工规范的要求。

4.1.1 土方工程质量控制

1.场地和基坑开挖施工

(1)土方开挖施工技术要求。

①场地挖方。

A.土方开挖应从上至下分层、分段依次进行,并应具有一定的边坡坡度,防止塌方和发生施工安全事故。

B. 挖方上边缘至土堆坡脚的距离,应根据挖方深度、边坡高度和土的类别确定,当土质干燥密实时,不得小于 3 m;当土质松软时,不得小于 5 m。

C. 在坡体整体稳定的情况下,如地质条件良好、土(岩)质较均匀,高度在 3 m 以内临时性挖方边坡坡率允许值宜符合表 4-1 的规定或经设计计算确定。

表 4-1　临时性挖方工程的边坡坡率允许值

土的类别		边坡坡率(高:宽)
砂土	不包括细砂、粉砂	1:1.25~1:1.50
一般性黏土	坚硬	1:0.75~1:1.00
	硬塑、可塑	1:1.00~1:1.25
	软塑	1:1.50 或更缓
碎石类土	充填坚硬黏土、硬塑黏土	1:0.50~1:1.00
	充填砂土	1:1.00~1:1.50

注:①本表适用于无支护措施的临时性挖方工程的边坡坡率。②设计有要求时,应符合设计标准。③本表适用于地下水位以上的土层。采用降水或其他加固措施时,可不受本表限制,但应计算复核。④一次开挖深度,软土不应超过 4 m,硬土不应超过 8 m。

②基坑(槽)开挖。

A. 基坑(槽)和管沟开挖上部应有排水或挡水措施,防止地面水流入坑内冲刷边坡,从而造成塌方和基土被破坏。

B. 挖深 5 m 以内应按规定放坡,为防止事故发生应设支撑。

C. 当地质条件良好,土质均匀且地下水位低于基坑(槽)底面标高时,挖方深度在 5 m 以内且不加支撑的边坡的最陡坡度应符合表 4-2 所示的规定。

表 4-2　深度在 5 m 内的基坑(槽)、管沟边坡的最陡坡度

土的类别	边坡坡度(高:宽)		
	坡顶无荷载	坡顶有静载	坡顶有动载
中密的砂土	1:1.00	1:1.25	1:1.50
中密的碎石类土(充填物为砂土)	1:0.75	1:1.00	1:1.25
硬塑的粉土	1:0.67	1:0.75	1:1.00
中密的碎石类土(充填物为黏性土)	1:0.50	1:0.67	1:0.75
硬塑的粉质黏土、黏土	1:0.33	1:0.50	1:0.67
老黄土	1:0.10	1:0.25	1:0.33
软土(经井点降水后)	1:1.00	—	—

注:①静载是指堆土或材料等,动载是指机械挖土或汽车运输作业等。②静载或动载距挖方边沿的距离应保证边坡或直立壁的稳定,堆土或材料应距挖方边沿 0.8 m 以外,高度不超过 1.5 m。③当有成熟施工经验时,可不受本表限制。

D. 在已有建筑物侧挖基坑(槽)应分段进行,每段不超过 2.5 m,相邻的槽段应待已挖好槽段基础回填夯实后进行。

E. 开挖基坑深于邻近建筑物基础时,开挖应保持一定的距离和坡度,要满足 $H/L \leqslant 0.5 \sim 1$

(H为相邻基础高差,L为相邻两基础外边缘水平距离)。

　　F.正确确定基坑护面措施,确保施工安全。

　　(2)深基坑开挖(见图4-1)的技术要求。

图4-1 深基坑开挖

　　①在深基坑土方开挖前,要制订土方工程专项施工方案并通过专家论证;要对支护结构、地下水位及周围环境进行必要的监测和保护。

　　②挖土前,围护结构达到设计要求,基坑降水至坑底以下500 mm。

　　③挖土过程中,对周围邻近建筑物、地下管线进行监测。

　　④挖土过程中保证支撑、工程桩和立桩的稳定。

　　⑤施工现场配备必要的抢险物资,及时减小事故的扩大。

　　(3)土方开挖施工质量控制。

　　①在挖土过程中及时排除坑底表面积水;

　　②在挖土过程中若发生边坡滑移、坑涌时,则必须立即暂停挖土,根据具体情况采取必要的措施;

　　③基坑严禁超挖,在开挖过程中用水准仪跟踪监测标高,机械挖土保留200～300 mm原余土,抄平后采用人工修土。

　　2.土方工程质量验收标准。

　　(1)桩基、基坑、基槽和管沟基底的土质,必须符合设计要求并严禁扰动。

　　(2)填方的基底处理,必须符合设计要求或施工规范规定。

　　(3)填方桩基、基坑、基槽和管沟回填的土料必须符合设计要求和施工规范要求。

　　(4)填方桩基、基坑、基槽和管沟的回填,必须按规定分层夯压密实。

　　(5)施工前应检查支护结构质量、定位放线、排水和地下水控制系统,以及对周边影响范围内地下管线和建(构)筑物保护措施的落实,并应合理安排土方运输车辆的行走路线及弃土场。附近有重要保护设施的基坑,应在土方开挖前对围护体的止水性能通过预降水进行检验。

　　(6)施工中应检查平面位置、水平标高、边坡坡率、压实度、排水系统、地下水控制系统、预留土墩、分层开挖厚度、支护结构的变形,并随时观测周围环境变化。

　　(7)施工结束后应检查平面几何尺寸、水平标高、边坡坡率、表面平整度和基底土性等。

　　(8)土方开挖工程的质量检验标准应符合表4-3至表4-6的规定。

表4-3　柱基、基坑、基槽土方开挖工程的质量检验标准

项目	序号	项目	允许值或允许偏差		检查方法
			单位	数值	
主控项目	1	标高	mm	0 −50	水准测量
	2	长度、宽度 （由设计中心线向两边量）	mm	＋200 −50	全站仪或用钢尺量
	3	坡率	设计值		目测法或用坡度尺检查
一般项目	1	表面平整度	mm	±20	用2m靠尺
	2	基底土性	设计要求		目测法或土样分析

表4-4　挖方场地平整土方开挖工程的质量检验标准

项目	序号	项目	允许值或允许偏差			检查方法
			单位	数值		
主控项目	1	标高	mm	人工	±30	水准测量
				机械	±50	
	2	长度、宽度 （由设计中心线向两边量）	mm	人工	＋300 −100	水准测量
				机械	＋500 −150	全站仪或用钢尺量
	3	坡率	设计值			目测法或用坡度尺检查
一般项目	1	表面平整度	mm	人工	±20	用2m靠尺
				机械	±50	
	2	基底土性	设计要求			目测法或土样分析

表4-5　管沟土方开挖工程的质量检验标准

项目	序号	项目	允许值或允许偏差		检查方法
			单位	数值	
主控项目	1	标高	mm	0 −50	水准测量
	2	长度、宽度 （由设计中心线向两边量）	mm	＋100 0	全站仪或用钢尺量
	3	坡率	设计值		目测法或用坡度尺检查
一般项目	1	表面平整度	mm	±20	用2m靠尺
	2	基底土性	设计要求		目测法或土样分析

表 4-6　地(路)面基层土方开挖工程的质量检验标准

项目	序号	项目	允许值或允许偏差		检查方法
			单位	数值	
主控项目	1	标高	mm	0 −50	水准测量
	2	长度、宽度 (由设计中心线向两边量)	设计值		全站仪或用钢尺量
	3	坡率	设计值		目测法或用坡度尺检查
一般项目	1	表面平整度	mm	±20	用 2 m 靠尺
	2	基底土性	设计要求		目测法或土样分析

注:地(路)面基层的偏差只适用于直接在挖、填方上做地(路)面的基层。

4.1.2　素土、灰土、砂和砂石地基质量控制

地基按其材料及处理方法的不同可分为:素土、灰土地基、砂和砂石地基、土工合成材料地基、粉煤灰地基、强夯地基、注浆地基、预压地基、复合地基等。现重点介绍常见的素土、灰土地基、砂和砂石地基、强夯地基。

1.素土、灰土、砂和砂石地基施工过程的一般规定

(1)灰土、砂和砂石地基施工前,应进行验槽合格后,方可进行施工;

(2)施工前检查槽底是否有积水、淤泥,应清除干净并干燥后再施工;

(3)检查灰土的配料是否正确,除设计有特殊要求外,一般按 2∶8 或 3∶7 的体积比配制,检查砂石的级配是否符合设计或试验要求;

(4)控制灰土的含水量,以"手握成团,落地开花"为好;

(5)检查控制地基的铺设厚度,灰土为 200~300 mm,砂或砂石为 150~350 mm;

(6)检查每层铺设压实后的压实密度,合格后方可进行下一道工序的施工;

(7)检查分段施工时上下两层搭接部位和搭接长度是否符合规定。

如图 4-2 所示为灰土拌和施工。

图 4-2　灰土拌和施工

2.素土、灰土、砂和砂石地基质量控制

(1)施工前应检查素土、灰土土料、石灰或水泥等配合比及灰土的拌和均匀性。

(2)施工中应检查分层铺设的厚度、夯实时的加水量、夯压遍数及压实系数。

（3）施工结束后，应进行地基承载力检验。

（4）地基承载力检验时，静载试验最大加载量不应小于设计要求的承载力特征值的2倍。

（5）地基的承载力必须达到设计要求。地基承载力的检验数量每300 m²不应少于1点；超过3000 m²部分每500 m²不应少于1点；每单位工程不应少于3点。

3. 素土、灰土地基质量检验标准

素土、灰土地基的质量检验标准应符合表4-7的规定。

表4-7　素土、灰土地基质量检验标准

项目	序号	检查项目	允许偏差或允许值		检查方法
			单位	数值	
主控项目	1	地基承载力	不小于设计值		静载试验
	2	配合比	设计值		检查拌和时的体积比
	3	压实系数	不小于设计值		环刀法
一般项目	1	石灰粒径	mm	≤5	筛析法
	2	土料有机质含量	%	≤5	灼烧减量法
	3	土颗粒粒径	mm	≤15	筛析法
	4	含水量	最优含水量±2%		烘干法
	5	分层厚度偏差	mm	±50	水准测量

4. 砂和砂石地基质量检验标准

砂和砂石地基质量检验标准见表4-8。

表4-8　砂和砂石地基质量检验标准

项目	序号	检查项目	允许偏差或允许值		检查方法
			单位	数值	
主控项目	1	地基承载力	不小于设计值		静载试验
	2	配合比	设计值		检查拌和时的体积比或质量比
	3	压实系数	不小于设计值		灌砂法、灌水法
一般项目	1	砂石料有机质含量	mm	≤5	灼烧减量法
	2	砂石料含泥量	%	≤5	水洗法
	3	砂石料粒径	mm	≤100	筛析法
	4	分层厚度（与设计要求比较）	mm	±50	水准测量

4.1.3　强夯地基质量控制

1. 强夯地基施工过程的一般规定

强夯地基施工如图4-3所示。

图 4-3 强夯地基施工

(1)开夯前应检查夯锤的重量和落距,以确保单击夯击能量符合设计要求;

(2)检查测量仪器的使用情况,核对夯击点位置及标高,仔细审核测量及计算结果;

(3)夯击前,应对夯点放线进行复核,夯完后检查夯坑位置,发现偏差或漏击应及时纠正;

(4)按设计要求检查每个夯点的夯击次数和每击的沉降量,以及两遍之间的时间间隔等;

(5)按设计要求做好质量检验和夯击效果检验,未达到要求或预期效果时应及时补救;

(6)施工过程中应对各项施工参数及施工情况进行详细记录,并作为质量控制的依据。

2.强夯地基质量检验标准

强夯地基工程质量检验标准见表 4-9。

表 4-9　强夯地基质量检验标准

项目	序号	检查项目	允许偏差或允许值		检查方法
主控项目	1	地基承载力	不小于设计值		静载试验
	2	处理后地基的强度	不小于设计值		原位测试
	3	变形指标	设计值		原位测试
一般项目	1	夯锤落距	mm	±300	钢索设标志
	2	夯锤质量	kg	±100	称重
	3	夯击遍数	不小于设计值		计数法
	4	夯击顺序	设计要求		检查施工记录
	5	夯击击数	不小于设计值		计数法
	6	夯点位置	mm	±500	用钢尺量
	7	夯击范围 (超出基础范围距离)	设计要求		用钢尺量
	8	前后两遍时间间隔	设计值		检查施工记录
	9	最后两击平均夯沉量	设计值		水准测量
	10	场地平整度	mm	±100	水准测量

4.1.4　桩基础质量控制

桩的分类可按《建筑桩基技术规范》(JGJ 94—2008)的统一分类方法分类。

按桩的受力状况可分为摩擦型桩(摩擦桩和端承摩擦桩)、端承型桩(端承桩和摩擦端承桩);

按桩身材料可分为钢筋混凝土桩、钢桩、木桩;按桩的施工方法可分为灌注桩、预制打入桩、静力压入桩等。现重点介绍常见的钢筋混凝土灌注桩和预制桩。

1.灌注桩施工质量控制

(1)灌注桩钢筋笼制作(见图4-4)质量控制。

①钢筋笼制作的允许偏差按规范执行。

②主筋净距必须大于混凝土粗骨料粒径3倍以上,以便确保混凝土灌注时达到密实度要求。

③箍筋宜设在主筋外侧,主筋需设弯钩时,弯钩不得向内圆伸露,以免钩住灌注导管,妨碍导管正常工作。

④钢筋笼的内径应比导管接头处的外径大100 mm以上。

⑤分节制作的钢筋笼,主筋接头宜用焊接,由于在灌注桩孔口进行焊接只能做单面焊,搭接长度要保证10倍主筋直径以上。

⑥沉放钢筋笼前,在钢筋笼上套上或焊上主筋保护层垫块或耳环,使主筋保护层偏差符合以下规定:水下灌注混凝土桩±20 mm,非水下浇筑混凝土桩±10 mm。

(2)泥浆护壁成孔灌注桩施工(见图4-5)质量控制。

图4-4　灌注桩钢筋笼制作

图4-5　泥浆护壁成孔灌注桩施工

①泥浆制备和处理的施工质量控制。

A.制备泥浆的性能指标按规范执行。

B.一般地区施工期间护筒内的泥浆面应高出地下水位1.0 m以上,在受潮水涨落影响地区施工时,泥浆面应高出最高地下水位1.5 m以上。以上数据应记入开孔通知单或钻孔班报表。

C.在清孔过程中,要不断置换泥浆,直至灌注水下混凝土时,才能停止置换,以保证清理过的符合沉渣厚度要求的孔底沉渣,不因泥浆静止渣土下沉而导致孔底实际沉渣度超厚。

D.浇筑混凝土前,孔底500 mm以内的泥浆相对密度应小于1.25;含砂率不大于8%;黏度不大于28 s。

②正反循环钻孔灌注桩施工质量控制。

A.孔深大于30 m的端承型桩,钻孔机具工艺选择时宜用反循环工艺成孔或清孔。

B.为了保证钻孔的垂直度,钻机应设置导向装置。潜水钻的钻头上应有不小于3倍钻头直径长度的导向装置;利用钻杆加压的正循环回转钻机,在钻具中应加设扶正器。

C.钻孔达到设计深度后,清孔应符合下列规定:端承桩小于等于50 mm;摩擦端承桩、端承摩擦桩小于等于100 mm;摩擦桩小于等于300 mm。

D.正反循环钻孔灌注桩成孔施工的允许偏差应满足规范规定的要求。

③冲击成孔灌注桩施工质量控制。

A.冲孔桩孔口护筒的内径应大于钻头直径200 mm,护筒设置要求按规范相应条款执行。

B.护壁要求按规范相应条款执行。

④水下混凝土浇筑施工质量控制。

A.水下混凝土配制的强度等级应有一定的余量,以保证水下灌注混凝土强度等级符合设计强度的要求(并非在标准条件下养护的试块达到设计强度等级即判定符合设计要求)。

B.水下混凝土必须具备良好的和易性,坍落度宜为180～220 mm,水泥用量不得少于360 kg/m³。

C.水下混凝土的含砂率宜控制在40％～45％,粗骨料粒径应小于40 mm。

D.导管使用前应试拼装、试压(试水压力取0.6～1.0 MPa),以防止导管渗漏发生堵管现象。

E.隔水栓应有良好的隔水性能,并能使隔水栓顺利从导管中排出,保证水下混凝土灌注成功。

F.用以储存混凝土初灌斗的容量,必须满足第一斗混凝土灌下后能使导管一次埋入混凝土面下0.8 m以上。

G.灌注水下混凝土时应有专人测量导管内外混凝土面标高,保证混凝土在埋管2～6 m深时,才允许提升导管。当选用吊车提拔导管时,必须严格控制导管提拔时导管离开混凝土面的可能,防止发生断桩事故。

H.严格控制浮桩标高,凿除泛浆高度后,必须保证暴露的桩顶混凝土达到设计强度值。

2.混凝土预制桩施工质量控制

(1)预制桩钢筋骨架质量控制。

①桩主筋可采用对焊或电弧焊,同一截面的主筋接头不得超过50％,相邻主筋接头截面的距离应大于35 d且不小于500 mm。

②为了防止桩顶被击碎,桩顶钢筋网片位置要严格控制并按图施工,且采取措施使网片位置固定正确、牢固,以保证混凝土浇筑时不移位;浇筑混凝土预制桩时,从柱顶开始浇筑,以保证柱顶和桩尖不积聚过多的砂浆。

③为防止锤击时桩身出现纵向裂缝,导致桩身被击碎,以至于被迫停锤,预制桩钢筋骨架中主筋距桩顶的距离必须严格控制,绝不允许出现主筋距桩顶面过近,甚至触及桩顶的质量问题出现。

如图4-6所示为预制桩锤击法施工。

图4-6 预制桩锤击法施工

④预制桩的分段长度应在掌握地层土质的情况下确定,决定分段桩长度时要避开桩尖接近硬持力层或桩尖处于硬持力层中接桩,防止桩尖停在硬层内接桩。电焊接桩应抓紧时间,以免耗时过长,桩击摩阻得到恢复,使桩下沉产生困难。

(2)混凝土预制桩的起吊、运输和堆存质量控制。

①预制桩达到设计强度70%时方可起吊,达到100%才能运输。

②桩水平运输时,应用运输车辆,严禁在场地上直接拖拉桩身。

③垫木和吊点应保持在同一横断面上,且各层垫木上下对齐,防止垫木参差不齐而桩被剪切断裂。

④根据工程的实践经验,龄期和强度都达到的预制桩,才能顺利打入土中并很少打裂。沉桩应做到强度和龄期双重控制。

(3)混凝土预制桩接桩施工质量控制。

①硫黄胶泥锚接法仅适用于软土层,管理和操作要求较严;一级建筑桩基或承受拔力的桩应慎用。

②焊接接桩材料时,钢板宜用低碳钢,焊条宜用E43焊条;焊条使用前必须经过烘焙,以降低烧焊时的含氢量,防止焊缝产生气孔而降低其强度和韧性;焊条烘焙应有记录。

③焊接接桩时,应先将四角点焊固定;焊接必须对称进行,以保证设计尺寸正确,使上下接桩对准。

(4)混凝土预制桩沉桩质量控制。

①沉桩顺序是打桩施工方案的一项重要内容,必须正确选择确定,避免桩位偏移、上拔、地面隆起过多、邻近建筑物破坏等事故发生。

②沉桩中停止锤击应根据桩的受力情况确定,摩擦型桩以标高为主,贯入度为辅;而端承型桩应以贯入度为主,标高为辅;同时综合考虑,当两者差异较大时,应会同各参与方进行研究,共同研究确定停止锤击桩标准。

③为避免或减少沉桩挤土效应和对邻近建筑物、地下管线的影响,在施打大面积密集桩群时,应采取预钻孔,设置袋装砂井或塑料排水板,消除部分超孔隙水压力,以减少挤压效应。

④插桩是保证桩位正确和桩身垂直度的重要开端,插桩应控制桩的垂直度,并应逐桩记录,以备核对查验,避免打偏。

4.2　钢筋混凝土工程质量控制

由于现代经济发展的需要,世界各国的大中型城市都以高层、超高层建筑作为城市发展和经济实力的象征,而高层及超高层建筑物绝大部分采用钢筋混凝土结构,如由钢筋混凝土构件所形成的框架结构、框剪结构、剪力墙结构、框筒结构等,除有部分框架结构采用预制装配式和预制部分采用现浇形式外,其余均采用现浇钢筋混凝土结构。

现浇钢筋混凝土工程应用较普遍,由于现场浇筑施工是将柱、梁、板、墙等构件按在现场设计位置浇筑成整体结构,即现浇钢筋混凝土整体结构。这种结构的整体性和抗震性较好、节点接头简单、用钢量较少,适合现代多层、高层建筑功能需求;但现浇施工模板耗用量大,混凝土浇筑现场运输量大,劳动强度高,属于湿作业,工期较长,因此需加快推广工具式模板、商品混凝土及混凝土输送泵的使用,以提高施工的机械化水平。

混凝土结构工程可划分为模板、钢筋、混凝土分项工程,在施工过程中三者应密切配合,进行流水施工。混凝土结构工程施工质量应满足《混凝土结构工程施工质量验收规范》(GB 50204—

2015)及《混凝土结构工程施工规范》(GB 50666—2011)的要求。

混凝土结构子分部工程质量控制工作流程,如图4-7所示。

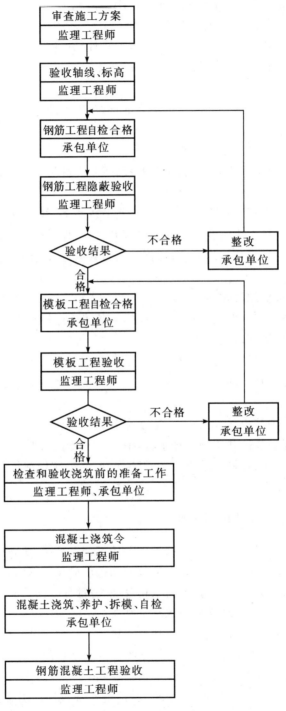

图 4-7 混凝土结构子分部工程质量控制工作流程

4.2.1 钢筋分项工程质量控制

钢筋分项工程质量控制工作流程,如图4-8所示。

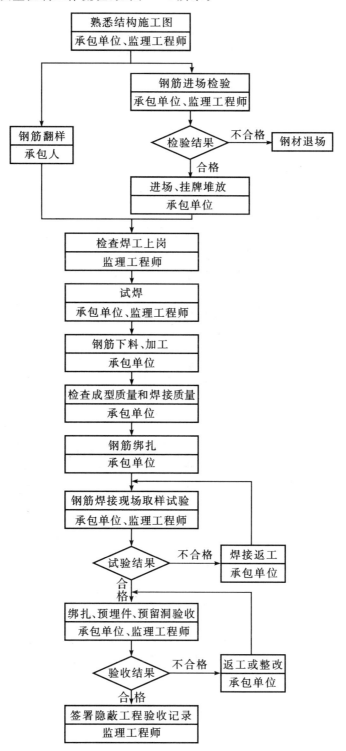

图4-8　钢筋分项工程质量控制工作流程

1.一般规定

(1)钢筋进场时,应按国家现行相关标准的规定抽取试件做力学性能和重量偏差等检验,检验结果必须符合有关标准的规定。

检验数量:按进场的批次和产品的抽样方案确定。

检验方法:检查产品合格证、出厂检验报告和进场复验报告。

工程材料质量控制工作流程,如图4-9所示。

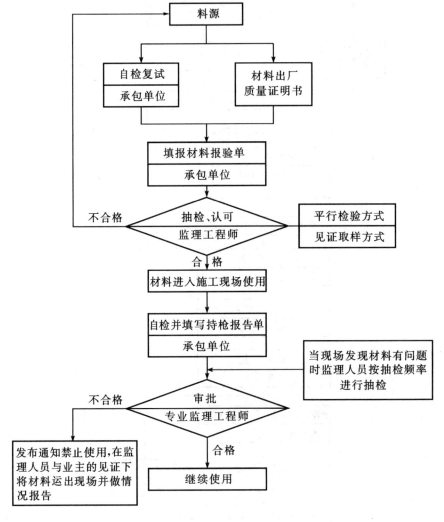

图4-9 工程材料质量控制工作流程

(2)对有抗震设防要求的结构,其纵向受力钢筋的性能应满足设计要求;当设计无具体要求时,对按一、二、三级抗震等级设计的框架和斜撑构件(含梯段)中的纵向受力钢筋应采用HRB400E、HRBF400E 或 HRBF500E 钢筋,其强度和最大力下总伸长率的实测值应符合下列规定:

①钢筋的抗拉强度实测值与屈服强度实测值的比值不应小于1.25。

②钢筋的屈服强度实测值与屈服强度标准值的比值不应大于1.30。

③钢筋的最大力下总伸长率不应小于9%。

检查数量:按进场的批次和产品的抽样检验方案确定。

检验方法:检查进场复验报告。

(3)钢筋的强度等级、种类和直径应符合设计要求,当需要代换时,必须征得设计单位同意,并应符合下列要求。

①不同种类钢筋的代换,应按钢筋受拉承载力设计值相等的原则进行。

②当构件受裂缝宽度或挠度控制时,钢筋代换后应重新进行验算。

③钢筋代换后,应满足《混凝土结构设计规范》(GB 50010—2010)中有关间距、锚固长度、最小钢筋直径、根数等要求。

④对重要受力构件,不宜用光圆钢筋代换带肋钢筋。

⑤梁的纵向受力钢筋与弯起钢筋应分别进行代换。

⑥对有抗震要求的框架,不宜以强度等级较高的钢筋代替原设计中的钢筋;当必须代换时,尚应符合以上第③条的规定。

⑦预制构件的吊环,必须采用未经冷拉的 HPB300 级钢筋制作。

(4)热轧钢筋取样与试验。

每批钢筋由同一截面尺寸和同一炉罐号的钢筋组成,数量不大于 60 t。在每批钢筋中任选 3 根钢筋切取 3 个试样供拉力试验用,又任选 3 根钢筋切取 3 个试样供冷弯试验用。

拉力试验和冷弯试验结果,必须符合现行钢筋机械性能的要求,如有某一项试验结果达不到要求,则从同一批中再任取双倍数量的试件进行复试,复试如有任一指标达不到要求,则该批钢筋将被判定为不合格。

(5)当发现钢筋脆断、焊接性能不良或力学性能显著不正常等现象时,应对该批钢筋进行化学成分检验或其他专项检验。

检验方法:检查化学成分等专项检验报告。

(6)钢筋应平直、无损伤,表面不得有裂纹、油污、颗粒状或片状老锈。

检查数量:进场时和使用前全数检查。

检验方法:观察。

2.钢筋加工

钢筋加工是将盘条钢筋和直条钢筋加工成为钢筋工程安装施工所需要的长度尺寸、弯曲形状或者安装组件,主要包括冷拉、冷拔、调直、切断、弯曲、组件成型等。钢筋加工现场如图 4-10 所示。

图 4-10 钢筋加工

(1)钢筋的弯钩和弯折。

受力钢筋的弯钩和弯折应符合下列规定:

①光圆钢筋弯弧内直径不应小于钢筋直径的 2.5 倍,末端做 180°弯钩时,其弯钩的平直段长度不应小于钢筋直径的 3 倍。

②弯折的弯弧内直径:335 MPa 级、400 MPa 级带肋钢筋,不应小于钢筋直径的 4 倍。

③弯折的弯弧内直径:500 MPa 级带肋钢筋,当直径为 28 mm 以下时不应小于钢筋直径的 6 倍,当直径为 28 mm 及以上时不应小于钢筋直径的 7 倍。

检查数量:同一设备加工的同一类型钢筋,每工作班抽查不应少于 3 件。

检验方法:尺量。

(2)箍筋、拉筋的末端应按设计要求作弯钩,并应符合下列规定:

①对一般结构构件,箍筋弯钩的弯折角度不应小于 90°,弯折后平直段长度不应小于箍筋直径的 5 倍;对有抗震设防要求或设计有专门要求的结构构件,箍筋弯钩的弯折角度不应小于 135°,弯折后平直段长度不应小于箍筋直径的 10 倍。

②圆形箍筋的搭接长度不应小于其受拉锚固长度,且两末端弯钩的弯折角度不应小于 135°,弯折后平直段长度对一般结构构件不应小于箍筋直径的 5 倍,对有抗震设防要求的结构构件不应小于箍筋直径的 10 倍。

③梁、柱复合箍筋中的单肢箍筋两端弯钩的弯折角度均不应小于 135°,弯折后平直段长度不应小于箍筋直径的 10 倍。

④箍筋弯折处尚不应小于纵向受力钢筋的直径。

检查数量:同一设备加工的同一类型钢筋,每工作班抽查不应少于 3 件。

检验方法:尺量。

(3)盘卷钢筋调直后应进行力学性能和重量偏差的检验,其强度应符合国家有关标准的规定。其断后伸长率、重量偏差应符合表 4-10 的有关规定。

表 4-10　盘卷钢筋调直后的断后伸长率、重量偏差要求

钢筋牌号	断后伸长率 A/%	重量偏差 Δ/%	
		直径 6 mm～12 mm	直径 14 mm～16 mm
HPB300	≥21	≥-10	—
HRB335、HRBF335	≥16	≥-8	≥-6
HRB400、HRBF400	≥15		
RRB400	≥13		
HRB500、HRBF500	≥14		

注:①断后伸长率 A 的量测标距为 5 倍钢筋公称直径;②重量偏差 Δ(%)按公式 $\Delta = (W_0 - W_d)/W_0 \times 100$ 计算,其中 W_0 为钢筋理论重量(kg),W_d 为调直后钢筋的实际重量(kg)。

检验方法:对 3 个试件先进行重量偏差检验,再取其中 2 个试件进行力学性能检验。检验重量偏差时,试件切口应平滑且与长度方向垂直,且长度不应少于 500 mm;长度和重量的量测精度分别不应低于 1 mm 和 1 g。采用无延伸功能的机械设备调直的钢筋,可不进行本条规定的检验。

检查数量:同一设备加工的同一牌号、同一规格的调直钢筋,重量不大于 30 t 为一批,每批见证抽取 3 个试件。

(4)钢筋宜采用无延伸功能的机械设备进行调直,也可采用冷拉方法调直。当采用冷拉方法调直时,HPB300 光圆钢筋的冷拉率不宜大于 4%;HRB335、HRB400、HRB500、HRBF335、HRBF400、HRBF500 及 RRB400 带肋钢筋的冷拉率不宜大于 1%。

检查数量:同一设备加工的同一类型钢筋,每工作班抽查不应少于3件。

检验方法:尺量。

(5)钢筋加工的形状、尺寸应符合设计要求,其偏差应符合表4-11的规定。

表4-11 钢筋加工的允许偏差

项 目	允许偏差/mm
受力钢筋沿长度方向的净尺寸	±10
弯起钢筋的弯折位置	±20
箍筋外廓尺寸	±5

检查数量:同一设备加工的同一类型钢筋,每工作班抽查不应少于3件。

检验方法:尺量。

3.钢筋连接

钢筋连接是指钢筋的连接方式,钢筋的连接方式主要有绑扎搭接、机械连接和焊接等,如图4-11至图4-13所示。

图4-11 钢筋绑扎搭接

图4-12 钢筋机械连接

图4-13 钢筋焊接连接

(1)纵向受力钢筋的连接方式应符合设计要求。

(2)在施工现场,应按国家现行标准《钢筋机械连接通用技术规程》(JGJ 107—2016),《钢筋焊接及验收规程》(JGJ 18—2012)的规定抽取钢筋机械连接接头、焊接接头试件作力学性能检验,其质量应符合有关规程的规定。

检查数量:按有关规程确定。

检验方法:检查产品合格证、接头力学性能试验报告。

(3)钢筋的接头宜设置在受力较小处,避开结构受力较大的关键部位。同一纵向受力钢筋不宜设置两个或两个以上接头。接头末端至钢筋弯起点的距离不应小于钢筋直径的 10 倍。

（4）当受力钢筋采用机械连接接头或焊接接头时，设置在同一构件内的接头宜相互错开。

纵向受力钢筋机械连接接头及焊接接头连接区段的长度为 35 d（d 为纵向受力钢筋的较大直径）且不小于 500 mm，凡接头中点位于该连接区段长度内的接头均属于同一连接区段。同一连接区段内，纵向受力钢筋机械连接及焊接的接头面积百分率为该区段内有接头的纵向受力钢筋截面面积与全部纵向受力钢筋截面面积的比值。

同一连接区段内，纵向受力钢筋的接头面积百分率应符合设计要求；当设计无具体要求时，应符合下列规定：

①在受拉区不宜大于 50％；

②接头不宜设置在有抗震设防要求的框架梁端、柱端的箍筋加密区；当无法避开时，对等强度高质量机械连接接头，不应大于 50％；

③直接承受动力荷载的结构构件中，不宜采用焊接接头；当采用机械连接接头时，不应大于 50％。

检查数量：在同一检验批内，对梁、柱和独立基础，应抽查构件数量的 10％，且不少于 3 件；对墙和板应按有代表性的自然间抽查 10％，且不少于 3 间；对大空间结构，墙可按相邻轴线间高度 5m 左右划分检查面，板可按纵、横轴线划分检查面，抽查 10％，且均不少于 3 面。

（5）同一构件中相邻纵向受力钢筋的绑扎搭接接头宜相互错开。绑扎搭接接头中钢筋的横向净距不应小于钢筋直径，且不应小于 25 mm。

钢筋绑扎搭接接头连接区段的长度为 1.3 l_1（l_1 为搭接长度），凡搭接接头中点位于该连接区段长度内的搭接接头均属于同一连接区段。同一连接区段内，纵向钢筋搭接接头面积百分率为该区段内有搭接接头的纵向受力钢筋截面面积与全部纵向受力钢筋截面面积的比值（见图 4-14）。

具体可详见《混凝土结构施工图平面整体表示方法制图规则和构造详图（现浇混凝土框架、剪力墙、梁、板）》（16G101-1）。

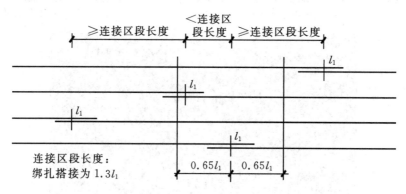

图 4-14 钢筋绑扎搭接接头连接区段及接头面积百分率

注：图中所示搭接接头同一连接区段内的搭接钢筋为两根，当各钢筋直径相同时，接头面积百分率为 50％。

同一连接区段内，纵向受拉钢筋搭接接头面积百分率应符合设计要求，当设计无具体要求时，应符合下列规定：

①对梁类、板类及墙类构件，不宜大于 25％；

②对柱类构件，不宜大于 50％；

③当工程中确有必要增大接头面积百分率时，对梁类构件不应大于 50％；对其他构件可根据实际情况放宽。

纵向受力钢筋绑扎搭接接头的最小搭接长度应符合规范规定。

检查数量:在同一检验批内,对梁、柱和独立基础,应抽查构件数量的 10%,且不少于 3 件;对墙和板,应按有代表性的自然间抽查 10%,且不少于 3 间;对大空间结构,墙可按相邻轴线间高度 5 m 左右划分检查面,板可按纵、横轴线划分检查面,抽查 10%,且均不少于 3 面。

(6)在梁、柱类构件的纵向受力钢筋搭接长度范围内,应按设计要求配置箍筋。当设计无具体要求时,应符合下列规定:

①箍筋直径不应小于搭接钢筋较大直径的 0.25 倍;

②受拉搭接区段的箍筋间距不应大于搭接钢筋较小直径的 5 倍,且不应大于 100 mm;

③受压搭接区段的箍筋间距不应大于搭接钢筋较小直径的 10 倍且不应大于 200 mm;

④当柱中纵向受力钢筋直径大于 25 mm 时,应在搭接接头两个端面外 100 mm 范围内各设置两个箍筋,其间距宜为 50 mm。

检查数量:在同一检验批内,对梁、柱和独立基础应抽查构件数量的 10%,且不少于 3 件;对墙和板,应按有代表性自然间抽查 10%,且不少于 3 间;对大空间结构,墙可按相邻轴线间高度 5 m 左右划分检查面,板可按纵、横轴线划分检查面抽查 10%,且均不少于 3 面。

(7)不同直径钢筋连接时,一次对接钢筋直径规格差别不宜超过两级。

(8)轴心受拉及小偏心受拉杆件(如桁架和拱的拉杆)的纵向受力钢筋不得采用绑扎搭接接头。

(9)当受拉钢筋的直径 d 大于 25 mm 及受压钢筋的直径 d 大于 28 mm 时,不宜采用绑扎搭接接头。

(10)钢筋连接套处的混凝土保护层厚度,除了要满足现行国家标准外,还必须满足其保护层厚度不得小于 15 mm,且连接套之间的横向间距不宜小于 25 mm。

4. 钢筋安装

(1)钢筋安装时,受力钢筋的品种、级别、规格和数量必须符合设计要求。

(2)钢筋安装位置的偏差应符合表 4-12 的规定。

表 4-12 钢筋安装位置的允许偏差和检验方法

项 目			允许偏差	检验方法
绑扎钢筋网	长、宽		±10	钢尺检查
	网眼尺寸		±20	钢尺量连续三档,取最大值
绑扎钢筋骨架	长		±10	钢尺检查
	宽、高		±5	钢尺检查
受力钢筋	间距		±10	钢尺量两端、中间各一点,取最大值
	排距		±5	
	保护层厚度	基础	±10	钢尺检查
		柱、梁	±5	钢尺检查
		板、墙、壳	±3	钢尺检查
绑扎箍筋、横向钢筋间距			±20	钢尺量连续三档,取最大值
钢筋弯起点位置			20	钢尺检查
预埋件	中心线位置		5	钢尺检查
	水平高差		3,0	钢尺和塞尺检查

注:①检查预埋件中心线位置时,应沿纵、横两个方向量测,并取其中的较大值。②表中梁类、板类构件上部纵向受力钢筋保护层厚度的合格点率应达到 90% 及以上,且不得有超过表中数值 1.5 倍的尺寸偏差。

检查数量：在同一检验批内，对梁、柱和独立基础，应抽查构件数量的10%，且不少于3件；对墙和板，应按有代表性的自然间抽查10%，且不少于3间；对大空间结构，墙可按相邻轴线间高度5 m左右划分检查面，板可按纵、横轴线划分检查面，抽查10%，且均不少于3面。

4.2.2 模板工程质量控制

模板分项工程质量控制工作流程，如图4－15所示。

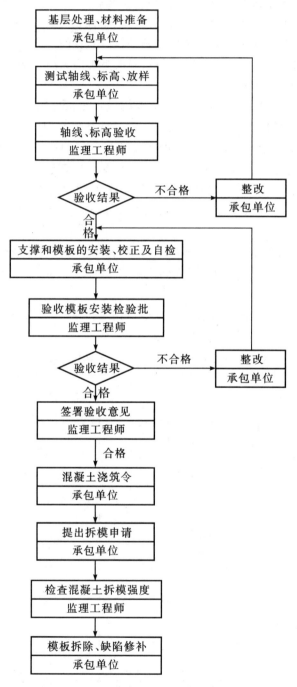

图4-15 模板分项工程质量控制工作流程

1.一般规定

(1)模板及其支架必须符合下列规定：

①模板制作时,应保证规格、尺寸准确,满足施工图纸的尺寸要求,棱、角平直光洁,面层平整。

②要求模板工程具有足够的承载力、刚度和稳定性,能使其在静荷载和动荷载的作用下不出现塑性变形、倾覆和失稳。

③模板系统应构造简单,拆装方便,便于钢筋的绑扎和安装以及混凝土的浇筑和养护,做到加工容易,集中制造,提高工效,紧密配合,综合考虑。

④模板的拼缝严密不应漏浆。对于反复使用的钢模板要不断进行整修,保证其棱角顺直、平整。

(2)模板工程应编制施工方案。爬升式模板工程、工具式模板工程及高大模板支架工程的施工方案,应按有关规定进行技术论证。

(3)模板使用前应涂刷隔离剂,不应采用油质类隔离剂;严禁隔离剂污染钢筋与混凝土接槎处,以免影响钢筋与混凝土的握裹力,使混凝土接槎处不能有机结合;不得在模板安装后刷隔离剂。

(4)对模板及其支架应定期维修。钢模板及支架应防止锈蚀,从而延长模板及其支架的使用寿命。

2.模板安装的质量控制

(1)模板及支架所用材料的技术指标应符合国家现行有关标准的规定。

(2)竖向模板和支架的支撑部分必须坐落在坚实的基土上,承载力或密实度应符合施工方案的要求;地基土应有防水、排水措施;支架竖杆下应有底座或垫板,使其有足够的支撑面积。

(3)模板安装质量应符合下列规定。

①模板的接缝应该严密,避免漏浆。

②模板内不应有杂物、积水或冰雪等。

③模板与混凝土的接触面应平整、清洁。

④用作模板的地坪、胎模等应平整、清洁,不应有影响构件质量的下沉、裂缝、起砂或起鼓。

⑤对清水混凝土及装饰混凝土构件,应使用能达到设计效果的模板。

如图4-16所示为胶合木模板的安装。

图4-16　胶合木模板的安装

（4）隔离剂的品种和涂刷方法应符合施工方案的要求。隔离剂不得影响结构性能及装饰施工；不得污染钢筋、预应力筋、预埋件和混凝土接槎处；不得对环境造成污染。

（5）现浇钢筋混凝土梁、板，当跨度大于或等于 4 m 时，模板应中部起拱；当设计无要求时，起拱高度宜为全跨长的 1/1000～3/1000，不得起拱过小而造成梁、板底下垂。

（6）现浇多层房屋和构筑物支模时，采用分段分层方法。下层混凝土须达到足够的强度以承受上层作业荷载传来的力，且上下立柱应对齐，并铺设垫板。

（7）固定在模板上的预埋件和预留洞不得遗漏，安装必须牢固、位置准确；有抗渗要求的混凝土结构中的预埋件，应按设计及施工方案的要求采取防渗措施。预埋件和预留孔安装允许偏差见表 4-13 的规定。

表 4-13　预埋件和预留孔洞的安装允许偏差

项　目		允许偏差/mm
预埋板中心线位置		3
预埋管、预留孔中心线位置		3
插筋	中心线位置	5
	外露长度	+10,0
预埋螺栓	中心线位置	2
	外露长度	+10,0
预留洞	中心线位置	10
	尺寸	+10,0

注：①检查中心线位置时，沿纵、横两个方向量测，并取其中偏差的较大值。②预埋件的外露长度只允许有正偏差，不允许有负偏差；对预留洞内部尺寸，只允许大，不允许小；在允许偏差表中，不允许的偏差都以"0"来表示。

（8）模板在安装过程中应多检查，注意垂直度、中心线、标高及各部位的尺寸，保证结构部分的几何尺寸和相邻位置的正确。现浇结构模板安装的允许偏差见表 4-14 的规定。

表 4-14　现浇结构模板安装的允许偏差及检验方法

项　目		允许偏差/mm	检验方法
轴线位置		5	尺量检查
底模上表面标高		±5	水准仪或拉线、尺量检查
模板内部尺寸	基础	±10	尺量检查
	柱、梁、墙	+4,-5	尺量检查
层高垂直度	不大于 5 m	6	经纬仪或吊线、尺量检查
	大于 5 m	8	经纬仪或吊线、尺量检查
相邻两板表面高低差		2	尺量检查
表面平整度		5	2 m 靠尺或塞尺检查

注：检查轴线位置时，应沿纵、横两个方向量测，并取其中偏差的较大值。

3.**模板拆除的质量控制**

(1)混凝土结构拆模时的强度要求。

模板及其支架拆除时的混凝土强度,应符合设计要求,当设计无具体要求时,应符合下列规定。

①侧模在混凝土强度达到能保证其表面及棱角不因拆除模板而受损坏后,方可拆除。

②底模在混凝土强度达到表4-15的规定后,方可拆除。

表4-15　底模拆除时的混凝土强度要求

构件类型	构件跨度/m	达到设计的混凝土立方体抗压强度标准值的百分率/%
板	≤2	≥50
	>2,≤8	≥75
	>8	≥100
梁、柱、壳	≤8	≥75
	>8	≥100
悬臂构件	—	≥100

注:"设计的混凝土立方体抗压强度标准值"是指与设计混凝土强度等级相应的混凝土立方体抗压强度标准值。

(2)混凝土结构拆模后的强度要求。

混凝土结构在模板和支架拆除后,需待混凝土强度达到设计混凝土强度等级后,方可承受全部使用荷载;当施工荷载所产生的效应比使用荷载的效应更为不利时,必须经过核算,加设临时支撑。

(3)其他注意事项。

①拆模时不要用力过猛、过急,拆下来的模板和支撑用料要及时整理、运走。

②拆模顺序一般应是后支先拆,先支后拆,先拆非承重部分、后拆承重部分。重大复杂模板的拆除,事先要制订拆模方案。

③多层楼板模板支柱的拆除,应按下列要求进行:上层楼板正在浇灌混凝土时,下一层楼板的模板支柱不得拆除,再下一层楼板的支柱,仅可拆除一部分;跨度4 m及以上的梁上均应保留支柱,其间距不得大于3 m。

4.2.3　混凝土工程质量控制

混凝土分项工程质量控制工作流程,如图4-17所示。

1.**混凝土搅拌的质量控制**

(1)搅拌机的选用。

混凝土搅拌机按搅拌原理分为自落式和强制式两种。自落式混凝土搅拌机适用于搅拌塑性混凝土,强制式混凝土搅拌机适用于搅拌干硬性混凝土和轻骨料混凝土。

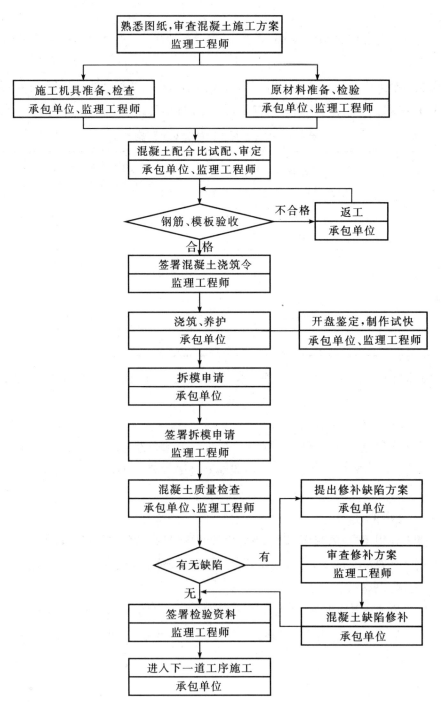

图 4-17 混凝土分项工程质量控制

(2)混凝土搅拌前材料质量检查。

在混凝土拌制前,应对原材料质量进行检查,合格的原材料才能使用。

(3)混凝土工程的施工配料计量。

在混凝土工程的施工中,混凝土质量与配料计量控制关系密切,但在施工现场有关人员为了操作方便,骨料往往是按体积比配置,加水量由人工凭经验控制,这样造成拌制的混凝土质量离散性很大,难以保证混凝土的质量。因此混凝土的施工配料计量须符合下列规定。

①水泥、砂、石子、混合料等干料的配合比,应采用质量法计量。

②水的计量必须在搅拌机上配置水箱或定量水表。

③外加剂中的粉剂可按水泥计量的一定比例先与水泥拌匀,在搅拌时加入;溶液型外加剂是先按比例稀释为溶液,按用水量加入。

④混凝土原材料每盘称量的偏差:水泥及掺合料为±2%;粗、细骨料为±3%;水和外加剂为±2%。

如图4-18所示为工地搅拌站。

(4)首拌混凝土的操作要求。

第一盘混凝土是整个操作混凝土的基础,其操作要求如下。

①空车运转的检查:旋转方向是否与机身箭头一致;空车转速约比重车快2~3 r/min;检查时间2~3 min。

②上料前应先启动,待正常运转后方可进料。

③为补偿黏附在机内的砂浆,第一盘减少石子约30%,或多加水泥、砂各15%。

(5)搅拌时间的控制。搅拌混凝土的目的是使所有骨料表面都涂满水泥浆,从而使混凝土各种材料混合成匀质体。因此,必需的搅拌时间与搅拌机类型、容量以及配合比有关。

2.混凝土浇捣质量控制

(1)混凝土浇捣前的准备。

①对模板、支架、钢筋、预埋螺栓、预埋铁的质量、数量、位置逐一检查,并做好记录。

②与混凝土直接接触的模板、地基基土、未风化的岩石,应清除淤泥和杂物,用水湿润。地基基土应有防水、排水措施。模板中的缝隙和孔应堵严。

③混凝土自由倾落高度不宜超过2 m。

④根据工程需要和气候特点,应准备好抽水设备、防雨设备等物品。

如图4-19所示为楼面浇筑混凝土。

图4-18 工地搅拌站

图4-19 楼面浇筑混凝土

（2）浇捣过程中的质量要求。

①分层浇捣时间间隔。

A. 分层浇捣为了保证混凝土的整体性，浇捣工作原则上要求一次完成。但由于振捣机具性能、配筋等原因，混凝土需要分层浇捣时，其浇筑层的厚度，应符合相应规定。

B. 浇捣的时间间隔：浇捣应连续进行。当必须间歇时，其间歇时间应尽量缩短，并应在前层混凝土初凝之前，将次层混凝土浇筑完毕。前层混凝土凝结时间，不得超过相关规定，否则应留施工缝。

②采用振动器振实混凝土时，每一振点的振捣时间，应将混凝土振实至呈现浮浆和不再沉落为止。

③在浇筑与柱和墙连成整体的梁与板时，应在柱和墙浇捣完毕后停歇 1～1.5 h，再继续浇筑，梁和板宜同时浇筑混凝土。

④大体积混凝土的浇筑应按施工方案合理分段、分层进行，浇筑应在室外气温较高时进行，但混凝土浇筑温度不宜超过 35 ℃。

（3）施工缝的位置设置与处理。

①施工缝的位置设置。

混凝土施工缝的位置宜留在剪力较小且便于施工的部位。柱应留水平缝，梁板墙应留竖直缝。施工缝的设置位置具体要求如下：

A. 柱子的施工缝宜留置在基础的顶面、梁和吊车梁牛腿的下面、吊车梁的上面，无梁楼板柱帽的下面。

B. 与板连成整体的大断面梁，施工缝宜留置在板底以下 20～30 mm 处；当板下有梁托时，施工缝留在梁托下部。

C. 单向板的施工缝留置在平行于板的短边的任何位置。

D. 有主次梁的楼板，宜顺着次梁方向浇筑，施工缝应留置在次梁跨度的中间 1/3 范围内。

E. 墙体的施工缝可留置在门洞口过梁跨中 1/3 范围内，也可留置在纵、横墙的交接处。

F. 施工缝应与模板成 90°。

G. 其他应按设计要求留置施工缝。

②施工缝的处理。

在混凝土施工缝处继续浇筑混凝土时，其操作要点见表 4-16。

表 4-16　混凝土施工缝操作要点

项　目	要　点
已浇筑混凝土的最低强度	＞1.2 MPa
已硬化混凝土的接缝面	1. 将水泥浆膜、松动石子、软弱混凝土层，以及钢筋上的油污、浮锈、旧浆等彻底清除 2. 用水冲刷干净，但不得积水 3. 先铺与混凝土成分相同的水泥砂浆，厚度 10～15 mm
新浇筑的混凝土	1. 不宜在施工缝处首先下料，可由远及近地接近施工缝 2. 细致捣实，使新旧混凝土成为整体 3. 加强保湿养护

3.现浇混凝土工程质量验收

(1)基本规定。

①混凝土结构施工现场质量管理应有相应的施工技术标准,以及健全的质量管理体系、施工质量控制和质量检验制度。

混凝土结构工程项目应有施工组织设计和施工技术方案,并经审查批准。

②混凝土结构子分部工程可根据结构的施工方法分为两类,即现浇混凝土结构子分部工程和装配式混凝土结构子分部工程;根据结构的分类,还可分为钢筋混凝土结构子分部工程和预应力混凝土结构子分部工程等。

混凝土结构子分部工程可划分为模板、钢筋、预应力、混凝土、现浇结构和装配式结构等分项工程。各分项工程可根据施工、质量控制和专业验收的需要,按工程量、楼层、施工段、变形缝划分为不同检验批。

③对混凝土结构子分部工程的质量验收,应在钢筋、预应力、混凝土、现浇结构或装配式结构等相关分项工程验收合格的基础上,进行质量控制资料检查及观感质量验收,并应对涉及结构安全的材料、试件、施工工艺和结构的重要部位,进行见证取样检测或结构实体检验。

④分项工程的质量验收应在所含检验批验收合格的基础上,进行质量验收记录检查。

⑤检验批的质量验收应包括以下内容:

A.实物检查,按下列方式进行:对原材料、构配件和器具等产品的进场复验,应按进场的批次和产品的抽样检验方案执行;对混凝土强度、预制构件结构性能等,应按国家现行有关标准和规范要求的抽样检验方案执行;对规范中采用计数检验的项目,应按抽查总点数的合格点率进行检查。

B.资料检查,包括原材料、构配件和器具等的产品合格证(中文质量合格证明文件、规格、型号及性能检测报告等)及进场复验报告、施工过程中重要工序的自检和交接检验记录、抽样检验报告、见证检测报告、隐蔽工程验收记录等。

⑥检验批合格质量应符合下列规定:

A.主控项目的质量经抽样检验合格。

B.一般项目的质量经抽样检验合格;当采用计数检验时,除有专门要求外,一般项目的合格点率应达到80%及以上,且不得有严重缺陷。

C.具有完整的施工操作依据和质量验收记录。

对验收合格的检验批,宜标注合格标志。

⑦检验批、分项工程、混凝土结构子分部工程的质量验收记录、质量验收程序和组织应符合《建筑工程施工质量验收统一标准》(GB 50300—2013)的规定。

(2)外观质量。

①现浇结构的外观质量缺陷,应由监理(建设)单位、施工单位等各方根据其对结构性能和使用功能影响的严重程度,按表4-17确定。

表 4-17 现浇结构外观质量缺陷

名称	现象	严重缺陷	一般缺陷
露筋	构件内钢筋未被混凝土包裹而外露	纵向受力钢筋有露筋	其他钢筋有少量露筋
蜂窝	混凝土表面缺少水泥砂浆而形成石子外露	构件主要受力部位有蜂窝	其他部位有少量蜂窝
孔洞	混凝土中孔穴深度和长度均超过保护层厚度	构件主要受力部位有孔洞	其他部位有少量孔洞
夹渣	混凝土中夹有杂物且深度超过保护层厚度	构件主要受力部位有夹渣	其他部位有少量夹渣
疏松	混凝土中局部不密实	构件主要受力部位有疏松	其他部位有少量疏松
裂缝	缝隙从混凝土表面延伸至混凝土内部	构件主要受力部位有影响结构性能或使用功能的裂缝	其他部位有少量不影响结构性能或使用功能的裂缝
连接部位缺陷	构件连接处混凝土缺陷及连接钢筋、连接件松动	连接部位有影响结构传力性能的缺陷	连接部位有基本不影响结构传力性能的缺陷
外形缺陷	缺棱掉角、棱角不直、翘曲不平、飞边突肋等	清水混凝土构件有影响使用功能或装饰效果的外形缺陷	其他混凝土构件有不影响使用功能的外形缺陷
外表缺陷	构件表面麻面、掉皮、起砂、沾有污渍等	具有重要装饰效果的清水混凝土构件有外表缺陷	其他混凝土构件有不影响使用功能的外表缺陷

②现浇结构拆模后,应由监理(建设)单位、施工单位对外观质量和尺寸偏差进行检查,做出记录,并应及时按施工技术方案对缺陷进行处理。

A. 主控项目。

现浇结构的外观质量不应有严重缺陷。对已经出现的严重缺陷,应由施工单位提出技术处理方案,并经监理单位认可后进行处理;对裂缝或连接部位的严重缺陷及其他影响结构安全的严重缺陷,技术处理方案尚应经设计单位认可。对经处理的部位应重新验收。

检查数量:全数检查。

检验方法:观察、检查处理记录。

B. 一般项目。

现浇结构的外观质量不宜有一般缺陷。对已经出现的一般缺陷,应由施工单位按技术处理方案进行处理,对经处理的部位应重新验收。

检查数量:全数检查。

检验方法:观察、检查处理记录。

(3)位置和尺寸偏差。

①主控项目。

现浇结构不应有影响结构性能或使用功能的尺寸偏差;混凝土设备基础不应有影响结构性能和设备安装的尺寸偏差。

对超过尺寸允许偏差且影响结构性能和安装、使用功能的部位,应由施工单位提出技术处理方案,经监理、设计单位认可后进行处理。对经处理的部位应重新验收。

检查数量:全数检查。

检验方法:量测,检查处理记录。

②一般项目。

现浇结构的位置和尺寸偏差应符合表4-18的规定。

检查数量:按楼层、结构缝或施工段划分检验批。在同一检验批内,对梁、柱和独立基础,应抽查构件数量的10%,且不少于3件;对墙和板,应按有代表性的自然间抽查10%,且不少于3间;对大空间结构,墙可按相邻轴线间高度5m左右划分检查面,板可按纵、横轴线划分检查面,抽查10%,且均不少于3面;对电梯井,应全数检查;对设备基础,应全数检查。

表4-18 现浇结构位置和尺寸允许偏差及检验方法

项目			允许偏差/mm	检验方法
轴线位置	整体基础		15	经纬仪及尺量
	独立基础		10	经纬仪及尺量
	柱、墙、梁		8	尺量
垂直度	层高	≤6m	10	经纬仪或吊线、尺量
		>6m	12	经纬仪或吊线、尺量
	全高(H)≤300 m		$H/30000+20$	经纬仪、尺量
	全高(H)>300 m		$H/10000$且≤80	经纬仪、尺量
标高	层高		±10	水准仪或拉线、尺量
	全高		±30	水准仪或拉线、尺量
截面尺寸	基础		+15,−10	尺量
	柱、梁、板、墙		+10,−5	尺量
	楼梯相邻踏步高差		6	尺量
电梯井	中心位置		10	尺量
	长、宽尺寸		+25,0	尺量
表面平整度			8	2 m靠尺和塞尺量测
预埋件中心位置	预埋板		10	尺量
	预埋螺栓		5	尺量
	预埋管		5	尺量
	其他		10	尺量
预留洞、孔中心线位置			15	尺量

注:①检查轴线、中心线位置时,沿纵、横两个方向测量,并取其中偏差的较大值。②H为全高,单位为mm。

4.3 砌筑工程质量控制

砌筑工程施工是指由砖、石块和各种砌块通过黏结砂浆组砌而成的工程。

砖砌体在我国有悠久的历史,它取材容易,造价低,施工简单,目前在中小城市、农村仍作为建筑施工中的主要工种工程之一。其缺点是自重大,劳动强度高,生产效率低,且烧砖多占用大量农田,难以适应现代建筑工业化的需要,因而,采用新型墙体材料,改善砌体施工工艺是砌筑工程改革的重点。墙体材料的发展方向是逐步限制和淘汰实心黏土砖,大力发展多孔砖、空心砖、废渣砖、建筑砌块和建筑板材等各种新型墙体材料。

砌体工程是建筑安装工程的重要分项工程,在砖混结构中,砌体是承重结构,在框架结构中,砌体是维护填充结构。砌体材料通过砌筑砂浆连成整体,以实现对建筑物内部分隔和外部维护、挡风、防水、遮阳等作用。

混凝土结构工程施工质量应满足《砌体结构工程施工质量验收规范》(GB 50203—2011)和《砌体结构工程施工规范》(GB 50924—2014)的要求。

砖砌体分项工程质量控制工作流程,如图4-20所示。

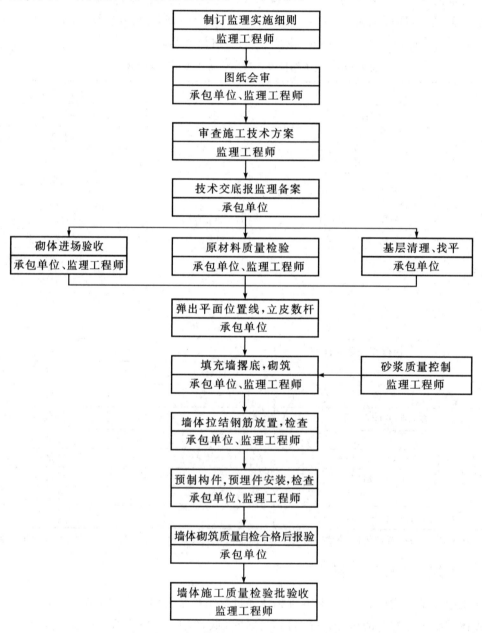

图4-20 砖砌体分项工程质量控制工作流程

4.3.1 砌体工程施工质量基本规定

(1)砌体结构工程所用的材料应有产品合格证书、产品性能型式检验报告,质量应符合国家现行有关标准的要求。块体、水泥、钢筋、外加剂还应有材料主要性能的进场复验报告,并应符合设计要求,严禁使用国家明令淘汰的材料。

(2)砌体结构施工前,应编制砌体结构工程施工方案。

(3)砌体结构的标高、轴线,应引自基准控制点。砌筑基础前,应校核放线尺寸,允许偏差应符合表4-19的要求。

表4-19　放线尺寸的允许偏差

长度 L、宽度 B/m	允许偏差/mm	长度 L、宽度 B/m	允许偏差/mm
L(或 B)≤30	±5	60<L(或 B)≤90	±15
30<L(或 B)≤60	±10	L(或 B)>90	±20

(4)伸缩缝、沉降缝、防震缝中的模板应拆除干净,不得夹有砂浆、块体及碎渣等杂物。

(5)砌筑顺序应符合下列规定:

①基底标高不同时,应从低处砌起,并应由高处向低处搭接。当设计无要求时,搭接长度 L 不应小于基础底的高差 H,搭接长度范围内下层基础应扩大砌筑(见图4-21)。

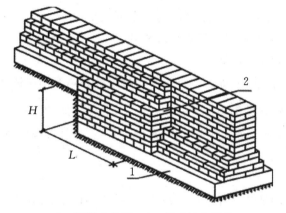

1—混凝土垫层;　2—基础扩大部分。

图4-21　基底标高不同时的搭砌示意图(条形基础)

②砌体的转角处和交接处应同时砌筑,当不能同时砌筑时,应按规定留槎、接槎。

(6)在墙上留置临时施工洞口,其侧边离交接处墙面不应小于500 mm,洞口净宽不应超过1 m。抗震设防烈度为9度地区建筑物的临时施工洞口位置,应会同设计单位确定。临时施工洞口应做好补砌。

(7)不得在下列墙体或部位设置脚手眼:

①120 mm 厚墙、清水墙、料石墙、独立柱和附墙柱;

②过梁上与过梁成60°角的三角形范围内及过梁净跨度1/2的高度范围内;

③宽度小于1 m 的窗间墙;

④门窗洞口两侧石砌体300 mm,其他砌体200 mm 范围内;转角处石砌体600 mm,其他砌体450 mm 范围内;

⑤梁或梁垫下及其左右500 mm 范围内;

⑥设计不允许设置脚手眼的位置;

⑦轻质墙体;

⑧夹心复合墙外叶墙。

脚手眼补砌时,应清除脚手眼内掉落的砂浆、灰尘;脚手眼处砖及填塞用砖应湿润,并应填实砂浆。

(8)设计要求的洞口、沟槽、管道应于砌筑时正确留出或预埋,未经设计同意,不得打凿墙体和在墙体上开凿水平沟槽。宽度超过 300 mm 的洞口上部,应设置钢筋混凝土过梁。不应在截面边长小于 500 mm 的承重墙体、独立柱内埋设管线。

(9)砌筑完基础或每一楼层后,应校核砌体的轴线和标高。在允许偏差范围内,轴线偏差可在基础顶面或楼面上矫正,标高偏差宜通过调整上部砌体灰缝厚度矫正。

(10)雨天不宜在露天砌筑墙体,对下雨当日砌筑的墙体应进行遮盖。继续施工时应复核墙体的垂直度,如果垂直度超过允许偏差,应拆除重新砌筑。

(11)砌体施工时,楼面和屋面堆载不得超过楼板的允许荷载值。当施工层进料口处施工荷载较大时,楼板下宜采取临时支撑措施。

(12)正常施工条件下,砖砌体、小砌块砌体每日砌筑高度宜控制在 1.5 m 或一步脚手架高度内;石砌体不宜超过 1.2 m。

(13)砌体结构工程检验批的划分应同时符合下列规定:

①所用材料类型及同类型材料的强度等级相同。

②同一检验批不超过 250 m³ 砌体。

③主体结构砌体一个楼层(基础砌体可按一个楼层计);填充墙砌体量少时可多个楼层合并。

4.3.2 砖砌体工程质量控制

砖砌体包含:烧结普通砖、烧结多孔砖、混凝土多孔砖、混凝土实心砖、蒸压灰砂砖、蒸压粉煤灰砖等砌体。

1.一般规定

(1)检查测量放线的测量结果并进行复核,标志板、皮数杆设置位置准确牢固。

(2)检查砂浆拌制的质量。应在砂浆拌制地点留置砂浆强度试块,各类型及强度等级的砌筑砂浆每一检验批不超过 250 m³ 的砌体,每台搅拌机应至少制作一组试块(每组 6 块),其标准养护 28 d 的抗压强度应满足设计要求。砂浆配合比、和易性应符合设计及施工要求。砂浆应随拌随用,常温下水泥和水泥混合砂浆应分别在 3 h 和 4 h 内用完,温度高于 30 ℃时,应再提前 1 h。

(3)砌体砌筑时,混凝土多孔砖、混凝土实心砖、蒸压灰砂砖、蒸压粉煤灰砖等块体的产品龄期不应小于 28 d;在冻胀地区,地面以下或防潮层以下的砌体,不应采用多孔砖。

(4)砌筑烧结普通砖、烧结多孔砖、蒸压灰砂砖、蒸压粉煤灰砖砌体时,砖应提前 1~2 d 适度湿润,严禁采用干砖或处于饱和状态的砖砌筑,块体湿润程度宜符合下列规定:

①烧结类块体的相对含水率为 60%~70%;

②混凝土多孔砖及混凝土实心砖不需浇水湿润,但在气候干燥炎热的情况下,宜在砌筑前对其喷水湿润。其他非烧结类块体的相对含水率为 40%~50%。

(5)采用铺浆法砌筑砌体,铺浆长度不得超过 750 mm;当施工期间气温超过 30 ℃时,铺浆长度不得超过 500 mm。

(6)240 mm 厚承重墙的每层墙的最上一皮砖,砖砌体的台阶水平面上及挑出层的外皮砖,应整砖丁砌。

(7)弧拱式及平拱式过梁的灰缝应砌成楔形缝,拱底灰缝宽度不宜小于 5 mm,拱顶灰缝宽度不应大于 15 mm,拱体的纵向及横向灰缝应填实砂浆;平拱式过梁拱脚下面应伸入墙内不小于 20 mm;砖砌平拱过梁底应有 1% 的起拱。砖过梁底部的模板及其支架拆除时,灰缝砂浆强度不应低于设计强度的 75%。

(8)检查砌体的组砌形式。保证上下皮砖至少错开 1/4 砖长,避免产生通缝。

(9)施工过程应检查是否按规定挂线砌筑,随时检查墙体平整度和垂直度,并应采取"三皮一吊、五皮一靠、十皮一量"的检查方法,保证断面的横平竖直。

(10)检查砂浆的饱满度。水平灰缝饱满度应达到 80%,每层轴线应检查 1~2 次,存在问题时应加大频度 2 倍以上。

(11)砖砌体竖向灰缝不应出现瞎缝、透明缝和假缝;施工临时间断处补砌时,必须将接槎处表面清理干净,洒水湿润,并填实砂浆,保持灰缝平直;预留孔洞、预埋件及构造柱的设置应符合设计及施工规范要求。

2.砖砌体工程质量检验标准

(1)主控项目。

①砖和砂浆的强度等级必须符合设计要求。

抽检数量:每一生产厂家,烧结普通砖、混凝土实心砖每 15 万块,烧结多孔砖、混凝土多孔砖、蒸压灰砂砖及蒸压粉煤灰砖每 10 万块各为一验收批,不足上述数量时按一批计,抽检数量为 1 组。

检验方法:检查砖和砂浆试块试验报告。

②砌体灰缝砂浆应密实饱满,砖墙水平灰缝的砂浆饱满度不得低于 80%;砖柱水平灰缝和竖向灰缝饱满度不得低于 90%。

抽检数量:每检验批抽查不应少于 5 处。

检验方法:用百格网检查砖底面与砂浆的黏结痕迹面积。每处检测 3 块砖,取其平均值。

③砖砌体的转角处和交接处应同时砌筑,严禁无可靠措施的内外墙分砌施工。在抗震设防烈度为 8 度及 8 度以上的地区,对不能同时砌筑而又必须留置的临时间断处应砌成斜槎,见图 4-22(1),普通砖砌体斜槎水平投影长度不应小于高度的 2/3。多孔砖砌体的斜槎长、高比不应小于 1/2。斜槎高度不得超过一步脚手架的高度。

抽检数量:每检验批抽查不应少于 5 处。

检验方法:观察检查。

④非抗震设防及抗震设防烈度为 6 度、7 度地区的临时间断处,当不能留斜槎时,除转角处外,可留直槎,见图 4-22(2),但直槎必须做成凸槎,且应加设拉结钢筋。拉结钢筋应符合下列规定:

A.每 120 mm 墙厚放置 1ϕ6 拉结钢筋(120 mm 厚墙应放置 2ϕ6 拉结钢筋);

B.间距沿墙高不应超过 500 mm,且竖向间距偏差不应超过 100 mm;

C.埋入长度从留槎处算起每边均不应小于 500 mm,对抗震设防烈度 6 度、7 度的地区,不应小于 1000 mm;

D.末端应有 90°弯钩。

抽检数量:每检验批抽查不应少于 5 处。

检验方法:观察和尺量检查。

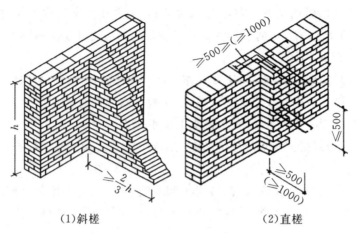

(1)斜槎   (2)直槎

图 4-22 斜槎与直槎构造示意图

(2)一般项目。

①砖砌体组砌方法应正确,内外搭砌,上下错缝。清水墙、窗间墙无通缝;混水墙中不得有长度大于 300 mm 的通缝,长度 200~300 mm 的通缝每间不超过 3 处,且不得位于同一面墙体上。砖柱不得采用包心砌法。

抽检数量:每检验批抽查不应少于 5 处。

检验方法:观察检查。砌体组砌方法抽检每处应为 3~5 m。

②砖砌体的灰缝应横平竖直,厚薄均匀。水平灰缝厚度及竖向灰缝宽度宜为 10 mm,但不应小于 8 mm,也不应大于 12 mm。

抽检数量:每检验批抽查不应少于 5 处。

检验方法:水平灰缝厚度用尺量 10 皮砖砌体高度折算。竖向灰缝宽度用尺量 2 m 砌体长度折算。

③砖砌体尺寸、位置的允许偏差及检验应符合表 4-20 的规定。

表 4-20   砖砌体尺寸、位置的允许偏差及检验

项次	项目			允许偏差/mm	检验方法	抽检数量
1	轴线位移			10	用经纬仪和尺或用其他测量仪器检查	承重墙、柱全数检查
2	基础、墙、柱顶面标高			±15	用水准仪和尺检查	不应少于 5 处
3	墙面垂直度	每层		5	用 2 m 托线板检查	不应少于 5 处
		全高	≤10 m	10	用经纬仪、吊线和尺或用其他测量仪器检查	外墙全部阳角
			>10 m	20		
4	表面平整度	清水墙、柱		5	用 2 m 靠尺和楔形塞尺检查	不应少于 5 处
		混水墙、柱		8		
5	水平灰缝平直度	清水墙		7	拉 5 m 线和尺检查	不应少于 5 处
		混水墙		10		
6	门窗洞口高、宽(后塞口)			±10	用尺检查	不应少于 5 处
7	外墙上下窗口偏移			20	以底层窗口为准,用经纬仪或吊线检查	不应少于 5 处
8	清水墙游丁走缝			20	以每层第一皮砖为准,用吊线和尺检查	不应少于 5 处

4.3.3　填充墙砌体工程质量控制

填充墙砌体包含:烧结空心砖、蒸压加气混凝土砌块、轻骨料混凝土小型空心砌块等填充墙砌体工程。

1.一般规定

(1)砌筑填充墙时(见图4-23),轻骨料混凝土小型空心砌块和蒸压加气混凝土砌块的产品龄期不应小于28 d,蒸压加气混凝土砌块的含水率宜小于30%。

图4-23　填充墙砌体施工

(2)烧结空心砖、蒸压加气混凝土砌块、轻骨料混凝土小型空心砌块等的运输、装卸过程中,严禁抛掷和倾倒;进场后应按品种、规格堆放整齐,堆置高度不宜超过2 m。蒸压加气混凝土砌块在运输与堆放中应防止雨淋。

(3)吸水率较小的轻骨料混凝土小型空心砌块及采用薄灰砌筑法施工的蒸压加气混凝土砌块,砌筑前不应对其浇(喷)水浸润;在气候干燥炎热的情况下,对吸水率较小的轻骨料混凝土小型空心砌块宜在砌筑前喷水湿润。

(4)采用普通砌筑砂浆砌筑填充墙时,烧结空心砖、吸水率较大的轻骨料混凝土小型空心砌块应提前1~2 d浇(喷)水湿润。蒸压加气混凝土砌块采用蒸压加气混凝土砌块砌筑砂浆或普通砌筑砂浆砌筑时,应在砌筑当天对砌块砌筑面喷水湿润。块体湿润程度宜符合下列规定:

①烧结空心砖的相对含水率60%~70%;

②吸水率较大的轻骨料混凝土小型砌块、蒸压加气混凝土砌块的相对含水率40%~50%。

(5)在厨房、卫生间、浴室等处采用轻骨料混凝土小型空心砌块、蒸压加气混凝土砌块砌筑墙体时,墙底部宜现浇混凝土坎台等,其高度宜为150 mm。

(6)填充墙拉结筋处的下皮小砌块宜采用半盲孔小砌块或用混凝土灌实孔洞的小砌块;薄灰砌筑法施工的蒸压加气混凝土砌块砌体,拉结筋应放置在砌块表面设置的沟槽内。

(7)蒸压加气混凝土砌块、轻骨料混凝土小型空心砌块不应与其他块体混砌,不同强度等级的同类砌块也不得混砌。门窗洞口四周局部嵌砌及梁底缝隙填砌不受此限制。

(8)填充墙砌体砌筑,应待承重主体结构检验批验收合格后进行。填充墙与承重主体结构间的空(缝)隙部位施工,应在填充墙砌筑14 d后进行。

2.填充墙砌体工程质量检验标准

(1)主控项目。

①烧结空心砖、小砌块和砌筑砂浆的强度等级应符合设计要求。

抽检数量:烧结空心砖每10万块为一验收批,小砌块每1万块为一验收批,不足上述数量时按一批计,抽检数量为一组。

检验方法:检查砖、小砌块进场复验报告和砂浆试块试验报告。

②填充墙砌体应与主体结构可靠连接,其连接构造应符合设计要求,未经设计同意,不得随意改变连接构造方法。每一填充墙与柱的拉结筋的位置超过一皮块体高度的数量不得多于一处。

抽检数量:每检验批抽查不应少于5处。

检验方法:观察检查。

③填充墙与承重墙、柱、梁的连接钢筋,当采用化学植筋的连接方式时,应进行实体检测。锚固钢筋拉拔试验的轴向受拉非破坏承载力检验值应为6.0 kN。抽检钢筋在检验值作用下应基材无裂缝、钢筋无滑移宏观裂损现象;持荷2 min期间荷载值降低不大于5%。

抽检数量:按表4-21确定。

检验方法:原位试验检查。

表4-21　检验批抽检锚固钢筋样本最小容量

检验批的容量	样本最小容量	检验批的容量	样本最小容量
≤90	5	281～500	20
91～150	8	501～1200	32
151～280	13	1201～3200	50

(2)一般项目。

①填充墙砌体尺寸、位置的允许偏差及检验方法应符合表4-22的规定。

表4-22　填充墙砌体尺寸、位置的允许偏差及检验方法

序号	项目		允许偏差/mm	检验方法
1	轴线位移		10	用尺检查
2	垂直度(每层)	≤3 m	5	用2 m托线板或吊线、尺检查
		>3 m	10	
3	表面平整度		8	用2 m靠尺和楔形尺检查
4	门窗洞口高、宽(后塞口)		±10	用尺检查
5	外墙上、下窗口偏移		20	用经纬仪或吊线检查

抽检数量:每检验批抽查不应少于5处。

②填充墙砌体的砂浆饱满度及检验方法应符合表4-23的规定。

表4-23　填充墙砌体的砂浆饱满度及检验方法

砌体分类	灰缝	饱满度及要求	检验方法
空心砖砌体	水平	≥80%	采用百格网检查块体底面或侧面砂浆的黏结痕迹面积
	垂直	填满砂浆,不得有透明缝、瞎缝、假缝	
蒸压加气混凝土砌块、轻骨料混凝土小型空心砌块砌体	水平	≥80%	
	垂直	≥80%	

抽检数量：每检验批抽查不应少于 5 处。

③填充墙留置的拉结钢筋或网片的位置应与块体皮数相符合。拉结钢筋或网片应置于灰缝中，埋置长度应符合设计要求，竖向位置偏差不应超过一皮高度。

抽检数量：每检验批抽查不应少于 5 处。

检验方法：观察和用尺量检查。

④砌筑填充墙时应错缝搭砌，蒸压加气混凝土砌块搭砌长度不应小于砌块长度的 1/3；轻骨料混凝土小型空心砌块搭砌长度不应小于 90 mm；竖向通缝不应大于 2 皮。

抽检数量：每检验批抽检不应少于 5 处。

检查方法：观察和用尺检查。

⑤填充墙的水平灰缝厚度和竖向灰缝宽度应正确。烧结空心砖、轻骨料混凝土小型空心砌块砌体的灰缝应为 8～12 mm。蒸压加气混凝土砌块砌体当采用水泥砂浆、水泥混合砂浆或蒸压加气混凝土砌块砌筑砂浆时，水平灰缝厚度及竖向灰缝宽度不应超过 15 mm；当蒸压加气混凝土砌块砌体采用蒸压加气混凝土砌块黏结砂浆时，水平灰缝厚度和竖向灰缝宽度宜为 3～4 mm。

抽检数量：每检验批抽查不应少于 5 处。

检查方法：水平灰缝厚度用尺量 5 皮小砌块的高度折算；竖向灰缝宽度用尺量 2 m 砌体长度折算。

4.4　防水工程质量控制

建筑防水是指在建筑物的防水部位，如屋面、地下、水池面等通过建筑结构或防水层，防止自然界的水进入室内或防止室内渗漏室外的措施总称。建筑防水的主要作用是保障建筑物的使用功能，同时也可以起到延长建筑物使用寿命的效果。自古以来，人们就十分重视建筑物的防水工作，并积累了丰富的经验。

建筑防水工程按构造做法可分为两大类，即刚性防水和柔性防水。刚性防水又可分为结构构件的自防水和刚性防水材料防水，结构构件的自防水主要是依靠建筑物构件（如屋面板、墙体、底板等）材料自身的密实性及某些构造措施（如坡度、伸缩缝并辅以油膏嵌缝、埋设止水带等），起到自身防水的作用；刚性防水材料防水则是在建筑构件上抹防水砂浆、浇筑掺有外加剂的细石混凝土或预应力混凝土等以达到防水的目的。柔性防水则是在建筑构件上使用柔性材料（如铺设防水卷材、涂布防水涂膜或复合防水层等）作防水层。按建筑工程不同部位，建筑防水工程又可分为屋面防水、地下防水、厨卫防水和墙面防水等。本节重点介绍屋面防水和地下防水。

防水工程施工质量应满足《屋面工程技术规范》（GB 50345—2012）、《屋面工程质量验收规范》（GB 50207—2012）、《地下工程防水规范》（GB 50108—2008）及《地下防水工程质量验收规范》（GB 50208—2011）的要求。

4.4.1　屋面防水工程质量控制

屋面防水子分部工程质量控制工作流程，如图 4-24 所示。

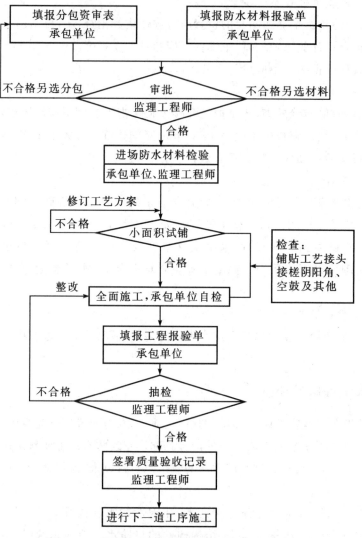

图 4-24 屋面防水子分部工程质量控制工作流程

屋面防水工程是房屋建筑的一项重要工程。屋面防水常见种类有卷材防水屋面、涂膜防水屋面和刚性防水屋面等。

屋面防水工程应根据建筑物的类别、重要程度、使用功能要求确定防水等级，并应按相应等级进行防水设防；对防水有特殊要求的建筑屋面，应进行专项防水设计。屋面防水等级和设防要求应符合表 4-24 的规定。

表 4-24 屋面防水等级和设防要求

防水等级	建筑类别	设防要求
Ⅰ级	重要建筑和高层建筑	两道防水设计
Ⅱ级	一般建筑	一道防水设计

卷材、涂膜屋面防水等级和防水做法应符合表 4-25 的规定。

表4-25　卷材、涂膜屋面防水等级和防水做法

防水等级	防水做法
Ⅰ级	卷材防水层和卷材防水层、卷材防水层和涂膜防水层、复合防水层
Ⅱ级	卷材防水层、涂膜防水层、复合防水层

　　屋面工程所采用的防水、保温隔热材料应有合格证书和性能检测报告,材料的品种规格、性能等应符合现行国家产品标准和设计要求。屋面施工前,要编制施工方案,应建立各道工序的自检、交接检查和专职人员检查的"三检"制度,并有完整的检查记录。伸出屋面的管道、设备或预埋件应在防水层施工前安设好。每道工序完成后,应经监理单位检查验收,合格后方可进行下一道工序的施工。屋面工程的防水应由经资质审查合格的防水专业队伍进行施工,作业人员应持有当地建筑行政主管部门颁发的上岗证。

　　材料进场后,施工单位应按规定取样复检,提出试验报告。不得在工程中使用不合格材料。屋面的保温层和防水层严禁在雨天、雪天和5级以上大风下施工,温度过低也不宜施工,屋面工程完工后,应对屋面细部构造接缝、保护层等进行外观检验,并用淋水或蓄水进行检验,防水层不得有渗漏或积水现象。

　　屋面工程应建立管理、维修、保养制度,由专人负责,定期进行检查维修,一般应在每年的秋末冬初对屋面检查一次,主要清理落叶、尘土,以免堵塞落水口,雨季前再检查一次,发现问题及时维修。

　　下面就屋面防水工程常用做法的施工质量控制与验收进行介绍。

1.卷材屋面防水施工质量控制与验收

卷材屋面防水施工如图4-25所示。

图4-25　卷材屋面防水施工

(1)材料质量检查。

防水卷材现场抽样复验应遵守下列规定:

①同一品种、牌号、规格的卷材,抽验数量为:大于1000卷抽取5卷,500～1000卷抽取4卷,100～499卷抽取3卷,小于100卷抽取2卷。

②将抽验的卷材开卷进行规格、外观质量检验,全部指标达到标准规定时即为合格;其中如有一项指标达不到要求,即应在受检产品中加倍取样复验全部达到标准规定为合格,复验时有一项指标不合格,则判定该产品外观质量为不合格。

③卷材的物理性能应检验下列项目：

A. 沥青防水卷材：拉力、耐热度、柔性、不透水性；

B. 高聚物改性沥青防水卷材：拉伸性能、耐热度、柔性、不透水性；

C. 合成高分了防水卷材：拉伸强度、断裂伸长率、低温弯折性、不透水性。

④胶黏剂物理性能应检验下列项目：

A. 改性沥青胶黏剂：剥离强度。

B. 合成高分子胶黏剂：剥离强度,剥离强度浸水后保持率。

防水卷材一般可用卡尺、卷尺等工具进行外观质量的测试,用手拉伸可进行强度延伸率、回弹力的测试,重要的项目应送质量监督部门认定的检测单位进行测试。

（2）施工质量检查。

①卷材防水屋面的质量要求如下：

A. 屋面不得有渗漏和积水现象。

B. 屋面工程所用的合成高分子防水卷材必须符合质量标准和设计要求,以便能达到设计所规定的耐久使用年限。

C. 坡屋面和平屋面的坡度必须准确,坡度的大小必须符合设计要求,平屋面不得出现排水不畅和局部积水现象。

D. 找平层应平整坚固,表面不得有酥软、起砂、起皮等现象,平整度误差不应超过 5 mm。

E. 屋面的细部构造和节点是防水的关键部位,所以其做法必须符合设计要求和规范的规定：节点处的封闭应严密,不得开缝、翘边、脱落；落水口及突出屋面设施与屋面连接处应固定牢靠,密封严实。

F. 绿豆砂、细砂、蛭石、云母等松散材料保护层和涂料保护层覆盖应均匀,黏结应牢固；刚性整体保护层与防水层之间应设隔离层,表面分格缝、分离缝留设应正确；块体保护层应铺砌平整,勾缝严密,分格缝、分离缝留设位置、宽度应正确。

G. 卷材铺贴方法、方向和搭接顺序应符合规定,搭接宽度应正确,卷材与基层、卷材与卷材之间黏结应牢固,接缝缝口、节点部位密封应严密,无皱折、鼓包、翘边。

卷材防水层铺贴顺序和方向应符合下列规定：

a. 卷材防水层施工时,应先进行细部构造处理,然后由屋面最低标高向上铺贴；

b. 檐沟、天沟卷材施工时,宜顺檐沟、天沟方向铺贴,搭接缝应顺流水方向；

c. 卷材宜平行屋脊铺贴,上下层卷材不得相互垂直铺贴。

H. 每道卷材防水层最小厚度应符合表 4-26 的规定。

表 4-26 每道卷材防水层最小厚度　　　　　　　　　　　　单位：mm

防水等级	合成高分子防水卷材	高聚物改性沥青防水卷材		
		聚酯胎、玻纤胎、聚乙烯胎	自粘聚酯胎	自粘无胎
Ⅰ级	1.2	3.0	2.0	1.5
Ⅱ级	1.5	4.0	3.0	2.0

I. 保温层厚度、含水率、表观密度应符合设计要求。

②卷材防水屋面的质量检验。

A. 卷材防水屋面工程施工中应做好屋面结构层、找平层、节点构造,直至防水屋面施工完毕,分项工程交接检查中未经检查验收合格的分项工程,不得进行后续施工。

B.对于多道设防的防水层,包括涂膜、卷材、刚性材料等,每一道防水层完成后,应由专人进行检查,每道防水层均应符合质量要求、不渗水,才能进行下一道防水层的施工,使其真正起到多道设防的应有效果。

C.检验屋面有无渗漏或积水,排水系统是否畅通,可在雨后或持续淋水2 h以后进行;有可能做蓄水检验的屋面宜做蓄水24 h检验。

D.卷材屋面的节点做法、接缝密封的质量是屋面防水的两项关键内容,是质量检查的重点。节点处理不当会造成渗漏;接缝密封不好会出现裂缝、翘边、张口,甚至导致渗漏;保护层质量低劣或厚度不够,会出现松散脱落龟裂爆皮,失去保护作用,甚至导致防水层过早老化而降低使用年限。所以对这些项目应进行认真的外观检查,不合格的应重做。

E.找平层的平整度,用2 mm直尺检查,面层与直尺间的最大空隙不应超过5 mm,空隙应允许平缓变化,每米长度内不多于一处。

F.对于用卷材做防水层的蓄水屋面、种植屋面应做蓄水24 h检验。

2.涂膜屋面防水的施工质量控制与验收

涂膜屋面防水施工如图4-26所示。

图4-26 涂膜屋面防水施工

(1)材料质量检查。

进场的防水涂料和胎体增强材料抽样复验应符合下列规定:

①同一规格、品种的防水涂料每10 t为一批,不足10 t者按一批进行抽检;胎体增强材料,每3000 m² 为一批,不足3000 m² 的按一批进行;

②防水涂料应检查延伸或断裂延伸率、固体含量、柔性、不透水性和耐热度;胎体增强材料应检查拉力和延伸率。

(2)施工质量检查。

①涂膜防水屋面的质量要求如下:

A.屋面不得有渗漏和积水现象。

B.为保证屋面涂膜防水层的使用年限,所用防水涂料应符合质量标准和涂膜防水的设计要求。

C.屋面坡度应准确,排水系统应通畅。

D.找平层表面平整度应符合要求,不得有疏松、起砂、起皮、尖锐棱角现象。

E.细部节点做法应符合设计要求,封固应严密,不得有开缝、翘边,落水口及突出屋面设施与屋面连接处应固定牢靠、密封严实。

F.涂膜防水层不应有裂纹、脱皮、鼓包、胎体外露和皱皮等现象,与基层应黏结牢固,厚度应符合规范要求。

G.胎体材料的铺设方法和搭接方法应符合要求;上下层胎体不得互相垂直铺设,搭接缝应错开,间距不应小于幅宽的1/3。

H.松散材料保护层、涂料保护层应覆盖均匀严密、黏结牢固;刚性整体保护层与防水层间应设置隔离层,其表面分格缝的留设应正确。

②涂膜防水屋面的质量检查。

A.屋面工程施工中应对结构层、找平层、细部节点构造,施工中的每遍涂膜防水层、附加防水层、节点收头、保护层等做分项工程的交接检查;未经检查验收合格,不得进行后续施工。

B.涂膜防水层或与其他材料进行复合防水施工时,每一道涂层完成后,应由专人进行检查,合格后方可进行下一道涂层和防水层的施工。

C.检验涂膜防水层有无渗漏和积水、排水系统是否通畅,应雨后或持续淋水 2 h 以后进行;对屋面做蓄水检验时,其蓄水时间不宜少于 24 h。淋水或蓄水检验应在涂膜防水层完全固化后再进行。

D.涂膜防水屋面的涂膜厚度,可用针刺或测厚仪控测等方法进行检验:每 100 m² 的屋面不应少于 1 处;每一屋面不应少于 3 处,并取其平均值评定。

涂膜防水层的厚度应避免采用破坏防水层整体性的切割取片测厚法。

E.找平层的平整度,应用 2 m 直尺检查;面层与直尺间最大空隙不应大于 5 mm;空隙应平缓变化,每米长度内不应多于一处。

4.4.2　地下室防水工程质量控制

地下防水工程是防止地下水对地下构筑物或建筑物基础的长期浸透,保证地下构筑物或地下室使用功能正常使用发挥的一项重要工程。由于地下工程常年受到地表水、潜水、上层滞水、毛细管水等的作用,所以对地下工程防水的处理比屋面防水工程要求更高、防水技术难度更大,一般应遵循"防、排、截、堵"结合、刚柔相济、因地制宜、综合治理的原则,根据使用要求、自然环境条件及结构形式等因素确定。地下工程的防水应采用经过试验、检测和鉴定并经实践检验质量可靠的材料,以及行之有效的新技术、新工艺。一般可采用钢筋混凝土结构自防水、卷材防水和涂膜防水等技术措施。现就后两种措施的质量控制和验收加以介绍。

1.地下工程卷材防水施工质量控制与验收

地下工程卷材防水施工如图 4-27 所示。

图 4-27　地下工程卷材防水施工

(1)地下工程卷材防水所使用的合成高分子防水卷材和新型沥青防水卷材的材质证明必须齐全。

(2)防水卷材进场后,应对材质分批进行抽样复检,其技术性能指标必须符合所用卷材规定的质量要求。

(3)防水施工的每道工序必须经检查验收,合格后方能进行后续工序的施工。

(4)卷材防水层必须确认无任何渗漏隐患后方能覆盖隐蔽。

(5)卷材与卷材之间的搭接宽度必须符合要求。搭接缝必须进行嵌缝,宽度不得小于10 mm,并且必须用封口条对搭接缝进行封口和密封处理。

(6)防水层不允许有皱褶、孔洞、脱层、滑移和虚粘等现象存在。

(7)地下工程防水施工必须做好隐蔽工程记录,预埋件和隐蔽物需变更设计方案时必须有工程洽商单。

2.地下工程涂膜防水质量控制与验收

(1)涂膜防水材料的技术性能指标必须符合成高分子防水涂料的质量要求和高聚物改性沥青防水涂料的质量要求。

(2)进场防水涂料的材质证明文件必须齐全,这些文件中所列出的技术性能数据必须和现场取样进行检测的试验报告以及其他有关质量证明文件中的数据相符合。

(3)涂膜防水层必须形成一个完整的闭合防水整体,不允许有开裂、脱落、气泡、粉裂点和末端收头密封不严等缺陷存在。

(4)涂膜防水层必须均匀固化,不应有明显的凹坑凸起等现象存在,涂膜的厚度应均匀一致;每道涂膜防水层最小厚度应符合表4-27的规定。

表4-27 每道涂膜防水层最小厚度 单位:mm

防水等级	合成高分子防水涂膜	聚合物水泥防水涂膜	高聚物改性沥青防水涂膜
Ⅰ级	1.5	1.5	2.0
Ⅱ级	2.0	2.0	3.0

涂膜的厚度可用针刺法或测厚法进行检查,针眼处用涂料覆盖,以防基层结构发生局部位移时将针眼拉大,留下渗漏隐患,必要时也可选点割开检查,割开处用同种涂料刮片修复,固化后再用胎体增强材料补强。

(5)复合防水层最小厚度应符合表4-28的规定。

表4-28 复合防水层最小厚度 单位:mm

防水等级	合成高分子防水卷材＋合成高分子防水涂膜	自粘聚合物改性沥青防水卷材(无胎)＋合成高分子防水涂料	高聚物改性沥青防水卷材＋高聚物改性沥青防水涂料	聚乙烯丙纶卷材＋聚合物水泥防水胶结材料
Ⅰ级	1.2+1.5	1.5+1.5	3.0+2.0	(0.7+1.3)×2
Ⅱ级	1.0+1.0	1.2+1.0	3.0+1.2	0.7+1.3

4.5 装饰工程质量控制

建筑装饰装修分部工程质量控制工作流程,如图4-28所示。

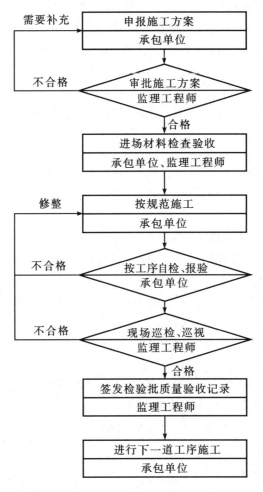

图 4-28　建筑装饰装修分部工程质量控制工作流程

4.5.1　建筑装饰装修概述

建筑装饰工程是指采用适当材料和合理的构造对建筑物在不影响其结构安全的前提下,为内外表面进行修饰,并对室内环境进行艺术加工和处理。这既能保护建筑物,又可延长建筑物使用寿命、美化建筑、优化环境,满足用户对功能和美观的需求。建筑装饰工程是建筑施工的重要部分,随着社会的发展、人们生活水平的提高,对于装饰装修工程的质量要求越来越高,本部分对抹灰、饰面、涂料、门窗、细部等五个装饰分项内容的常见施工做法的施工质量控制和验收进行介绍。

装饰装修工程施工质量应满足《建筑装饰装修工程质量验收标准》(GB 50210—2018)及《住宅装饰装修工程施工规范》(GB 50327—2001)的要求。

1. 基本规定

(1)建筑装饰装修工程应进行设计,并应出具完整的施工图设计文件。

(2)建筑装饰装修设计应符合城市规划、防火、环保、节能、减排等有关规定。建筑装饰装修耐久性应满足使用要求。

(3)承担建筑装饰装修工程设计的单位应对建筑物进行了解和实地勘察,设计深度应满足施工要求。由施工单位完成的深化设计应经建筑装饰装修设计单位确认。

（4）既有建筑装饰装修工程设计涉及主体和承重结构变动时，必须在施工前委托原结构设计单位或者具有相应资质条件的设计单位提出设计方案，或由检测鉴定单位对建筑结构的安全性进行鉴定。

（5）建筑装饰装修工程的防火、防雷和抗震设计应符合现行国家标准的规定。

（6）当墙体或吊顶内的管线可能产生冰冻或结露时，应进行防冻或防结露设计。

2. 材料

（1）建筑装饰装修工程所用材料的品种、规格和质量应符合设计要求和国家现行标准的规定。当设计无要求时应符合国家现行标准的规定。不得使用国家明令淘汰的材料。

（2）建筑装饰装修工程所用材料的燃烧性能应符合现行国家标准《建筑内部装修设计防火规范》（GB 50222—2017）、《建筑设计防火规范》（GB 50016—2014）的规定。

（3）建筑装饰装修工程所用材料应符合国家有关建筑装饰装修材料有害物质限量标准的规定。

（4）建筑装饰装修工程采用的材料、构配件应按进场批次进行检验。属于同一工程项目且同期施工的多个单位工程，对同一厂家生产的同批材料、构配件、器具及半成品，可统一划分检验批对品种、规格、外观和尺寸等进行验收，包装应完好，并应有产品合格证书、中文说明书及性能检验报告，进口产品应按规定进行商品检验。

（5）进场后需要进行复验的材料种类及项目应符合相应规定，同一厂家生产的同一品种、同一类型的进场材料应至少抽取一组样品进行复验，当合同另有更高要求时应按合同执行。抽样样本应随机抽取，满足分布均匀、具有代表性的要求，获得认证的产品或来源稳定且连续三批均一次检验合格的产品，进场验收时检验批的容量可扩大一倍，且仅可扩大一次。扩大检验批后的检验中，出现不合格情况时，应按扩大前的检验批容量重新验收，且该产品不得再次扩大检验批容量。

（6）当国家规定或合同约定应对材料进行见证检验时，或对材料的质量发生争议时，应进行见证检验。

（7）建筑装饰装修工程所使用的材料在运输、储存和施工过程中，应采取有效措施防止损坏、变质和污染环境。

（8）建筑装饰装修工程所使用的材料应按设计要求进行防火、防腐和防虫处理。

3. 施工

（1）承担建筑装饰装修工程施工的单位应具备相应的资质，并应建立质量管理体系。施工单位应编制施工组织设计并应经过审查批准。施工单位应按有关的施工工艺标准或经审定的施工技术方案施工，并应对施工全过程实行质量控制。

（2）承担建筑装饰装修工程施工的人员上岗前应进行培训。

（3）建筑装饰装修工程的施工质量应符合设计要求和规范的规定，由于违反设计文件和规范的规定施工造成的质量问题应由施工单位负责。

（4）建筑装饰装修工程施工中，严禁违反设计文件擅自改动建筑主体、承重结构或主要使用功能；严禁未经设计确认和有关部门批准，擅自拆改水、暖、电、燃气、通信等配套设施。

（5）施工单位应遵守有关环境保护的法律法规，并应采取有效措施控制施工现场的各种粉尘、废气、废弃物、噪声、振动等对周围环境造成的污染和危害。

（6）施工单位应遵守有关施工安全、劳动保护、防火和防毒的法律法规，应建立相应的管理制度，并应配备必要的设备、器具和标识。

(7)建筑装饰装修工程应在基体或基层的质量验收合格后施工。对既有建筑进行装饰装修前,应对基层进行处理并达到规范的要求。

(8)建筑装饰装修工程施工前,应有主要材料的样板或做样板间(件),并应经有关各方确认。

(9)墙面采用保温隔热材料的建筑装饰装修工程,所用保温隔热材料的类型、品种、规格及施工工艺应符合设计要求。

(10)管道、设备等的安装及调试应在建筑装饰装修工程施工前完成;当必须同步进行时,应在饰面层施工前完成。装饰装修工程不得影响管道、设备等的使用和维修。涉及燃气管道的建筑装饰装修工程必须符合有关安全管理的规定。

(11)建筑装饰装修工程的电气安装应符合设计要求和国家现行标准的规定。不得直接埋设电线。

(12)隐蔽工程验收应有记录,记录应包含隐蔽部位照片。施工质量的检验批验收应有现场检查原始记录。

(13)室内外装饰装修工程施工的环境条件应满足施工工艺的要求。施工环境温度不应低于5 ℃,当必须在低于5 ℃气温下施工时,应采取保证工程质量的有效措施。

(14)建筑装饰装修工程施工过程中应做好半成品、成品的保护,防止污染和损坏。

(15)建筑装饰装修工程验收前应将施工现场清理干净。

4.5.2 抹灰工程质量控制

一般抹灰工程分为普通抹灰和高级抹灰,当设计无要求时,按普通抹灰验收。一般抹灰包括水泥砂浆、水泥混合砂浆、聚合物水泥砂浆和粉刷石膏等抹灰;保温层薄抹灰包括保温层外面聚合物砂浆薄抹灰;装饰抹灰包括水刷石、斩假石、干粘石和假面砖等装饰抹灰;清水砌体勾缝包括清水砌体砂浆勾缝和原浆勾缝。

本节主要介绍一般抹灰、保温层薄抹灰、装饰抹灰和清水砌体勾缝等分项工程的质量控制及验收。

抹灰工程施工如图 4-29 所示。

图 4-29　抹灰工程施工

1. 一般规定

(1)抹灰工程验收时应检查下列文件和记录:

①抹灰工程的施工图、设计说明及其他设计文件;

②材料的产品合格证书、性能检测报告、进场验收记录和复验报告;

③隐蔽工程验收记录;

④施工记录。

(2)抹灰工程应对砂浆的拉伸黏结强度和聚合物砂浆的保水率进行复验。

(3)抹灰工程应对下列隐蔽工程项目进行验收:

①抹灰总厚度大于或等于 35 mm 时的加强措施;

②不同材料基体交接处的加强措施。

(4)各分项工程的检验批应按下列规定划分:

①相同材料、工艺和施工条件的室外抹灰工程每 1000 m² 应划为一个检验批,不足 1000 m² 时也应划为一个检验批;

②相同材料、工艺和施工条件的室内抹灰工程每 50 个自然间(大面积房间和走廊可按抹灰面积 30 m² 为一间)应划分为一个检验批,不足 50 间也应划分为一个检验批。

(5)检查数量应符合下列规定:

①室内每个检验批应至少抽查 10%,并不得少于 3 间;不足 3 间时应全数检查;

②室外每个检验批每 100 m² 应至少抽查一处,每处不得小于 10 m²。

(6)外墙抹灰工程施工前应先安装钢木门窗框、护栏等,应将墙上的施工孔洞堵塞密实,并对基层进行处理。

(7)室内墙面、柱面和门洞口的阳角做法应符合设计要求。设计无要求时,应采用不低于 M20 水泥砂浆做护角,其高度不应低于 2 m,每侧宽度不应小于 50 mm。

(8)当要求抹灰层具有防水、防潮功能时,应采用防水砂浆。

(9)各种砂浆抹灰层,在凝结前应防止快干、水冲、撞击、振动和受冻,在凝结后应采取措施防止玷污和损坏。水泥砂浆抹灰层应在湿润条件下养护。

(10)外墙和顶棚的抹灰层与基层之间及各抹灰层之间必须黏结牢固。

2.一般抹灰工程

(1)主控项目。

①一般抹灰所用材料的品种和性能应符合设计要求及国家现行标准的有关规定。

检验方法:检查产品合格证书、进场验收记录、性能检验报告和复验报告。

②抹灰前基层表面的尘土、污垢和油渍等应清除干净,并应洒水润湿或进行界面处理。

检验方法:检查施工记录。

③抹灰工程应分层进行。当抹灰总厚度大于或等于 35 mm 时,应采取加强措施。不同材料基体交接处表面的抹灰,应采取防止开裂的加强措施,当采用加强网时,加强网与各基体的搭接宽度不应小于 100 mm。

检验方法:检查隐蔽工程验收记录和施工记录。

④抹灰层与基层之间及各抹灰层之间应黏结牢固,抹灰层应无脱层和空鼓,面层应无爆灰和裂缝。

检验方法:观察;用小锤轻击检查;检查施工记录。

(2)一般项目。

①一般抹灰工程的表面质量应符合下列规定:

A.普通抹灰表面应光滑、洁净、接槎平整,分格缝应清晰;

B.高级抹灰表面应光滑、洁净、颜色均匀、无抹纹,分格缝和灰线应清晰美观。

检验方法:观察;手摸检查。

②护角、孔洞、槽、盒周围的抹灰表面应整齐、光滑;管道后面的抹灰表面应平整。

检验方法:观察。

③抹灰层的总厚度应符合设计要求;水泥砂浆不得抹在石灰砂浆层上;罩面石膏灰不得抹在水泥砂浆层上。

检验方法:检查施工记录。

④抹灰分格缝的设置应符合设计要求,宽度和深度应均匀,表面应光滑,棱角应整齐。

检验方法:观察;尺量检查。

⑤有排水要求的部位应做滴水线(槽)。滴水线(槽)应整齐顺直,滴水线应内高外低,滴水槽宽度和深度均不应小于 10 mm。

检验方法:观察;尺量检查。

⑥一般抹灰工程质量的允许偏差和检验方法应符合表 4-29 的规定。

表 4-29　一般抹灰的允许偏差和检验方法

项次	项目	允许偏差/mm		检验方法
		普通抹灰	高级抹灰	
1	立面垂直度	4	3	用 2 m 垂直检测尺检查
2	表面平整度	4	3	用 2 m 靠尺和塞尺检查
3	阴阳角方正	4	3	用 200 mm 直角检测尺检查
4	分格条(缝)直线度	4	3	拉 5 m 线,不足 5 m 拉通线,用钢直尺检查
5	墙裙、勒脚上口直线度	4	3	拉 5 m 线,不足 5 m 拉通线,用钢直尺检查

注:①普通抹灰,本表第 3 项阴角方正可不检查;②顶棚抹灰,本表第 2 项表面平整度可不检查,但应平顺。

3.保温层薄抹灰工程

(1)主控项目。

①保温层薄抹灰所用材料的品种和性能应符合设计要求及国家现行标准的有关规定。

检验方法:检查产品合格证书、进场验收记录、性能检验报告和复验报告。

②基层质量应符合设计和施工方案的要求。基层表面的尘土、污垢和油渍等应清除干净。基层含水率应满足施工工艺的要求。

检验方法:检查施工记录。

③保温层薄抹灰及其加强处理应符合设计要求和国家现行标准的有关规定。

检验方法:检查隐蔽工程验收记录和施工记录。

④抹灰层与基层之间及各抹灰层之间应黏结牢固,抹灰层应无脱层和空鼓,面层应无爆灰和裂缝。

检验方法:观察;用小锤轻击检查;检查施工记录。

(2)一般项目。

①保温层薄抹灰表面应光滑、洁净、颜色均匀、无抹纹,分格缝和灰线应清晰美观。

检验方法:观察;手摸检查。

②护角、孔洞、槽、盒周围的抹灰表面应整齐、光滑;管道后面的抹灰表面应平整。

检验方法:观察。

③保温层薄抹灰层的总厚度应符合设计要求。

检验方法:检查施工记录。

④保温层薄抹灰分格缝的设置应符合设计要求,宽度和深度应均匀,表面应光滑,棱角应

整齐。

检验方法:观察;尺量检查。

⑤有排水要求的部位应做滴水线(槽)。滴水线(槽)应整齐顺直,滴水线应内高外低,滴水槽宽度和深度均不应小于 10 mm。

检验方法:观察;尺量检查。

⑥保温层薄抹灰工程质量的允许偏差和检验方法应符合表 4-30 的规定。

表 4-30 保温层薄抹灰的允许偏差和检验方法

项次	项目	允许偏差/mm 高级抹灰	检验方法
1	立面垂直度	3	用 2 m 垂直检测尺检查
2	表面平整度	3	用 2 m 靠尺和塞尺检查
3	阴阳角方正	3	用 200 mm 直角检测尺检查
4	分格条(缝)直线度	3	拉 5 m 线,不足 5 m 拉通线,用钢直尺检查

4.装饰抹灰工程

(1)主控项目。

①装饰抹灰工程所用材料的品种和性能应符合设计要求及国家现行标准的有关规定。

检验方法:检查产品合格证书、进场验收记录、性能检验报告和复验报告。

②抹灰前基层表面的尘土、污垢和油渍等应清除干净,并应洒水润湿或进行界面处理。

检验方法:检查施工记录。

③抹灰工程应分层进行。当抹灰总厚度大于或等于 35 mm 时,应采取加强措施。不同材料基体交接处表面的抹灰,应采取防止开裂的加强措施,当采用加强网时,加强网与各基体的搭接宽度不应小于 100 mm。

检验方法:检查隐蔽工程验收记录和施工记录。

④各抹灰层之间及抹灰层与基体之间必须黏结牢固,抹灰层应无脱层、空鼓和裂缝。

检验方法:观察;用小锤轻击检查;检查施工记录。

(2)一般项目。

①装饰抹灰工程的表面质量应符合下列规定:

A.水刷石表面应石粒清晰、分布均匀、紧密平整、色泽一致,应无掉粒和接槎痕迹;

B.斩假石表面剁纹应均匀顺直、深浅一致,应无漏剁处;阳角处应横剁并留出宽窄一致的不剁边条,棱角应无损坏;

C.干粘石表面应色泽一致、不露浆、不漏粘,石粒应黏结牢固、分布均匀,阳角处应无明显黑边;

D.假面砖表面应平整、沟纹清晰、留缝整齐、色泽一致,应无掉角、脱皮和起砂等缺陷。

检验方法:观察;手摸检查。

②装饰抹灰分格条(缝)的设置应符合设计要求,宽度和深度应均匀,表面应平整光滑,棱角应整齐。

检验方法:观察。

③有排水要求的部位应做滴水线(槽)。滴水线(槽)应整齐顺直,滴水线应内高外低,滴水槽的宽度和深度均不应小于 10 mm。

检验方法:观察;尺量检查。

④装饰抹灰工程质量的允许偏差和检验方法应符合表4-31的规定。

表4-31 装饰抹灰的允许偏差和检验方法

项次	项目	允许偏差/mm				检验方法
		水刷石	斩假石	干粘石	假面砖	
1	立面垂直度	5	4	5	5	用2 m靠尺和塞尺检查
2	表面平整度	3	3	5	4	用2 m靠尺和塞尺检查
3	阳角方正	3	3	4	4	用200 mm直角检测尺检查
4	分格条(缝)直线度	3	3	3	3	拉5 m线,不足5 m拉通线,用钢直尺检查
5	墙裙、勒脚上口直线度	3	3	—	—	拉5 m线,不足5 m拉通线,用钢直尺检查

5.清水砌体勾缝工程

(1)主控项目。

①清水砌体勾缝所用砂浆的品种和性能应符合设计要求及国家现行标准的有关规定。

检验方法:检查产品合格证书、进场验收记录、性能检验报告和复验报告。

②清水砌体勾缝应无漏勾。勾缝材料应黏结牢固、无开裂。

检验方法:观察。

(2)一般项目。

①清水砌体勾缝应横平竖直,交接处应平顺,宽度和深度应均匀,表面应压实抹平。

检验方法:观察;尺量检查。

②灰缝应颜色一致,砌体表面应洁净。

检验方法:观察。

4.5.3 饰面工程质量控制

本节主要介绍饰面板工程和饰面砖工程两个分项工程的质量控制及验收。

1.饰面板工程质量控制

本部分适用于内墙饰面板安装工程和高度不大于24 m、抗震设防烈度不大于8度的外墙饰面板安装工程的石板安装、陶瓷板安装、木板安装、金属板安装、塑料板安装等分项工程的质量控制及验收。

木质饰面板如图4-30所示。

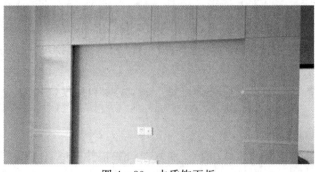

图4-30 木质饰面板

（1）一般规定。

①饰面板工程验收时应检查下列文件和记录：

A.饰面板工程的施工图、设计说明及其他设计文件；

B.材料的产品合格证书、性能检测报告、进场验收记录和复验报告；

C.后置埋件的现场拉拔检测报告；

D.外墙饰面砖样板件的黏结强度检测报告；

E.隐蔽工程验收记录；

F.施工记录。

②饰面板工程应对下列材料及其性能指标进行复验：

A.室内用花岗石的放射性；

B.粘贴用水泥的凝结时间、安定性和抗压强度；

C.外墙陶瓷面砖的吸水率；

D.寒冷地区外墙陶瓷面砖的抗冻性。

③饰面板工程应对下列隐蔽工程项目进行验收：

A.预埋件（或后置埋件）；

B.龙骨安装；

C.连接节点；

D.防水、保温、防火节点；

E.外墙金属板防雷连接节点。

④各分项工程的检验批应按下列规定划分：

A.相同材料、工艺和施工条件的室内饰面板工程每 50 间（大面积房间和走廊按施工面积 30 m² 为一间）应划分为一个检验批，不足 50 间也应划分为一个检验批。

B.相同材料、工艺和施工条件的室外饰面板（砖）工程每 1000 m² 应划分为一个检验批，不足 1000 m² 也应划分为一个检验批。

⑤检查数量应符合下列规定：

A.室内每个检验批应至少抽查 10%，并不得少于 3 间；不足 3 间时应全数检查。

B.室外每个检验批每 100 m² 应至少抽查一处，每处不得小于 10 m²。

⑥饰面板工程的防震缝、伸缩缝、沉降缝等部位的处理应保证缝的使用功能和饰面的完整性。

（2）石板安装工程。

①主控项目。

A.石板的品种、规格、颜色和性能应符合设计要求及国家现行标准的有关规定。

检验方法：观察；检查产品合格证书、进场验收记录、性能检验报告和复验报告。

B.石板孔、槽的数量、位置和尺寸应符合设计要求。

检验方法：检查进场验收记录和施工记录。

C.石板安装工程的预埋件（或后置埋件）、连接件的材质、数量、规格、位置、连接方法和防腐处理应符合设计要求。后置埋件的现场拉拔力应符合设计要求。石板安装应牢固。

检验方法：手扳检查；检查进场验收记录、现场拉拔检验报告、隐蔽工程验收记录和施工记录。

D.采用满粘法施工的石板工程，石板与基层之间的黏结应饱满、无空鼓。石板黏结应牢固。

检验方法：用小锤轻击检查；检查施工记录；检查外墙石板黏结强度检验报告。

②一般项目。

A. 石板表面应平整、洁净、色泽一致,应无裂痕和缺损。石板表面应无泛碱等污染。

检验方法:观察。

B. 石板填缝应密实、平直,宽度和深度应符合设计要求,填缝材料色泽应一致。

检验方法:观察;尺量检查。

C. 采用湿作业法施工的石板安装工程,石板应进行防碱封闭处理。石板与基体之间的灌注材料应饱满、密实。

检验方法:用小锤轻击检查;检查施工记录。

D. 石板上的孔洞应套割吻合,边缘应整齐。

检验方法:观察。

E. 石板安装的允许偏差和检验方法应符合表 4-32 的规定。

表 4-32　石板安装的允许偏差和检验方法

项次	项目	允许偏差/mm			检验方法
		光面	剁斧石	蘑菇石	
1	立面垂直度	2	3	3	用 2 m 垂直检测尺检查
2	表面平整度	1	3	—	用 2 m 靠尺和塞尺检查
3	阴阳角方正	2	4	4	用 200 mm 直角检测尺检查
4	接缝直线度	2	4	4	拉 5 m 线,不足 5 m 拉通线,用钢直尺检查
5	墙裙、勒脚上口直线度	2	3	3	拉 5 m 线,不足 5 m 拉通线,用钢直尺检查
6	接缝高低差	1	3	—	用钢直尺和塞尺检查
7	接缝宽度	1	2	2	用钢直尺检查

(3)陶瓷板安装工程。

①主控项目。

A. 陶瓷板的品种、规格、颜色和性能应符合设计要求及国家现行标准的有关规定。

检验方法:观察;检查产品合格证书、进场验收记录和性能检验报告。

B. 陶瓷板孔、槽的数量、位置和尺寸应符合设计要求。

检验方法:检查进场验收记录和施工记录。

C. 陶瓷板安装工程的预埋件(或后置埋件)、连接件的材质、数量、规格、位置、连接方法和防腐处理应符合设计要求。后置埋件的现场拉拔力应符合设计要求。陶瓷板安装应牢固。

检验方法:手扳检查;检查进场验收记录、现场拉拔检验报告、隐蔽工程验收记录和施工记录。

D. 采用满粘法施工的陶瓷板工程,陶瓷板与基层之间的黏结料应饱满、无空鼓。陶瓷板黏结应牢固。

检验方法:用小锤轻击检查;检查施工记录;检查外墙陶瓷板黏结强度检验报告。

②一般项目。

A. 陶瓷板表面应平整、洁净、色泽一致,应无裂痕和缺损。

检验方法:观察。

B. 陶瓷板填缝应密实、平直,宽度和深度应符合设计要求,填缝材料色泽应一致。

检验方法:观察;尺量检查。

C. 陶瓷板安装的允许偏差和检验方法应符合表 4-33 的规定。

表4-33 陶瓷板安装的允许偏差和检验方法

项次	项目	允许偏差/mm	检验方法
1	立面垂直度	2	用2 m垂直检测尺检查
2	表面平整度	2	用2 m靠尺和塞尺检查
3	阴阳角方正	2	用200 mm直角检测尺检查
4	接缝直线度	2	拉5 m线,不足5 m拉通线,用钢直尺检查
5	墙裙、勒脚上口直线度	2	拉5 m线,不足5 m拉通线,用钢直尺检查
6	接缝高低差	1	用钢直尺和塞尺检查
7	接缝宽度	1	用钢直尺检查

(4)木板安装工程。

①主控项目。

A.木板的品种、规格、颜色和性能应符合设计要求及国家现行标准的有关规定。木龙骨、木饰面板的燃烧性能等级应符合设计要求。

检验方法:观察;检查产品合格证书、进场验收记录、性能检验报告和复验报告。

B.木板安装工程的龙骨、连接件的材质、数量、规格、位置、连接方法和防腐处理应符合设计要求。木板安装应牢固。

检验方法:手扳检查;检查进场验收记录、隐蔽工程验收记录和施工记录。

②一般项目。

A.木板表面应平整、洁净、色泽一致,应无缺损。

检验方法:观察。

B.木板接缝应平直,宽度应符合设计要求。

检验方法:观察;尺量检查。

C.木板上的孔洞应套割吻合,边缘应整齐。

检验方法:观察。

D.木板安装的允许偏差和检验方法应符合表4-34的规定。

表4-34 木板安装的允许偏差和检验方法

项次	项目	允许偏差(mm)	检验方法
1	立面垂直度	2	用2 m垂直检测尺检查
2	表面平整度	1	用2 m靠尺和塞尺检查
3	阴阳角方正	2	用200 mm直角检测尺检查
4	接缝直线度	2	拉5 m线,不足5 m拉通线,用钢直尺检查
5	墙裙、勒脚上口直线度	2	拉5 m线,不足5 m拉通线,用钢直尺检查
6	接缝高低差	1	用钢直尺和塞尺检查
7	接缝宽度	1	用钢直尺检查

(5)金属板安装工程。

①主控项目。

A.金属板的品种、规格、颜色和性能应符合设计要求及国家现行标准的有关规定。

检验方法:观察;检查产品合格证书、进场验收记录和性能检验报告。

B.金属板安装工程的龙骨、连接件的材质、数量、规格、位置、连接方法和防腐处理应符合设计要求。金属板安装应牢固。

检验方法:手扳检查;检查进场验收记录、隐蔽工程验收记录和施工记录。

C.外墙金属板的防雷装置应与主体结构防雷装置可靠接通。

检验方法:检查隐蔽工程验收记录。

②一般项目。

A.金属板表面应平整、洁净、色泽一致。

检验方法:观察。

B.金属板接缝应平直,宽度应符合设计要求。

检验方法:观察;尺量检查。

C.金属板上的孔洞应套割吻合,边缘应整齐。

检验方法:观察。

D.金属板安装的允许偏差和检验方法应符合表4-35的规定。

表 4-35 金属板安装的允许偏差和检验方法

项次	项目	允许偏差/mm	检验方法
1	立面垂直度	2	用 2 m 垂直检测尺检查
2	表面平整度	3	用 2 m 靠尺和塞尺检查
3	阴阳角方正	3	用 200 mm 直角检测尺检查
4	接缝直线度	2	拉 5 m 线,不足 5 m 拉通线,用钢直尺检查
5	墙裙、勒脚上口直线度	2	拉 5 m 线,不足 5 m 拉通线,用钢直尺检查
6	接缝高低差	1	用钢直尺和塞尺检查
7	接缝宽度	1	用钢直尺检查

(6)塑料板安装工程。

①主控项目。

A.塑料板的品种、规格、颜色和性能应符合设计要求及国家现行标准的有关规定。塑料饰面板的燃烧性能等级应符合设计要求。

检验方法:观察;检查产品合格证书、进场验收记录和性能检验报告。

B.塑料板安装工程的龙骨、连接件的材质、数量、规格、位置、连接方法和防腐处理应符合设计要求。塑料板安装应牢固。

检验方法:手扳检查;检查进场验收记录、隐蔽工程验收记录和施工记录。

②一般项目。

A.塑料板表面应平整、洁净、色泽一致,应无缺损。

验方法:观察。

B.塑料板接缝应平直,宽度应符合设计要求。

检验方法:观察;尺量检查。

C.塑料板上的孔洞应套割吻合,边缘应整齐。

检验方法:观察。

D.塑料板安装的允许偏差和检验方法应符合表4-36的规定。

表4-36　塑料板安装的允许偏差和检验方法

项次	项目	允许偏差/mm	检验方法
1	立面垂直度	2	用2 m垂直检测尺检查
2	表面平整度	3	用2 m靠尺和塞尺检查
3	阴阳角方正	3	用200 mm直角检测尺检查
4	接缝直线度	2	拉5 m线,不足5 m拉通线,用钢直尺检查
5	墙裙、勒脚上口直线度	2	拉5 m线,不足5 m拉通线,用钢直尺检查
6	接缝高低差	1	用钢直尺和塞尺检查
7	接缝宽度	1	用钢直尺检查

2.饰面砖工程质量控制

饰面砖(干挂石材)如图4-31所示。

图4-31　饰面砖(干挂石材)

(1)一般规定。

①本小节适用于内墙饰面砖粘贴和高度不大于100 m、抗震设防烈度不大于8度、采用满粘法施工的外墙饰面砖粘贴等分项工程的质量验收。

②饰面砖工程验收时应检查下列文件和记录:

A.饰面砖工程的施工图、设计说明及其他设计文件;

B.材料的产品合格证书、性能检验报告、进场验收记录和复验报告;

C.外墙饰面砖施工前粘贴样板和外墙饰面砖粘贴工程饰面砖黏结强度检验报告;

D.隐蔽工程验收记录;

E.施工记录。

③饰面砖工程应对下列材料及其性能指标进行复验:

A.室内用花岗石和瓷质饰面砖的放射性;

B.水泥基黏结材料与所用外墙饰面砖的拉伸黏结强度;

C.外墙陶瓷饰面砖的吸水率;

D.严寒及寒冷地区外墙陶瓷饰面砖的抗冻性。

④饰面砖工程应对下列隐蔽工程项目进行验收:

A.基层和基体;

B.防水层。

⑤各分项工程的检验批应按下列规定划分:

A. 相同材料、工艺和施工条件的室内饰面砖工程每 50 间（大面积房间和走廊按施工面积 30 m² 为一间）应划分为一个检验批，不足 50 间也应划分为一个检验批。

B. 相同材料、工艺和施工条件的室外饰面砖工程每 1000 m² 应划分为一个检验批，不足 1000 m² 也应划分为一个检验批。

⑥检查数量应符合下列规定：

A. 室内每个检验批应至少抽查 10%，并不得少于 3 间，不足 3 间时应全数检查；

B. 室外每个检验批每 100 m² 应至少抽查一处，每处不得小于 10 m²。

⑦外墙饰面砖工程施工前，应在待施工基层上做样板，并对样板的饰面砖黏结强度进行检验，检验方法和结果判定应符合现行行业标准《建筑工程饰面砖黏结强度检验标准》（JGJ/T 110—2017）的规定。

⑧饰面砖工程的防震缝、伸缩缝、沉降缝等部位的处理应保证缝的使用功能和饰面的完整性。

（2）内墙饰面砖粘贴工程。

①主控项目。

A. 内墙饰面砖的品种、规格、图案、颜色和性能应符合设计要求及国家现行标准的有关规定。

检验方法：观察；检查产品合格证书、进场验收记录、性能检验报告和复验报告。

B. 内墙饰面砖粘贴工程的找平、防水、黏结和填缝材料及施工方法应符合设计要求及国家现行标准的有关规定。

检验方法：检查产品合格证书、复验报告和隐蔽工程验收记录。

C. 内墙饰面砖粘贴应牢固。

检验方法：手拍检查，检查施工记录。

D. 满粘法施工的内墙饰面砖应无裂缝，大面和阳角应无空鼓。

检验方法：观察；用小锤轻击检查。

②一般项目。

A. 内墙饰面砖表面应平整、洁净、色泽一致，应无裂痕和缺损。

检验方法：观察。

B. 内墙面凸出物周围的饰面砖应整砖套割吻合，边缘应整齐。墙裙、贴脸突出墙面的厚度应一致。

检验方法：观察；尺量检查。

C. 内墙饰面砖接缝应平直、光滑，填嵌应连续、密实；宽度和深度应符合设计要求。

检验方法：观察；尺量检查。

D. 内墙饰面砖粘贴的允许偏差和检验方法应符合表 4-37 的规定。

表 4-37　内墙饰面砖粘贴的允许偏差和检验方法

项次	项目	允许偏差/mm	检验方法
1	立面垂直度	2	用 2 m 垂直检测尺检查
2	表面平整度	3	用 2 m 靠尺和塞尺检查
3	阴阳角方正	3	用 200 mm 直角检测尺检查
4	接缝直线度	2	拉 5 m 线，不足 5 m 拉通线，用钢直尺检查
6	接缝高低差	1	用钢直尺和塞尺检查
7	接缝宽度	1	用钢直尺检查

(3)外墙饰面砖粘贴工程。

①主控项目。

A.外墙饰面砖的品种、规格、图案、颜色和性能应符合设计要求及国家现行标准的有关规定。

检验方法:观察;检查产品合格证书、进场验收记录、性能检验报告和复验报告。

B.外墙饰面砖粘贴工程的找平、防水、黏结、填缝材料及施工方法应符合设计要求和现行行业标准《外墙饰面砖工程施工及验收规程》(JGJ 126—2015)的规定。

检验方法:检查产品合格证书、复验报告和隐蔽工程验收记录。

C.外墙饰面砖粘贴工程的伸缩缝设置应符合设计要求。

检验方法:观察;尺量检查。

D.外墙饰面砖粘贴应牢固。

检验方法:检查外墙饰面砖黏结强度检验报告和施工记录。

E.外墙饰面砖工程应无空鼓、裂缝。

检验方法:观察;用小锤轻击检查。

②一般项目。

A.外墙饰面砖表面应平整、洁净、色泽一致,应无裂痕和缺损。

检验方法:观察。

B.饰面砖外墙阴阳角构造应符合设计要求。

检验方法:观察。

C.墙面凸出物周围的外墙饰面砖应整砖套割吻合,边缘应整齐。墙裙、贴脸突出墙面的厚度应一致。

检验方法:观察;尺量检查。

D.外墙饰面砖接缝应平直、光滑,填嵌应连续、密实;宽度和深度应符合设计要求。

检验方法:观察;尺量检查。

E.有排水要求的部位应做滴水线(槽)。滴水线(槽)应顺直,流水坡向应正确,坡度应符合设计要求。

检验方法:观察;用水平尺检查。

F.外墙饰面砖粘贴的允许偏差和检验方法应符合表4-38的规定。

表 4-38 外墙饰面砖粘贴的允许偏差和检验方法

项次	项目	允许偏差/mm	检验方法
1	立面垂直度	3	用 2 m 垂直检测尺检查
2	表面平整度	4	用 2 m 靠尺和塞尺检查
3	阴阳角方正	3	用 200 mm 直角检测尺检查
4	接缝直线度	3	拉 5 m 线,不足 5 m 拉通线,用钢直尺检查
6	接缝高低差	1	用钢直尺和塞尺检查
7	接缝宽度	1	用钢直尺检查

4.5.4 涂饰工程质量控制

本节主要介绍水性涂料涂饰、溶剂型涂料涂饰、美术涂饰等分项工程的质量控制及验收。

涂饰工程施工如图4-32所示。

图 4－32　涂饰工程施工

1. 一般规定

(1)涂饰工程验收时应检查下列文件和记录:

①涂饰工程的施工图、设计说明及其他设计文件;

②材料的产品合格证书、性能检测报告和进场验收记录;

③施工记录。

(2)各分项工程的检验批应按下列规定划分:

①室外涂饰工程每一栋楼的同类涂料涂饰的墙面每 1000 m² 应划分为一个检验批,不足 1000 m² 也应划分为一个检验批;

②室内涂饰工程同类涂料涂饰墙面每 50 间(大面积房间和走廊按涂饰面积 30 m² 为一间)应划分为一个检验批,不足 50 间也应划分为一个检验批。

(3)检查数量应符合下列规定:

①室外涂饰工程每 100 m² 应至少检查一处,每处不得小于 10 m²;

②室内涂饰工程每个检验应至少抽查 10％,并不得少于 3 间;不足 3 间时应全数检查。

(4)涂饰工程的基层处理应符合下列要求:

①新建筑物的混凝土或抹灰层基层在用腻子找平或直接涂饰涂料前应涂刷抗碱封闭底漆;

②既有建筑墙面在用腻子找平或直接涂饰涂料前应清除疏松的旧装修层,并涂刷界面剂;

③混凝土或抹灰基层在用溶剂型腻子找平或直接涂刷溶剂型涂料时,含水率不得大于 8％;在用乳液型腻子找平或直接涂刷乳液型涂料时,含水率不得大于 10％,木材基层的含水率不得大于 12％;

④找平层应平整、坚实、牢固,无粉化、起皮和裂缝;内墙找平层的黏结强度应符合现行行业标准《建筑室内用腻子》(JG/T 298—2010)的规定;

⑤厨房、卫生间墙面应使用耐水腻子。

(5)水性涂料涂饰工程施工的环境温度应在 5～35 ℃。

(6)涂饰工程施工时应对与涂层衔接的其他装修材料、邻近的设备等采取有效的保护措施,以避免由涂料造成的沾污。

(7)涂饰工程应在涂层养护期满后进行质量验收。

2. 水性涂料涂饰工程

本小节适用于乳液型涂料、无机涂料、水溶性涂料等水性涂料涂饰工程的质量验收。

(1)主控项目。

①水性涂料涂饰工程所用涂料的品种、型号和性能应符合设计要求及国家现行标准的有关规定。

检验方法:检查产品合格证书、性能检验报告、有害物质限量检验报告和进场验收记录。

②水性涂料涂饰工程的颜色、光泽、图案应符合设计要求。

检验方法:观察。

③水性涂料涂饰工程应涂饰均匀、黏结牢固,不得漏涂、透底、开裂、起皮和掉粉。

检验方法:观察;手摸检查。

④水性涂料涂饰工程的基层处理应符合一般规定中涂饰工程的基层处理的要求。

检验方法:观察;手摸检查;检查施工记录。

(2)一般项目。

①薄涂料的涂饰质量和检验方法应符合表4-39的规定。

表4-39 薄涂料的涂饰质量和检验方法

项次	项目	普通涂饰	高级涂饰	检验方法
1	颜色	均匀一致	均匀一致	观察
2	光泽、光滑	光泽基本均匀,光滑无挡手感	光泽均匀一致,光滑	
3	泛碱、咬色	允许少量轻微	不允许	
4	流坠、疙瘩	允许少量轻微	不允许	
5	砂眼、刷纹	允许少量轻微砂眼,刷纹通顺	无砂眼,无刷纹	

②厚涂料的涂饰质量和检验方法应符合表4-40的规定。

表4-40 厚涂料的涂饰质量和检验方法

项次	项目	普通涂饰	高级涂饰	检验方法
1	颜色	均匀一致	均匀一致	观察
2	光泽	光泽基本均匀	光泽均匀一致	
3	泛碱、咬色	允许少量轻微	不允许	
4	点状分布	—	疏密均匀	

③复层涂料的涂饰质量和检验方法应符合表4-41的规定。

表4-41 复层涂料的涂饰质量和检验方法

项次	项目	质量要求	检验方法
1	颜色	均匀一致	观察
2	光泽	光泽基本均匀	
3	泛碱、咬色	不允许	
4	喷点疏密程度	均匀,不允许连片	

④涂层与其他装修材料和设备衔接处应吻合,界面应清晰。

检验方法:观察。

⑤墙面水性涂料涂饰工程的允许偏差和检验方法应符合表4-42的规定。

表 4-42 墙面水性涂料涂饰工程的允许偏差和检验方法

项次	项目	允许偏差/mm					检验方法
		薄涂料		厚涂料		复层涂料	
		普通装饰	高级涂饰	普通装饰	高级涂饰		
1	立面垂直度	3	2	4	3	5	用 2 m 垂直检测尺检查
2	表面平整度	3	2	4	3	5	用 2 m 靠尺和塞尺检查
3	阴阳角方正	3	2	4	3	4	用 200 mm 直角检测尺检查
4	装饰线、分色线直线度	2	1	2	1	3	拉 5 m 线,不足 5 m 拉通线,用钢直尺检查
5	墙裙、勒脚上口直线度	2	1	2	1	3	拉 5 m 线,不足 5 m 拉通线,用钢直尺检查

3. 溶剂型涂料涂饰工程

本小节适用于丙烯酸酯涂料、聚氨酯丙烯酸涂料、有机硅丙烯酸涂料、交联型氟树脂涂料等溶剂型涂料涂饰工程的质量验收。

（1）主控项目。

①溶剂型涂料涂饰工程所选用涂料的品种、型号和性能应符合设计要求及国家现行标准的有关规定。

检验方法：检查产品合格证书、性能检测报告、有害物质限量检验报告和进场验收记录。

②溶剂型涂料涂饰工程的颜色、光泽、图案应符合设计要求。

检验方法：观察。

③溶剂型涂料涂饰工程应涂饰均匀、黏结牢固，不得漏涂、透底、开裂、起皮和反锈。

检验方法：观察；手摸检查。

④溶剂型涂料涂饰工程的基层处理应符合一般规定中涂饰工程的基层处理的要求。

检验方法：观察；手摸检查；检查施工记录。

（2）一般项目。

①色漆的涂饰质量和检验方法应符合表 4-43 的规定。

表 4-43 色漆的涂饰质量和检验方法

项次	项目	普通涂饰	高级涂饰	检验方法
1	颜色	均匀一致	均匀一致	观察
2	光泽、光滑	光泽基本均匀光滑无挡手感	光泽均匀一致,光滑	观察、手摸检查
3	刷纹	刷纹通顺	无刷纹	观察
4	裹棱、流坠、皱皮	明显处不允许	不允许	观察

②清漆的涂饰质量和检验方法应符合表 4-44 的规定。

表 4-44 漆的涂饰质量和检验方法

项次	项目	普通涂饰	高级涂饰	检验方法
1	颜色	基本一致	均匀一致	观察
2	木纹	棕眼刮平、木纹清楚	棕眼刮平、木纹清楚	观察

项次	项 目	普通涂饰	高级涂饰	检验方法
3	光泽、光滑	光泽基本均匀,光滑无挡手感	光泽均匀一致,光滑	观察、手摸检查
4	刷纹	无刷纹	无刷纹	观察
5	裹棱、流坠、皱皮	明显处不允许	不允许	观察

③涂层与其他装修材料和设备衔接处应吻合,界面应清晰。

检验方法:观察。

④墙面溶剂型涂料涂饰工程的允许偏差和检验方法应符合表4-45的规定。

表4-45 墙面溶剂型涂料涂饰工程的允许偏差和检验方法

项次	项目	允许偏差/mm				检验方法
		色漆		清漆		
		普通装饰	高级涂饰	普通装饰	高级涂饰	
1	立面垂直度	4	3	3	2	用2 m垂直检测尺检查
2	表面平整度	4	3	3	2	用2 m靠尺和塞尺检查
3	阴阳角方正	4	3	3	2	用200 mm直角检测尺检查
4	装饰线、分色线直线度	2	1	2	1	拉5 m线,不足5 m拉通线,用钢直尺检查
5	墙裙、勒脚上口直线度	2	1	2	1	拉5 m线,不足5 m拉通线,用钢直尺检查

4.美术涂饰工程

本小节适用于套色涂饰、滚花涂饰、仿花纹涂饰等室内外美术涂饰工程的质量验收。

(1)主控项目。

①美术涂饰所用材料的品种、型号和性能应符合设计要求及国家现行标准的有关规定。

检验方法:观察;检查产品合格证书、性能检测报告、有害物质限量检验报告和进场验收记录。

②美术涂饰工程应涂饰均匀、黏结牢固,不得有漏涂、透底、开裂、起皮、掉粉和反锈。

检验方法:观察;手摸检查。

③美术涂饰工程的基层处理应符合一般规定中涂饰工程的基层处理的要求。

检验方法:观察;手摸检查;检查施工记录。

④美术涂饰的套色、花纹和图案应符合设计要求。

检验方法:观察。

(2)一般项目。

①美术涂饰表面应洁净,不得有流坠现象。

检验方法:观察。

②仿花纹涂饰的饰面应具有被模仿材料的纹理。

检验方法:观察。

③套色涂饰的图案不得移位,纹理和轮廓应清晰。

检验方法:观察。

④墙面美术涂饰工程的允许偏差和检验方法应符合表 4-46 的规定。

表 4-46　墙面美术涂饰工程的允许偏差和检验方法

项次	项目	允许偏差/mm	检验方法
1	立面垂直度	4	用 2 m 垂直检测尺检查
2	表面平整度	4	用 2 m 靠尺和塞尺检查
3	阴阳角方正	4	用 200 mm 直角检测尺检查
4	装饰线、分色线直线度	2	拉 5 m 线,不足 5 m 拉通线,用钢直尺检查
5	墙裙、勒脚上口直线度	2	拉 5 m 线,不足 5 m 拉通线,用钢直尺检查

4.5.5　门窗工程质量控制

本节主要介绍木门窗、金属安装、塑料门窗和特种门安装,以及门窗玻璃安装等分项工程的质量控制及验收。

门窗工程施工如图 4-33 所示。

图 4-33　门窗工程施工

1.一般规定

(1)门窗工程验收时应检查下列文件和记录:

①门窗工程的施工图、设计说明及其他设计文件;

②材料的产品合格证书、性能检测报告、进场验收记录和复验报告;

③特种门及其附件的生产许可文件;

④隐蔽工程验收记录;

⑤施工记录。

(2)门窗工程应对下列材料及其性能指标进行复验:

①人造木板的甲醛释放量;

②建筑外窗的气密性能、水密性能和抗风压性能。

(3)门窗工程应对下列隐蔽工程项目进行验收:

①预埋件和锚固件;

②隐蔽部位的防腐、填嵌处理;

③高层金属窗防雷连接节点。

(4)各分项工程的检验批应按下列规定划分:

①同一品种、类型和规格的木门窗、金属门窗、塑料门窗及门窗玻璃每 100 樘应划分为一个

检验批,不足 100 樘也应划分为一个检验批;

②同一品种、类型和规格的特种门每 50 樘应划分为一个检验批,不足 50 樘也应划分为一个检验批。

(5)检查数量应符合下列规定:

①木门窗、金属门窗、塑料门窗和门窗玻璃每个检验批应至少抽查 5%,并不得少于 3 樘,不足 3 樘时应全数检查;高层建筑的外窗每个检验批应至少抽查 10%,并不得少于 6 樘,不足 6 樘时应全数检查;

②特种门每个检验批应至少抽查 50%,并不得少于 10 樘,不足 10 樘时应全数检查。

(6)门窗安装前,应对门窗洞口尺寸及相邻洞口的位置偏差进行检验。同一类型和规格外门窗洞口垂直、水平方向的位置应对齐,位置允许偏差应符合下列规定:

①垂直方向的相邻洞口位置允许偏差应为 10 mm;全楼高度小于 30 m 的垂直方向洞口位置允许偏差应为 15 mm,全楼高度不小于 30 m 的垂直方向洞口位置允许偏差应为 20 mm;

②水平方向的相邻洞口位置允许偏差应为 10 mm;全楼长度小于 30 m 的水平方向洞口位置允许偏差应为 15 mm,全楼长度不小于 30 m 的水平方向洞口位置允许偏差应为 20 mm。

(7)金属门窗和塑料门窗安装应采用预留洞口的方法施工。

(8)木门窗与砖石砌体、混凝土或抹灰层接触处应进行防腐处理,埋入砌体或混凝土中的木砖应进行防腐处理。

(9)当金属窗或塑料窗为组合窗时,其拼樘料的尺寸、规格、壁厚应符合设计要求。

(10)建筑外门窗安装必须牢固。在砌体上安装门窗严禁采用射钉固定。

(11)推拉门窗扇必须牢固,必须安装防脱落装置。

(12)特种门安装除应符合设计要求外,还应符合国家现行标准的有关规定。

(13)门窗安全玻璃的使用应符合现行行业标准《建筑玻璃应用技术规程》(JGJ 113—2015)的规定。

(14)建筑外窗口的防水和排水构造应符合设计要求和国家现行标准的有关规定。

2.木门窗安装工程

本小节适用于木门窗安装工程的质量控制及验收。

(1)主控项目。

①木门窗的品种、类型、规格、尺寸、开启方向、安装位置、连接方式及性能应符合设计要求及国家现行标准的有关规定。

检验方法:观察;尺量检查;检查产品合格证书、性能检验报告、进场验收记录和复验报告;检查隐蔽工程验收记录。

②木门窗应采用烘干的木材,含水率及饰面质量应符合国家现行标准的有关规定。

检验方法:检查材料进场验收记录、复验报告及性能检验报告。

③木门窗的防火、防腐、防虫处理应符合设计要求。

检验方法:观察;检查材料进场验收记录。

④木门窗框的安装应牢固。预埋木砖的防腐处理、木门窗框固定点的数量、位置和固定方法应符合设计要求。

验方法:观察;手扳检查;检查隐蔽工程验收记录和施工记录。

⑤木门窗扇应安装牢固、开关灵活、关闭严密、无倒翘。

检验方法:观察;开启和关闭检查;手扳检查。

⑥木门窗配件的型号、规格和数量应符合设计要求,安装应牢固,位置应正确,功能应满足使

用要求。

检验方法：观察；开启和关闭检查；手扳检查。

（2）一般项目。

①木门窗表面应洁净，不得有刨痕和锤印。

检验方法：观察。

②木门窗的割角和拼缝应严密平整。门窗框、扇裁口应顺直，刨面应平整。

检验方法：观察。

③木门窗上的槽和孔应边缘整齐，无毛刺。

检验方法：观察。

④木门窗与墙体间的缝隙应填嵌饱满。严寒和寒冷地区外门窗（或门窗框）与砌体间的空隙应填充保温材料。

检验方法：轻敲门窗框检查；检查隐蔽工程验收记录和施工记录。

⑤木门窗批水、盖口条、压缝条和密封条安装应顺直，与门窗结合应牢固、严密。

检验方法：观察；手扳检查。

⑥平开木门窗安装的留缝限值、允许偏差和检验方法应符合表 4-47 的规定。

表 4-47　平开木门窗安装的留缝限值、允许偏差和检验方法

项次	项目	留缝限值 /mm	允许偏差 /mm	检验方法
1	门窗框的正、侧面垂直度	—	2	用 1 m 垂直检测尺检查
2	框与扇接缝高低差		1	用塞尺检查
	扇与扇接缝高低差		1	
3	门窗扇对口缝	1～4	—	用塞尺检查
4	工业厂房、围墙双扇大门对口缝	2～7	—	
6	门窗扇与上框间留缝	1～3	—	
7	门窗扇与合页侧框间留缝	1～3	—	
8	门扇与下框间留缝	3～5	—	用塞尺检查
9	窗扇与下框间留缝	1～3	—	
10	双层门窗内外框间距	—	4	用钢直尺检查

3.金属门窗安装工程

本小节主要介绍钢门窗、铝合金门窗和涂色镀锌钢板门窗等金属门窗安装工程的质量控制及验收。

（1）主控项目。

①金属门窗的品种、类型、规格、尺寸、性能、开启方向、安装位置、连接方式及门窗的型材壁厚应符合设计要求及国家现行标准的有关规定。金属门窗的防雷、防腐处理及填嵌、密封处理应符合设计要求。

检验方法：观察；尺量检查；检查产品合格证书、性能检测报告、进场验收记录和复验报告；检查隐蔽工程验收记录。

②金属门窗框和附框的安装应牢固。预埋件及锚固件的数量、位置、埋设方式、与框的连接方式应符合设计要求。

检验方法：手扳检查；检查隐蔽工程验收记录。

③金属门窗扇应安装牢固、开关灵活、关闭严密、无倒翘。推拉门窗扇应安装防止扇脱落的装置。

检验方法：观察；开启和关闭检查；手扳检查。

④金属门窗配件的型号、规格、数量应符合设计要求，安装应牢固，位置应正确，功能应满足使用要求。

检验方法：观察；开启和关闭检查；手扳检查。

（2）一般项目。

①金属门窗表面应洁净、平整、光滑、色泽一致，应无锈蚀、擦伤、划痕和碰伤。漆膜或保护层应连续。型材的表面处理应符合设计要求及国家现行标准的有关规定。

检验方法：观察。

②金属门窗推拉门窗扇开关力不应不大于50 N。

检验方法：用测力计检查。

③金属门窗框与墙体之间的缝隙应填嵌饱满，并采用密封胶密封。密封胶表面应光滑、顺直，无裂纹。

检验方法：观察；轻敲门窗框检查；检查隐蔽工程验收记录。

④金属门窗扇的密封胶条或密封毛条装配应平整、完好，不得脱槽，交角处应平顺。

检验方法：观察；开启和关闭检查。

⑤排水孔应畅通，位置和数量应符合设计要求。

检验方法：观察。

⑥钢门窗安装的留缝限值、允许偏差和检验方法应符合表4-48的规定。

表4-48　钢门窗安装的留缝限值、允许偏差和检验方法

项次	项目		留缝限值/mm	允许偏差/mm	检验方法
1	门窗槽口宽度、高度	≤1500 mm	—	2	用钢卷尺检查
		>1500 mm	—	3	
2	门窗槽口对角线长度差	≤2000 mm	—	3	用钢卷尺检查
		>2000 mm	—	4	
3	门窗框的正、侧面垂直度		—	3	用1 m垂直检测尺检查
4	门窗横框的水平度		—	3	用1 m水平尺和塞尺检查
5	门窗横框标高		—	5	用钢卷尺检查
6	门窗竖向偏离中心		—	4	用钢卷尺检查
7	双层门窗内外框间距		—	5	用钢卷尺检查
8	门窗框、扇配合间隙		≤2	—	用塞尺检查
9	平开门窗框扇搭接宽度	门	≥6	—	用钢直尺检查
		窗	≥4	—	用钢直尺检查
	推拉门窗框扇搭接宽度		≥6	—	用钢直尺检查
10	无下框时门扇与地面间留缝		4～8	—	用塞尺检查

⑦铝合金门窗安装的允许偏差和检验方法应符合表4-49的规定。

表4-49　铝合金门窗安装的允许偏差和体验方法

项次	项目		允许偏差/mm	检验方法
1	门窗槽口宽度、高度	≤2000 mm	2	用钢卷尺检查
		>2000 mm	3	
2	门窗槽口对角线长度差	≤2500 mm	4	用钢卷尺检查
		≤2500 mm	5	
3	门窗框的正、侧面垂直度		2	用1 m垂直检测尺检查
4	门窗横框的水平度		2	用1 m水平尺和塞尺检查
5	门窗横框标高		5	用钢卷尺检查
6	门窗竖向偏离中心		5	用钢卷尺检查
7	双层门窗内外框间距		4	用钢卷尺检查
8	推拉门窗扇与框搭接宽度	门	2	用钢直尺检查
		窗	1	

⑧涂色镀锌钢板门窗安装的允许偏差和检验方法应符合表4-50的规定。

表4-50　涂色镀锌钢板门窗安装的允许偏差和检验方法

项次	项目		允许偏差/mm	检验方法
1	门窗槽口宽度、高度	≤1500 mm	2	用钢卷尺检查
		>1500 mm	3	
2	门窗槽口对角线长度差	≤2000 mm	4	用钢卷尺检查
		>2000 mm	5	
3	门窗框的正、侧面垂直度		3	用1 m垂直检测尺检查
4	门窗横框的水平度		3	用1 m水平尺和塞尺检查
5	门窗横框标高		5	用钢卷尺检查
6	门窗竖向偏离中心		5	用钢卷尺检查
7	双层门窗内外框间距		4	用钢卷尺检查
8	推拉门窗扇与框搭接宽度		2	用钢直尺检查

4.塑料门窗安装工程

本小节主要介绍塑料门窗安装工程的质量控制及验收。

(1)主控项目。

①塑料门窗的品种、类型、规格、尺寸、性能、开启方向、安装位置、连接方式和填嵌密封处理应符合设计要求及国家现行标准的有关规定,内衬增强型钢的壁厚及设置应符合现行国家标准《建筑用塑料门》(GB/T 28886—2012)和《建筑用塑料窗》(GB/T 28887—2012)的规定。

检验方法:观察;尺量检查;检查产品合格证书、性能检测报告、进场验收记录和复验报告;检查隐蔽工程验收记录。

②塑料门窗框、附框和扇的安装应牢固。固定片或膨胀螺栓的数量与位置应正确,连接方式应符合设计要求。固定点应距窗角、中横框、中竖框 150 mm～200 mm,固定点间距不应大于 600 mm。

检验方法:观察;手扳检查;尺量检查;检查隐蔽工程验收记录。

③塑料组合门窗使用的拼樘料截面尺寸及内衬增强型钢的形状和壁厚应符合设计要求。承受风荷载的拼樘料应采用与其内腔紧密吻合的增强型钢作为内衬,其两端应与洞口固定牢固。窗框应与拼樘料连接紧密,固定点间距不应大于 600 mm。

检验方法:观察;手扳检查;尺量检查;吸铁石检查;检查进场验收记录。

④窗框与洞口之间的伸缩缝内应采用聚氨酯发泡胶填充,发泡胶填充应均匀、密实。发泡胶成型后不宜切割。表面应采用密封胶密封。密封胶应黏结牢固,表面应光滑、顺直、无裂纹。

检验方法:观察;检查隐蔽工程验收记录。

⑤滑撑铰链的安装应牢固,紧固螺钉应使用不锈钢材质。螺钉与框扇连接处应进行防水密封处理。

检验方法:观察;手扳检查;检查隐蔽工程验收记录。

⑥推拉门窗扇应安装防止扇脱落的装置。

检验方法:观察。

⑦门窗扇关闭应严密,开关应灵活。

检验方法:观察;尺量检查;开启和关闭检查。

⑧塑料门窗配件的型号、规格和数量应符合设计要求,安装应牢固,位置应正确,使用应灵活,功能应满足各自使用要求。平开窗扇高度大于 900 mm 时,窗扇锁闭点不应少于 2 个。

检验方法:观察;手扳检查;尺量检查。

(2)一般项目。

①安装后的门窗关闭时,密封面上的密封条应处于压缩状态,密封层数应符合设计要求。密封条应连续完整,装配后应均匀、牢固,应无脱槽、收缩和虚压等现象;密封条接口应严密,且应位于窗的上方。

检验方法:观察。

②塑料门窗扇的开关力应符合下列规定:

A.平开门窗扇平铰链的开关力应不大于 80 N;滑撑铰链的开关力应不大于 80 N,并不小于 30 N。

B.推拉门窗扇的开关力应不大于 100 N。

检验方法:观察;用测力计检查。

③门窗表面应洁净、平整、光滑,颜色应均匀一致。可视面应无划痕、碰伤等缺陷,门窗不得有焊角开裂和型材断裂等现象。

检验方法:观察。

④旋转窗间隙应均匀。

检验方法:观察。

⑤排水孔应畅通,位置和数量应符合设计要求。

检验方法:观察。

⑥塑料门窗安装的允许偏差和检验方法应符合表 4-51 的规定。

表 4-51　塑料门窗安装的允许偏差和检验方法

项次	项目		允许偏差 /mm	检验方法
1	门、窗框外形(高、宽) 尺寸长度差	≤1500 mm	2	用钢卷尺检查
		>1500 mm	3	
2	门、窗框两对角线长度差	≤2000 mm	3	用钢卷尺检查
		>2000 mm	5	
3	门窗框(含拼樘料)正、侧面垂直度		3	用 1 m 垂直检测尺检查
4	门窗框(含拼樘料)水平度		3	用 1 m 水平尺和塞尺检查
5	门、窗下横框的标高		5	用钢卷尺检查,与基准线比较
6	门、窗竖向偏离中心		5	用钢卷尺检查
7	双层门、窗内外框间距		4	用钢卷尺检查
8	平开门窗及 上悬、下悬、中悬窗	门、窗扇与框搭接宽度	2	用深度尺或钢直尺检查
		同樘门、窗相邻扇的水平高度差	2	用靠尺或钢直尺检查
		门、窗框扇与四周的配合间隙	1	用楔形塞尺检查
9	推拉门窗	门、窗扇与框搭接宽度	2	用深度尺或钢直尺检查
		门、窗扇与框或相邻扇立边平行度	2	用钢直尺检查
10	组合门窗	平整度	3	用 2 m 靠尺或钢直尺检查
		缝直线度	3	用 2 m 靠尺或钢直尺检查

5.特种门安装工程

本小节主要介绍自动门、全玻门和旋转门等特种门安装工程的质量控制及验收。

(1)主控项目。

①特种门的质量和性能应符合设计要求。

检验方法:检查生产许可证、产品合格证书和性能检验报告。

②特种门的品种、类型、规格、尺寸、开启方向、安装位置和防腐处理应符合设计要求及国家现行标准的有关规定。

检验方法:观察;尺量检查;检查进场验收记录和隐蔽工程验收记录。

③带有机械装置、自动装置或智能化装置的特种门,其机械装置、自动装置或智能化装置的功能应符合设计要求。

检验方法:启动机械装置、自动装置或智能化装置,观察。

④特种门的安装应牢固。预埋件及锚固件的数量、位置、埋设方式、与框的连接方式应符合设计要求。

检验方法:观察;手扳检查;检查隐蔽工程验收记录。

⑤特种门的配件应齐全,位置应正确,安装应牢固,功能应满足使用要求和特种门的性能要求。

检验方法:观察;手扳检查;检查产品合格证书、性能检验报告和进场验收记录。

(2)一般项目。

①特种门的表面装饰应符合设计要求。

检验方法:观察。

②特种门的表面应洁净,应无划痕和碰伤。

检验方法:观察。

③推拉自动门的感应时间限值和检验方法应符合表4-52的规定。

表4-52 推拉自动门的感应时间限值和检验方法

项次	项目	感应时间限制/s	检验方法
1	开门相应时间	≤0.5	用秒表检查
2	堵门保护延时	16～20	用秒表检查
3	门扇全开启后保持时间	13～17	用秒表检查

④人行自动门活动扇在启闭过程中对所要求保护的部位应留有安全间隙。安全间隙应小于8 mm或大于25 mm。

检验方法:用钢直尺检查。

⑤自动门安装的允许偏差和检验方法应符合表4-53的规定。

表4-53 自动门安装的允许偏差和检验方法

项次	项目	允许偏差/mm				检验方法
		推拉自动门	平开自动门	折叠自动门	旋转自动门	
1	上框、下梁水平度	1	1	1	—	用1 m水平尺和塞尺检查
2	上框、下梁直线度	2	2	2	—	用钢直尺和塞尺检查
3	立框垂直度	1	1	1	1	用1 m垂直检测检查
4	导轨和平梁平行度	2	—	2	2	用钢直尺检查
5	门框固定扇内侧对角线尺寸	2	2	2	2	用钢卷尺检查
6	活动扇与框、横梁、固定扇间隙差	1	1	1	1	用钢直尺检查
7	板材对接接缝平整度	0.3	0.3	0.3	0.3	用2 m靠尺和塞尺检查

⑥自动门切断电源,应能手动开启,开启力和检验方法应符合表4-54的规定。

表4-54 自动门手动开启力和检验方法

项次	项目	手动开启力/N	检验方法
1	推拉自动门	≤100	用测力计检查
2	平开自动门	≤100(门扇边梃着力点)	
3	折叠自动门	≤100(垂直于门扇折叠处铰链推拉)	
4	旋转自动门	150～300(门扇边梃着力点)	

注:①推拉自动门和平开自动门为双扇时,手动开启力仅为单扇的测值;②平开自动门在没有风力情况测定;③重叠推拉着力点在门扇前、侧结合部的门扇边缘。

6.门窗玻璃安装工程

本小节主要介绍平板、吸热、反射、中空、夹层、夹丝、磨砂、钢化、防火和压花玻璃等玻璃安装工程的质量控制及验收。

(1)主控项目。

①玻璃的层数、品种、规格、尺寸、色彩、图案和涂膜朝向应符合设计要求。

检验方法:观察;检查产品合格证书、性能检测报告和进场验收记录。

②门窗玻璃裁割尺寸应正确。安装后的玻璃应牢固,不得有裂纹、损伤和松动。

检验方法:观察;轻敲检查。

③玻璃的安装方法应符合设计要求。固定玻璃的钉子或钢丝卡的数量、规格应保证玻璃安装牢固。

检验方法:观察;检查施工记录。

④镶钉木压条接触玻璃处应与裁口边缘平齐。木压条应互相紧密连接,并与裁口边缘紧贴,割角应整齐。

检验方法:观察。

⑤密封条与玻璃、玻璃槽口的接触应紧密、平整。密封胶与玻璃、玻璃槽口的边缘应黏结牢固、接缝平齐。

检验方法:观察。

⑥带密封条的玻璃压条,其密封条封条应与玻璃贴紧,压条与型材之间应无明显缝隙。

检验方法:观察;尺量检查。

(2)一般项目。

①玻璃表面应洁净,不得有腻子、密封胶和涂料等污渍。中空玻璃内外表面均应洁净,玻璃中空层内不得有灰尘和水蒸气。门窗玻璃不应直接接触型材。

检验方法:观察。

②腻子及密封胶应填抹饱满、黏结牢固;腻子及密封胶边缘与裁口应平齐。固定玻璃的卡子不应在腻子表面显露。

检验方法:观察。

③密封条不得卷边、脱槽,密封条接缝应黏接。

检验方法:观察。

4.5.6　细部工程质量控制

细部(栏杆扶手)工程展示如图4-34所示。

图4-34　细部(栏杆扶手)工程展示

1. **一般规定**

(1)本节适用于下列分项工程的质量控制及验收：

①橱柜制作与安装；

②窗帘盒和窗台板制作与安装；

③门窗套制作与安装；

④护栏和扶手制作与安装；

⑤花饰制作与安装。

(2)细部工程验收时应检查下列文件和记录：

①施工图、设计说明及其他设计文件；

②材料的产品合格证书、性能检测报告、进场验收记录和复验报告；

③隐蔽工程验收记录；

④施工记录。

(3)细部工程应对花岗石的放射性和人造木板的甲醛含量进行复验。

(4)细部工程应对下列部位进行隐蔽工程验收：

①预埋件(或后置埋件)；

②护栏与预埋件的连接节点。

(5)各分项工程的检验批应按下列规定划分：

①同类制品每50间(处)应划分为一个检验批,不足50间(处)也应划分为一个检验批；

②每部楼梯应划分为一个检验批。

(6)橱柜、窗帘盒、窗台板、门窗套和室内花饰每个检验批应至少抽查3间(处),不足3间(处)时应全数检查；护栏、扶手和室外花饰每个检验批应全数检查。

2. **橱柜制作与安装工程**

(1)主控项目。

①橱柜制作与安装所用材料的材质、规格、性能、有害物质限量及木材的燃烧性能等级和含水率应符合设计要求及国家现行标准的有关规定。

检验方法:观察;检查产品合格证书、进场验收记录、性能检测报告和复验报告。

②橱柜安装预埋件或后置埋件的数量、规格、位置应符合设计要求。

检验方法:检查隐蔽工程验收记录和施工记录。

③橱柜的造型、尺寸、安装位置、制作和固定方法应符合设计要求。橱柜安装必须牢固。

检验方法:观察;尺量检查;手扳检查。

④橱柜配件的品种、规格应符合设计要求。配件应齐全,安装应牢固。

检验方法:观察;手扳检查;检查进场验收记录。

⑤橱柜的抽屉和柜门应开关灵活、回位正确。

检验方法:观察;开启和关闭检查。

(2)一般项目。

①橱柜表面应平整、洁净、色泽一致,不得有裂缝、翘曲及损坏。

检验方法:观察。

②橱柜裁口应顺直、拼缝应严密。

检验方法:观察。

③橱柜安装的允许偏差和检验方法应符合表4-55的规定。

表 4 - 55　橱柜安装的允许偏差和检验方法

项次	项目	允许偏差/mm	检验方法
1	外形尺寸	3	用钢尺检查
2	立面垂直度	2	用 1 m 垂直检测尺检查
3	门与框架的平等度	2	用钢尺检查

3.窗帘盒、窗台板和散热器罩制作与安装工程

(1)主控项目。

①窗帘盒和窗台板制作与安装所使用材料的材质、规格、性能、有害物质限量及木材的燃烧性能等级和含水率应符合设计要求及国家现行标准的有关规定。

检验方法:观察;检查产品合格证书、进场验收记录、性能检测报告和复验报告。

②窗帘盒和窗台板的造型、规格、尺寸、安装位置和固定方法必须符合设计要求。窗帘盒和窗台板的安装应牢固。

检验方法:观察;尺量检查;手扳检查。

③窗帘盒配件的品种、规格应符合设计要求,安装应牢固。

检验方法:手扳检查;检查进场验收记录。

(2)一般项目。

①窗帘盒和窗台板表面应平整、洁净、线条顺直、接缝严密、色泽一致,不得有裂缝、翘曲及损坏。

检验方法:观察。

②窗帘盒和窗台板与墙、窗框的衔接应严密,密封胶缝应顺直、光滑。

检验方法:观察。

③窗帘盒和窗台板安装的允许偏差和检验方法应符合表 4 - 56 的规定。

表 4 - 56　窗帘盒、窗台板和散热器罩安装的允许偏差和检验方法

项次	项目	允许偏差/mm	检验方法
1	水平度	2	用 1 m 水平尺和塞尺检查
2	上口、下口直线度	3	拉 5 m 线,不足 5 m 拉通线,用钢直尺检查
3	两端距窗洞口长度差	2	用钢直尺检查
4	两端出墙厚度差	3	用钢直尺检查

4.门窗套制作与安装工程

(1)主控项目。

①门窗套制作与安装所使用材料的材质、规格、花纹、颜色、性能、有害物质限量及木材的燃烧性能等级和含水率应符合设计要求及国家现行标准的有关规定。

检验方法:观察;检查产品合格证书、进场验收记录、性能检测报告和复验报告。

②门窗套的造型、尺寸和固定方法应符合设计要求,安装应牢固。

检验方法:观察;尺量检查;手扳检查。

(2)一般项目。

①门窗套表面应平整、洁净、线条顺直、接缝严密、色泽一致,不得有裂缝、翘曲及损坏。

检验方法:观察。

②门窗套安装的允许偏差和检验方法应符合表 4 - 57 的规定。

表 4-57　门窗套安装的允许偏差和检验方法

项次	项目	允许偏差/mm	检验方法
1	正、侧面垂直度	3	用 1 m 垂直检测尺检查
2	门窗套上口水平度	1	用 1 m 水平检测尺和塞尺检查
3	门窗套上口直线度	3	拉 5 m 线,不足 5 m 拉通线,用钢直尺检查

5.护栏和扶手制作与安装工程

(1)主控项目。

①护栏和扶手制作与安装所使用材料的材质、规格、数量和木材、塑料的燃烧性能等级应符合设计要求。

检验方法:观察;检查产品合格证书、进场验收记录和性能检测报告。

②护栏和扶手的造型、尺寸及安装位置应符合设计要求。

检验方法:观察;尺量检查;检查进场验收记录。

③护栏和扶手安装预埋件的数量、规格、位置以及护栏与预埋件的连接节点应符合设计要求。

检验方法:检查隐蔽工程验收记录和施工记录。

④护栏高度、栏杆间距、安装位置应符合设计要求。护栏安装应牢固。

检验方法:观察;尺量检查;手扳检查。

⑤栏板玻璃的使用应符合设计要求和现行行业标准《建筑玻璃应用技术规程》(JGJ 113—2015)的规定。

检验方法:观察;尺量检查;检查产品合格证书和进场验收记录。

(2)一般项目。

①护栏和扶手转角弧度应符合设计要求,接缝应严密,表面应光滑,色泽应一致,不得有裂缝、翘曲及损坏。

检验方法:观察;手摸检查。

②护栏和扶手安装的允许偏差和检验方法应符合表 4-58 的规定。

表 4-58　护栏和扶手安装的允许偏差和检验方法

项次	项目	允许偏差/mm	检验方法
1	护栏垂直度	3	用 1 m 垂直检测尺检查
2	栏杆间距	0,-6	用钢尺检查
3	扶手直线度	4	拉通线,用钢直尺检查
4	扶手高度	+6,0	用钢尺检查

6.花饰制作与安装工程

(1)主控项目。

①花饰制作与安装所使用材料的材质、规格、性能、有害物质限量及木材的燃烧性能等级和含水率应符合设计要求及国家现行标准的有关规定。

检验方法:观察;检查产品合格证书、进场验收记录、性能检测报告和复验报告。

②花饰的造型、尺寸应符合设计要求。

检验方法:观察;尺量检查。

③花饰的安装位置和固定方法必须符合设计要求,安装应牢固。

检验方法:观察;尺量检查;手扳检查。

（2）一般项目。

①花饰表面应洁净，接缝应严密吻合，不得有歪斜、裂缝、翘曲及损坏。

检验方法：观察。

②花饰安装的允许偏差和检验方法应符合表4-59的规定。

表4-59 花饰安装的允许偏差和检验方法

项次	项目		允许偏差/mm		检验方法
			室内	室外	
1	条型花饰的水平度或垂直度	每米	1	3	拉线和用1m垂直检测尺检查
		全长	3	6	
2	单独花饰中心位置偏移		10	15	拉线和用钢直尺检查

习　题

1. 土方工程质量如何控制？

2. 灰土、砂石地基如何控制？

3. 强夯地基质量如何控制？

4. 桩基础质量如何控制？

5. 钢筋工程质量如何控制？

6. 模板工程质量如何控制？

7. 混凝土工程质量如何控制？

8. 砌筑工程质量如何控制？

9. 屋面防水工程质量如何控制？

10. 地下室防水工程质量如何控制？

11. 抹灰工程质量如何控制？

12. 饰面板（砖）工程质量如何控制？

13. 水下混凝土浇筑施工质量如何控制？

14. 钢筋代换应符合哪些方面的要求？

15. 钢筋绑扎搭接、机械连接和焊接接头的连接区段长度分别是多少？同一连接区段内，纵向受力钢筋的接头面积百分率应符合哪些要求？

16. 底模拆除时的混凝土强度有哪些要求？

17. 混凝土施工缝的位置设置？

18. 涂饰工程质量如何控制？

19. 砖砌体的转角处和交接处如何进行砌筑？

20. 砖砌体施工时不得在哪些墙体或部位设置脚手眼？

21. 模板拆除工程质量检验标准和检查方法是什么？

22. 屋面卷材防水层施工过程应检查哪些项目？

23. 饰面砖粘贴工程验收主控项目有哪些？

24. 抹灰工程的检验批应如何划分，检查数量应符合哪些规定？

25. 饰面板（砖）工程的检验批应如何划分，检查数量应符合哪些规定？

26. 涂饰工程的检验批应如何划分，检查数量应符合哪些规定？

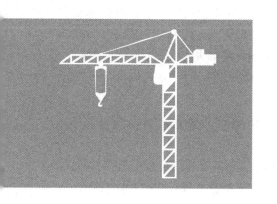

第二篇

建筑工程安全管理

第5章

安全管理基础知识

5.1 安全管理概述

安全生产,是一种生产经营单位的行为,是指在组织生产经营活动的过程中,为避免发生造成人员伤害和财产损失,而采取相应的事故预防和控制措施,以保证从业人员的人身安全,保证生产经营活动得以顺利进行的相关活动。

安全,对于人类来说,是一个极为重要的课题。因此,国际劳工组织每年都要召开由雇员、雇主、政府三方代表参加的国际性会议,重点研究减少事故、预防灾难的对策。美国的著名学者马斯洛曾经说过,人有五种需要:生理需要、安全需要、社交需要、尊重需要和自我实现需要。这就是说,人类在求得生存的基础上,接下来就是谋求安全的需要,可见安全对于人来说是何等重要。然而,人类的生存,必须靠生产劳动实践活动来获得物质和文化的需要。但是在生产劳动过程中,由于生产劳动的客观条件和人的主观状况,使得人类不得不面临各类危害人安全与健康的因素。

5.1.1 安全生产与安全管理

1.安全生产

安全,即没有危险,不出事故,是指人的身体健康不受伤害,财产不受损伤并保持完整无损的状态。安全可分为人身安全和财产安全两种情形。

安全生产是指在社会生产活动中,通过人、机、物料、环境的和谐运作,使生产过程中潜在的各种事故风险和伤害因素始终处于有效控制状态,切实保护劳动者的生命安全和身体健康。

2.安全生产管理

安全生产管理是管理的重要组成部分,是安全科学的一个分支。所谓安全生产管理,就是针对人们在生产过程中的安全问题,运用有效的资源,发挥人们的智慧,通过人们的努力,进行有关决策、计划、组织和控制等活动,实现生产过程中人与机器设备、物料、环境的和谐,达到安全生产的目标。

安全生产管理的目标是:减少和控制危害,减少和控制事故,尽量避免生产过程中由于事故所造成的人身伤害、财产损失、环境污染以及其他损失。安全生产管理包括安全生产法制管理、行政管理、监督检查、工艺技术管理、设备设施管理、作业环境和条件管理等方面。

安全生产管理的基本对象是企业的员工,涉及企业中的所有人员、设备设施、物料、环境、财务、信息等各个方面。安全生产管理的内容包括:安全生产管理机构和安全生产管理人员、安全生产责任制、安全生产管理规章制度、安全生产策划、安全培训教育、安全生产档案等。

5.1.2 安全生产管理的基本方针

1.安全生产管理方针的演变

安全生产管理的基本方针是"安全第一,预防为主,综合治理",其具体含义如下:

(1)安全第一。

"安全第一"的内涵就是要把安全生产工作放在第一位,不论在干什么、什么时候都要抓安全,任何事情都要为安全让路。各级行政正职是安全生产的第一责任人,必须亲自抓安全生产工作,确保把安全生产工作列在所有工作的前边。要正确处理好安全生产与效益的关系,当两者发生矛盾时,坚持"安全第一"的原则。

(2)预防为主。

"预防为主"的内涵主要是要求安全工作要做好事前预防,要依靠安全技术手段,加强安全科学管理,提高员工素质。从本质安全入手,加强危险源管理,有效治理隐患,强化事故预防措施,使事故得到预先防范和控制,保证生产安全化。

(3)综合治理。

把"综合治理"充实到安全生产方针之中,反映了近年来我国在进一步改革开放过程中,安全生产工作面临着多种经济所有制并存,而法制尚不健全完善、体制机制尚未理顺,以及急功近利只顾快速不顾其他的发展观与科学发展观体现的又好又快的安全、环境、质量等要求的复杂局面;充分反映了近年来安全生产工作的规律特点。所以要全面理解"安全第一、预防为主、综合治理"的安全生产方针,绝不可脱离当前我国面临的国情。

5.1.3 安全生产管理中的不安全因素

1.人的不安全因素

人的不安全因素,是指对安全产生影响的人的因素,即能够使系统发生故障或发生性能不良事件的人员、个人的不安全因素以及违背设计和安全要求的错误行为。人的不安全因素可分为个人的不安全因素和人的不安全行为两个大类。

(1)个人的不安全因素。

个人的不安全因素是指人员的心理、生理、能力中所具有的不能适应工作或作业岗位要求的影响安全的因素。个人的不安全因素主要包括以下几个方面:

①心理上的不安全因素,是指人在心理上具有影响安全的性格、气质和情绪,如急躁、懒散、粗心等。

②生理上的不安全因素,包括视觉、听觉等感觉器官,以及体能、年龄、疾病等不适合工作或作业岗位要求的影响因素。

③能力上的不安全因素,包括知识技能、应变能力、资格等不能适应工作或作业岗位要求的影响因素。

(2)人的不安全行为。

人的不安全行为是指造成事故的人为错误,是人为地使系统发生故障或发生性能不良事件,是违背设计和操作规程的错误行为。

在施工现场,不安全行为按《企业职工伤亡事故分类标准》(GB 6441—1986)可分为 13 个大类:

①操作失误,忽视安全,忽视警告;

②造成安全装置失效;

③使用不安全设备;

④用手代替工具操作;

⑤物体存放不当;

⑥冒险进入危险场所;

⑦攀、坐不安全位置;

⑧在起吊物下作业、停留;

⑨在机器运转时加油、修理、检查、调整、焊接、清扫等工作；

⑩有分散注意力行为；

⑪在必须使用个人防护用品、用具的作业或场合中，忽视其使用；

⑫不安全装束；

⑬对易燃、易爆等危险物品处理错误。

不安全行为产生的主要原因有系统、组织的原因，思想、责任心的原因，工作的原因，等等。诸多事故分析表明，绝大多数事故不是因技术解决不了造成的原因，多是违规、违章所致，是由于安全上降低标准、减少投入，安全组织措施不落实，不建立安全生产责任制，缺乏安全技术措施，没有安全教育、安全检查制度，不做安全技术交底，违章指挥、违章作业、违反劳动纪律等人为因素造成的，所以必须重视和防止产生人的不安全行为。

2.施工现场物的不安全状态

物的不安全状态是指能导致事故发生的物质条件，包括机械设备等物质或环境所存在的不安全因素。

(1)物的不安全状态的内容。

①物(包括机器、设备、工具等)本身存在的缺陷；

②防护保险方面的缺陷；

③物的放置方法的缺陷；

④作业环境场所的缺陷；

⑤外部的和自然界的不安全状态；

⑥作业方法导致的物的不安全状态；

⑦保护器具信号、标志和个体防护用品的缺陷。

(2)物的不安全状态的类型。

①防护等装置缺乏或有缺陷；

②设备、设施、工具、附件等有缺陷；

③个人防护用品、用具缺少或有缺陷；

④施工生产场地环境不良。

3.管理上的不安全因素

管理上的不安全因素，通常也称为管理上的缺陷，是事故潜在的不安全因素，作为间接的原因有以下六个方面：

(1)技术上的缺陷；

(2)教育上的缺陷；

(3)生理上的缺陷；

(4)心理上的缺陷；

(5)管理工作上的缺陷；

(6)教育和社会、历史上的原因造成的缺陷。

5.1.4 现代安全管理的特点

(1)安全管理的政策性。安全管理必须贯彻党和国家的安全生产方针，坚持安全第一、预防为主，执行安全生产政策，用方针导向，靠政策管理。

(2)安全管理的法规性。安全法规是指关于安全生产方面的各种规程、条例、决策、命令、规定、办法、技术标准及指标等，它是人们在生产过程中的行为准则。

(3)安全管理的权威性。根据"安全具有否决权"的原则和"强制"的观点,安全管理必须在实际工作中建立权威,做到有令则行,有禁则止。

(4)安全管理的思想性。生产系统由"人、管理、物资、环境"所组成,安全管理的重中之重是人,关键是做好人的思想工作,建立安全意识。

(5)安全管理的科学性。安全管理必须按照客观规律办事,才能获得成功,达到应有效果。如瓦斯爆炸必须具备三个条件在同一时空集合,否则就不发生,这就是科学性。

(6)安全管理的全面性。安全管理是一个动态系统的管理工作,忽视任何一个方面都不行。

(7)安全管理的复杂性。安全管理是对一个由自然、社会、工程三大系统所组成的复杂而庞大的人造系统做工作,涉及方方面面。

5.1.5 安全管理的范围与原则

1.施工现场安全管理的范围

安全管理的中心问题是保护生产活动中人的健康与安全以及财产不受损伤,保证生产顺利进行。

概括地讲,宏观的安全管理包括劳动保护、施工安全技术和职业健康安全,它们是既相互联系又相互独立的三个方面。劳动保护偏重于以法律、法规、规程、条例、制度等形式规范管理或操作行为,从而使劳动者的劳动环境与身体健康得到应有的法律保障。施工安全技术侧重于对劳动手段与劳动对象的管理,包括预防伤亡事故的工程技术和安全技术规范、规程、技术规定、标准条例等,以规范物的状态,减轻对人或物的威胁。职业健康安全着重于施工生产中粉尘、振动、噪音、毒物的管理,通过防护、医疗、保健等措施,防止劳动者的安全与健康受到有害因素的危害。

2.安全管理的原则

(1)管理生产的同时也要管理安全。

安全寓于生产之中,并对生产具有促进与保证作用。安全与生产虽有时会出现矛盾,但从安全、生产管理的目标、目的,则表现出高度的一致性和统一性。

安全管理是生产管理的重要组成部分,安全与生产两者存在着密切的联系,存在着进行共同管理的基础。

在《国务院关于加强企业生产中安全工作的几项规定》中指出,企业单位的各级领导人员在管理生产的同时,必须负责管理安全工作,并且企业中各有关专职机构,都应该在各自业务范围内,对实现安全生产的要求负责。

管理生产的同时也要管理安全,这不仅明确了各级领导人员的安全管理责任,同时,也明确了所有与生产有关的机构、人员业务范围内的安全管理责任。由此可见,所有与生产有关的机构、人员都必须参与安全管理并在管理中承担责任。所以,认为安全管理只是安全部门的事,是一种片面的、错误的认识。

(2)坚持安全管理的目的性。

进行安全管理不是处理事故,而是在生产活动中针对生产的特点,对生产因素采取管理措施,有效地控制不安全因素的发展与扩大,把可能发生的事故消灭在萌芽状态,以保证生产活动中人的安全与健康。

(3)必须贯彻预防为主的方针。

贯彻预防为主,首先要端正对生产中不安全因素的认识,端正消除不安全因素的态度,选准消除不安全因素的时机。在安排与布置生产内容的时候,针对施工生产中可能出现的危险因素,采取措施予以消除是最佳选择。在生产活动过程中,经常检查、及时发现不安全因素,采取措施,明确责任,尽快地、坚决地予以消除,是安全管理应有的鲜明态度。

（4）坚持"四全"动态原理。

安全管理不仅是少数人和安全机构的事,而是一切与生产有关的人共同的事。缺乏全员的参与,安全管理不会出现好的管理效果。当然,这并非否定安全管理第一责任人和安全机构的作用。生产组织者在安全管理中的作用固然重要,全员性参与管理也十分重要。因此,生产活动中必须坚持全员、全过程、全方位、全天候的动态安全管理。

（5）安全管理重在控制。

进行安全管理的目的是预防、消灭事故,防止或消除事故伤害,保护劳动者的安全与健康。在安全管理的四项主要内容中,虽然都是为了达到安全管理的目的,但是对生产因素状态的控制,与安全管理目的关系更直接,显得更为突出。因此,对生产中人的不安全行为和物的不安全状态的控制,必须看作是动态的安全管理的重点。事故的发生,是由于人的不安全行为运动轨迹与物的不安全状态运动轨迹的交叉。从事故发生的原理,也说明了对生产因素状态的控制,应该被当作安全管理重点,而不能把约束当作安全管理的重点,这是因为约束缺乏带有强制性的手段。

（6）在管理中发展提高。

既然安全管理是在变化着的生产活动中的管理,是一种动态。其管理就意味着是不断发展的、不断变化的,以适应变化的生产活动,消除新的危险因素。然而更为需要的是不间断地摸索新的规律,总结管理、控制的办法与经验,指导新的变化后的管理,从而使安全管理不断的上升到新的高度。

5.1.6　危险源

1.危险源的定义与分类

（1）危险源的定义。

危险源是各种事故发生的根源,是指可能导致死亡、伤害或疾病、财产损失、工作环境破坏或这些情况组合的根源或状态。它包括人的不安全行为、物的不安全状态、管理上的缺陷和环境上的缺陷等。该定义包括四个方面的含义：

①决定性。事故的发生以危险源的存在为前提,危险源的存在是事故发生的基础,离开了危险源就不会有事故。

②可能性。危险源并不必然导致事故,只有失去控制或控制不足的危险源才可能导致事故。

③危害性。危险源一旦转化为事故,会给生产和生活带来不良影响,还会对人的生命健康、财产安全及生存环境等造成危害。

④隐蔽性。危险源是潜在的,只有当事故发生时才会明确地显现出来。人们对危险源及其危险性的认识是一个不断总结教训并逐步完善的过程。

危险源是安全控制的主要对象,所以,有人把安全控制也称为危害控制或安全风险控制。

（2）危险源的分类。

对危险源进行分类,是为了便于进行危险源的识别与分析。危险源的分类方法有多种,可按危险源在事故发生过程中的作用、引起的事故类型、导致事故和职业危害的直接原因、职业病类别等分类。

①按危险源在事故发生过程中的作用分类。

在实际生活和生产过程中,危险源是以多种形式存在的,危险源导致的事故可归结为能量的意外释放和有害物质的泄漏。根据危险源在事故发生过程中的作用,可分为第一类危险源和第二类危险源。

第一类危险源是指可能发生意外释放能量的载体或危险物质。通常,把产生能量的能量源或拥有能量的能量载体作为第一类危险源来处理。

第二类危险源是指造成约束、限制能量措施失效或破坏的各种不安全因素。生产过程中的能量或危险物质受到约束或限制,在正常情况下不会发生意外释放,即不会发生事故。但是,一旦约束或限制能量或危险物质的措施受到破坏或失效(故障),则将发生事故。第二类危险源包括人的不安全行为、物的不安全状态和不利环境条件等三个方面。建筑工地的绝大部分危险和有害因素属于第二类危险源。

事故的发生是两类危险源共同作用的结果。第一类危险源是事故的前提,是事故的主体,决定事故的严重程度;第二类危险源的出现是第一类危险源导致事故的必要条件,决定事故发生的可能性大小。

②按引起的事故类型分类。

根据《企业职工伤亡事故分类标准》(GB 6441—1986),综合考虑事故的起因物、致害物、伤害方式等特点,将危险源及危险源造成的事故分为20类。施工现场危险源识别时,对危险源或其造成的伤害的分类多采用此分类法。具体分为:物体打击、车辆伤害、机械伤害、起重伤害、触电、淹溺、灼烫、火灾、高处坠落、坍塌、冒顶片帮、透水、放炮、火药爆炸、瓦斯爆炸、锅炉爆炸、容器爆炸、其他爆炸(化学爆炸、炉膛爆炸、钢水爆炸等)、中毒和窒息、其他伤害(扭伤、跌伤、野兽咬伤等)。在建设工程施工生产中,最主要的事故类型是高处坠落、物体打击、触电事故、机械伤害、坍塌事故、火灾和爆炸等。

2.危险源的辨别与判断

危险源辨识是识别危险源的存在并确定其特性的过程。施工现场辨别危险源的方法有专家调查法、安全检查表法、现场调查法、工作任务分析法、危险与可操作性研究、事件树分析、故障树分析等,其中现场调查法是主要采用的方法。

(1)危险源辨识的方法。

①专家调查法。

专家调查法是通过向有经验的专家咨询、调查,分析和评价危险源的一种方法。其优点是简便易行,缺点是受专家的知识、经验和现有资料的限制,可能出现遗漏。常用的方法有头脑风暴法和德尔菲法。

头脑风暴法是通过专家创造性的思考,从而产生大量的观点、问题和议题的方法。其特点是多人讨论,集思广益,采取专家会议的方式来相互启发、交换意见,使危险、危害因素的辨识更加细致、具体,可以弥补个人判断的不足。该方法常用于目标比较单纯的议题,如果涉及面较广,包含因素多时,可以分解目标,再对单一目标或简单目标使用该方法。

德尔菲法是采用背对背的方式对专家进行调查,主要特点是避免了集体讨论中的从众倾向,更代表专家的真实意见。此方法要求对调查的各种意见进行统计处理后,再反馈给专家征求意见。

②安全检查表法。

安全检查表法实际就是实施安全检查和诊断项目的明细表,运用已编制好的安全检查表进行系统的安全检查,辨识工程项目存在的危险源。检查表的内容一般包括分类项目、检查内容及要求、检查处理意见等。

安全检查表法的优点是简单易懂,容易掌握,可以事先组织专家编制检查项目,使安全检查做到系统化、完整化。其缺点是只能做出定性评价。

③现场调查法。

现场调查法是通过询问交谈、现场观察、查阅有关记录、获取外部信息等,加以分析研究来识别有关危险源的方法。

施工现场从事某项作业技术活动具有一定经验的人员,往往能指出其作业技术活动中的危险源,通过与其询问交谈,可初步分析出该项作业技术活动中存在的各类危险源。其中,查阅有关记录是指查阅企业的事故、职业病记录,可从中发现存在的危险源。获取外部信息是指从有关类似企业、类似项目、文献资料、专家咨询等方面获取有关危险源信息,以利于识别该工程项目施工现场有关的危险源。

通过对施工现场作业环境的现场观察,可发现其中存在的危险源,但这也要求从事现场观察的人员要具有安全生产、劳动保护、环境保护、消防安全、职业健康安全等法律法规、标准规范知识。

(2)危险源辨别时的注意事项。

①从范围上讲,危险源的分布应包括施工现场内受到影响的全部人员、活动与场所,以及受到影响的毗邻社区等,也包括相关方(包括分包单位、供应单位、建设单位、工程监理单位等)的人员、活动与场所可能施加的影响。从内容上讲,危险源的分布应涉及所有可能的伤害与影响,包括人为失误,物料与设备过期、老化、性能下降等造成的问题。从状态上讲,危险源的分布应考虑三种状态,即正常状态、异常状态、紧急状态。从时态上讲,危险源的分布应考虑三种时态,即过去、现在、将来。

②弄清危险源伤害的方式或途径,确认危险源伤害的范围,要特别关注重大危险源,防止遗漏,对危险源保持高度警觉,持续进行动态辨别。

③充分发挥全体员工对危险源辨别的作用,广泛听取每一位员工(包括供应商、分包商)的意见和建议,必要时还可征求设计单位、工程监理单位、专家和政府主管部门等的意见。

(3)风险评价方法。

风险是某一特定危险情况发生的可能性和后果的结合。风险评价是评估危险源所带来的风险大小及确定风险是否可容许的全过程,根据评价结果对风险进行分级,弄清楚高度风险、一般风险与可忽略风险,按不同级别的风险有针对性地进行风险控制。

风险评价应围绕可能性和后果两个方面综合进行。安全风险评价的方法很多,如专家评估法、作业条件危险性评价法、安全检查表法、预先危险分析法等,一般通过定量和定性相结合的方法进行危险源的评价。

①专家评估法。

专家评估法是组织有丰富知识,特别是有系统安全工程方面知识的专家与熟悉该工程项目施工生产工艺的技术和管理人员组成评价组,通过专家的经验和判断能力,对管理、人员、工艺、设备、设施、环境等方面已识别的危险源进行评价,提出对该工程施工安全有重大影响的重大危险源。

②定量风险评价法。

该方法是将安全风险的大小用事故发生的可能性 p 与事故后果的严重程度 f 的乘积来衡量。即

$$R = p \cdot f$$

式中:R——风险的大小;

P——事故发生的概率;

f——事故后果的严重程度。

根据估算结果,可按表 5-1 对风险的大小进行分级。

可能性	轻度损失(轻微伤害)	中度损失(伤害)	重大损失(严重伤害)
很大	Ⅲ	Ⅳ	Ⅴ
中等	Ⅱ	Ⅲ	Ⅳ
极小	Ⅰ	Ⅱ	Ⅲ

③作业条件危险性评价法。

该方法是通过与系统危险性有关的三个因素指标之积来评价作业条件的危险性。危险性以下式表示:

$$D=L \cdot E \cdot C$$

式中:L——发生事故的可能性大小,按表 5－2 取值;

E——人体暴露在危险环境中的频繁程度,按表 5－3 取值;

C——一旦发生事故会造成的后果,按表 5－4 取值;

D——风险值。

一般,D 值等于或大于 70 的显著危险、高度危险和极其危险统称为重大风险;D 值小于 70 的一般危险和稍有危险统称为一般风险,如表 5－5 所示。

表 5－2　发生事故的可能性大小

分数值	事故发生的可能性	分数值	事故发生的可能性
10	必然发生	0.5	很不可能,可以设想
6	相当可能	0.2	极不可能
3	可能,但不经常	0.1	实际不可能
1	可能性小,完全意外	—	—

表 5－3　人体暴露在危险环境中的频繁程度

分数值	暴露在危险环境的频繁程度	分数值	暴露在危险环境的频繁程度
10	连续暴露	2	每月一次暴露
6	每天工作时间内暴露	1	每年几次暴露
3	每周一次或偶然暴露	0.5	非常罕见暴露

表 5－4　发生事故产生的后果

分数值	发生事故产生的后果	分数值	发生事故产生的后果
100	大灾难,许多人死亡(10 人以上死亡,直接经济损失 100 万元～300 万元)	7	严重(伤残,经济损失 1 万元～10 万元)
40	灾难,多人死亡(3～9 人死亡,直接经济损失 30 万元～100 万元)	3	较严重(重伤,经济损失 1 万元以下)
15	非常严重(1～2 人死亡,直接经济损失 10 万元～30 万元)	1	引人关注,轻伤(损失 1～105 个工日的失能伤害)

表 5-5　危险性分值

D 值	危险程度	风险等级
>320	极其危险,不能继续作业	5
160~320	高度危险,要立即整改	4
70~160	显著危险,需整改	3
20~70	一般危险,需注意	2
<20	稍有危险,可以接受	1

危险等级的划分一般是经验判断,难免带有局限性,应用时需根据实际情况予以修正。作业条件危险性评价法示例如表 5-6 所示。

表 5-6　作业条件危险性评价法示例

序号	作业活动	危险因素	可能导致的事故	评分法									D	危险等级	是否确定为重大安全风险
				事故发生的可能性(L)			暴露的频繁程度(E)			后果及严重程度(C)					
				10	3	1	10	6	3	40	7	3			
1	主体工程施工	架体外防护层,层间防护未设防护栏、安全网、挡脚板	物体打击、高处坠落		√				√	√			360	5	
2		混凝土浇捣过程噪声	听力危害		√			√				√	27	2	
3		混凝土浇捣不按操作规程进行	机械伤害		√			√			√		63	2	
4		焊接过程中出现漏电,电线破皮,焊接火花、辐射、有害气体	触电、火灾、灼伤、视力伤害、中毒和窒息		√			√				√	54	2	

④安全检查表法。

该方法是将作业过程加以展开,列出各层次的不安全因素,然后确定检查项目,以提问的方式把检查项目按过程的组成顺序编制成表,按检查项目进行检查或评审。

(4)重大危险源的判断依据。

凡符合以下条件之一的危险源,均可判定为重大危险源:

①严重不符合法律法规、标准规范和其他要求的;

②相关方有合理抱怨和要求的;

③曾经发生过事故,且未采取有效防范控制措施的;

④直接观察到可能导致危险且无适当控制措施的;

⑤通过作业条件危险性评价,D 值大于 160 是高度危险的。

评价重大危险源时,应结合工程和服务的主要内容进行,并考虑日常工作中的重点。

安全风险评价结果应形成评价记录,一般可与危险源识别结果合并列表记录。对确定的重大危险源还应另列清单,并按优先考虑的顺序排列。

施工现场危险源识别、评价结果参见表5-7、表5-8。

表5-7 施工现场危险源识别、评价结果表示例(按作业活动分类编制)

序号	施工阶段	作业活动	危险源	可能导致的事故	风险级别	控制措施
1	基坑施工	土方机械	铲运机械行驶时驾驶室外载人	机具伤害	一般	管理程序、应急预案
2		土方机械	多台机械同时作业时,未空开安全距离	机具伤害	一般	管理程序、应急预案
3	结构施工	钢筋工程	钢筋机械无漏电保护器	触电	一般	管理程序、应急预案
4		钢筋工程	钢筋在吊运中未降到1m就靠近	物体打击	一般	管理程序、应急预案

表5-8 施工现场危险源识别、评价结果表示例(按造成的危害分类编制)

序号	危险源	可能对安全产生的影响	可能性			严重性			综合得分	评价结果	策划结果
			可能	不太可能	几乎不太可能	严重	重大	一般			
			3	2	1	3	2	1			
1	脚手板有探头板	高处坠落					√		4	一般	检查
2	脚手板不满铺	高处坠落	√					√	3	一般	检查
3	悬挑脚手架防护不严密	高处坠落	√				√		6	重大	控制

5.2 安全生产相关法律法规

5.2.1 建设工程法律法规体系

建设工程法律法规体系是指根据《中华人民共和国立法法》的规定,制定和公布施行的有关建设工程的各项法律、行政法规、地方性法规、自治条例、单行条例、部门规章和地方政府规章的总称。目前,这一体系已经基本形成。本节列举和介绍的主要是与建设工程安全有关的法律、行政法规、部门规章和工程建设相关标准,不涉及地方性法规、自治条例、单行条例和地方政府规章。

建设工程法律中的"法律"是指狭义的法律,是指由全国人民代表大会及其常务委员会通过的规范工程建设活动的法律规范,由国家主席签署主席令予以公布,在全国范围内施行,其地位和效力仅次于宪法。如《中华人民共和国建筑法》《中华人民共和国招标投标法》《中华人民共和国合同法》《中华人民共和国政府采购法》《中华人民共和国城市规划法》等。

建设工程行政法规是指由国务院根据宪法和法律制定的规范工程建设活动的各项法规,由总理签署国务院令予以公布,颁布后在全国范围内施行。如《建设工程安全生产管理条例》《建设工程勘察设计管理条例》等。

规章是行政性法律规范文件,根据其制定机关不同可分为两类:一类是部门规章,是由国务院组成部门及直属机构在其职权范围内制定的规范性文件、部门规章规定的事项属于执行法律或国务院的行政法规、决定、命令的事项;一类是地方政府规章,是由省、自治区、直辖市人民政府以及省、自治区人民政府所在地的市和经国务院批准的较大的市的人民政府依照法定程序制定的规范性文件。规章在各自的权限范围内施行。建设工程部门规章是指建设部按照国务院规定的职权范围,独立或同国务院有关部门联合根据法律和国务院的行政法规、决定、命令,制定的规范工程建设活动的各项规章,属于住建部制定的由部长签署住建部令予以公布。如《建设工程施工许可管理办法》等。

工程建设标准,是做好安全生产工作的重要技术依据,对规范建设工程各方责任主体的行为、保障安全生产具有重要意义。根据标准化法的规定,标准包括国家标准、行业标准、地方标准和企业标准。国家标准是指由国务院标准化行政主管部门或者其他有关主管部门对需要在全国范围内统一的技术要求制定的技术规范;行业标准是指国务院有关主管部门对没有国家标准而又需要在全国某个行业范围内统一的技术要求所制定的技术规范。

上述法律法规规章的效力是:法律的效力高于行政法规,行政法规的效力高于部门规章。工程建设标准的效力是:国家标准高于行业标准,行业标准高于地方标准,地方标准高于企业标准。

我们应当了解和熟悉我国建设工程法律、法规及规章体系,并熟悉和掌握其中与安全工作关系比较密切的法律、法规及规章,以便依法进行安全管理和规范自己的安全行为。

5.2.2　建设工程法律

建设工程法律主要包括:

(1)《中华人民共和国建筑法》;

(2)《中华人民共和国安全生产法》;

(3)《中华人民共和国合同法》;

(4)《中华人民共和国招标投标法》;

(5)《中华人民共和国土地管理法》;

(6)《中华人民共和国城乡规划法》;

(7)《中华人民共和国城市房地产管理法》;

(8)《中华人民共和国环境保护法》;

(9)《中华人民共和国环境影响评价法》。

1.《中华人民共和国建筑法》概述

《中华人民共和国建筑法》(以下简称《建筑法》)于1997年11月1日第八届全国人民代表大会常务委员会第28次会议通过,1997年11月1日中华人民共和国主席令第91号发布,自1998年3月1日起施行。2019年4月23日,根据第十三届全国人民代表大会常务委员会第十次会议《关于修改〈中华人民共和国建筑法〉等八部法律的决定》进行了修正。

《建筑法》总计85条,是我国第一部规范建筑活动的部门法律,它的颁布施行强化了建筑工程质量和安全的法律保障。

《建筑法》主要规定了建筑许可、建筑工程发包与承包、建筑工程监理、建筑安全生产管理、建筑工程质量管理及相应法律责任等方面的内容。

《建筑法》确立了安全生产责任制度、群防群治制度、安全生产教育培训制度、伤亡事故处理报告制度、安全责任追究制度。

2.《中华人民共和国安全生产法》概述

《中华人民共和国安全生产法》(以下简称《安全生产法》)于 2002 年 6 月 29 日由第九届全国人民代表大会常务委员会第 28 次会议通过,2002 年 6 月 29 日中华人民共和国主席令第 70 号公布,自 2002 年 11 月 1 日起施行。根据 2014 年 8 月 31 日第十二届全国人民代表大会常务委员会第 10 次会议通过全国人民代表大会常务委员会关于修改《中华人民共和国安全生产法》的决定进行了修订,自 2014 年 12 月 1 日起施行。

《安全生产法》是安全生产领域的综合性基本法,它是我国第一部全面规范安全生产的专门法律,是我国安全生产法律体系的主体法。

《安全生产法》中提供了四种监督途径,即工会民主监督、社会舆论监督、公众举报监督和社区服务监督。

《安全生产法》中明确了生产经营单位必须做好安全生产的保证工作;明确了从业人员为保证安全生产所应尽的义务;明确了从业人员进行安全生产所享有的权利;明确了生产经营单位负责人的安全生产责任;明确了对违法单位和个人的法律责任追究制度;明确了要建立事故应急救援制度,制定了应急救援预案,形成了应急救援预案体系。

5.2.3　建设工程行政法规

建设工程行政法规主要包括:

(1)《建设工程质量管理条例》;

(2)《建设工程安全生产管理条例》;

(3)《安全生产许可证条例》;

(4)《生产安全事故报告和调查处理条例》;

(5)《建设工程勘察设计管理条例》;

(6)《中华人民共和国土地管理法实施条例》。

1.《建设工程安全生产管理条例》

《建设工程安全生产管理条例》(以下简称《安全条例》)于 2003 年 11 月 12 日国务院第 28 次常务会议通过,自 2004 年 2 月 1 日起施行。

《安全条例》较为详细地规定了建设单位、勘察、设计、工程监理、其他有关单位的安全责任和施工单位的安全责任,以及政府部门对建设工程安全生产实施监督管理的责任等。

2.《安全生产许可证条例》

《安全生产许可证条例》于 2004 年 1 月 7 日经国务院第 34 次常务会议通过,自 2004 年 1 月 13 日起施行,2014 年 7 月 29 日进行了修订。

该条例的颁布施行标志着我国依法建立起了安全生产许可制度,其主要内容如下:国家对矿山企业、建筑施工企业和危险化品、烟花爆竹、民用爆破器材生产企业(以下统称企业)实行安全生产许可制度;企业取得安全生产许可证应当具备的安全生产条件;企业进行生产前,应当依照条例的规定向安全生产许可证颁发管理机关申请领取安全生产许可证,并提供条例第六条规定的相关文件和资料。

3.《生产安全事故报告和调查处理条例》

《生产安全事故报告和调查处理条例》于 2007 年 3 月 28 日国务院第 172 次常务会议通过,自 2007 年 6 月 1 日起施行。

该条例是为了规范生产安全事故的报告和调查处理,落实生产安全事故责任追究制度,防止和减少生产安全事故,根据《安全生产法》和有关法律而制定。

4.《国务院关于特大安全事故行政责任追究的规定》

《国务院关于特大安全事故行政责任追究的规定》于2001年4月21日由国务院第302号令公布,自公布之日起施行。

该规定的主要内容包括:各级政府部门对特大安全事故预防的法律规定、各级政府部门对特大安全事故处理的法律规定、各级政府部门负责人对特大安全事故应承担的法律责任。

5.《特种设备安全监察条例》

《特种设备安全监察条例》于2003年2月19日国务院第68次常务会议通过,2003年3月11日国务院令第373号公布,自2003年6月1日起施行。依《国务院关于修改〈特种设备安全监察条例〉的决定》(国务院令第549号)修订,修订版于2009年1月24日公布,自2009年5月1日起施行。

该条例规定了特种设备的生产、使用、检验检测及其监督检查都应当遵守该条例。

6.《国务院关于进一步加强安全生产工作的决定》概述

国务院于2004年1月9日发布了《国务院关于进一步加强安全生产工作的决定》(国发〔2004〕2号)。

该决定共23条,约6000字,分5部分,主要包括:提高认识,明确指导思想和奋斗目标;完善政策,大力推进安全生产各项工作;强化管理,落实生产经营单位安全生产主体责任;完善制度,加强安全生产监督管理;加强领导,形成齐抓共管的合力。

5.2.4 建设工程部门规章

建设工程部门规章主要包括:

(1)《工程监理企业资质管理规定》;

(2)《注册监理工程师管理规定》;

(3)《建设工程监理范围和规模标准规定》;

(4)《建筑工程设计招标投标管理办法》;

(5)《房屋建筑和市政基础设施工程施工招标投标管理办法》;

(6)《评标委员会和评标方法暂行规定》;

(7)《建筑工程施工发包与承包计价管理办法》;

(8)《建筑工程施工许可管理办法》;

(9)《实施工程建设强制性标准监督规定》;

(10)《房屋建筑工程质量保修办法》;

(11)《房屋建筑和市政基础设施工程竣工验收规定》;

(12)《建设工程施工现场管理规定》;

(13)《城市建设档案管理规定》;

(14)《建设行政处罚暂行规定》;

(15)《实施工程建设强制性标准监督规定》。

1.《建筑工程施工许可管理办法》

《建筑工程施工许可管理办法》由中华人民共和国住房和城乡建设部令第18号确定,自2014年10月25日起施行。

该办法共20条,规定了在中华人民共和国境内从事各类房屋建筑及其附属设施的建造,装修装饰和与其配套的线路、管道、设备的安装,以及城镇市政基础设施工程的施工,建设单位在开工前应当按要求申请领取施工许可证,未取得施工许可证的一律不得开工。

2.《建设行政处罚程序暂行规定》

《建设行政处罚程序暂行规定》于1999年2月3日由建设部第66号令发布,自发布之日起施行。

该规定共6章40条,其制定的依据是《中华人民共和国行政处罚法》,制定目的是保障和监督建设行政执法机关有效实施行政管理,保护公民、法人和其他组织的合法权益,促进建设行政执法工作的程序化、规范化。

3.《实施工程建设强制性标准监督规定》

《实施工程建设强制性标准监督规定》于2000年8月21日第27次建设部常务会议通过,自2000年8月25日起施行。

该规定共24条,主要规定了实施工程建设强制性标准的监督管理工作的政府部门,对工程建设各阶段执行强制性标准的情况实施监督的机构以及强制性标准监督检查的内容。

5.2.5　工程建设标准

工程建设标准主要包括:

(1)《建筑工程质量验收统一标准》(GB 50300—2013);

(2)《建筑施工企业安全生产管理规范》(GB 50656—2011);

(3)《建筑施工安全检查标准》(JGJ 59—2011);

(4)《施工企业安全生产评价标准》(JGJ T77—2010);

(5)《建筑施工高处作业安全技术规范》(JGJ 80—2016);

(6)《施工现场临时用电安全技术规范》(JGJ 46—2005);

(7)《建筑施工钢管扣件脚手架安全技术规范》(JGJ 130—2011);

(8)《建筑施工大模板技术规程》(JGJ 74—2003);

(9)《建筑机械使用安全技术规程》(JGJ 33—2012);

(10)《建筑施工起重吊装工程安全技术规范》(JGJ 276—2012)。

1.《建筑施工安全检查标准》

《建筑施工安全检查标准》(JGJ 59—2011)是强制性行业标准,于2011年实施。制定该标准的目的是为了科学地评价建筑施工安全生产情况,提高安全生产工作和文明施工的管理水平,预防伤亡事故的发生,确保职工的安全和健康,实现检查评价工作的标准化和规范化。

2.《施工企业安全生产评价标准》

《施工企业安全生产评价标准》(JGJ/T77—2010)是一部推荐性行业标准,于2010年实施。制定该标准的目的是为了加强对施工企业安全生产的监督管理,科学地评价施工企业安全生产业绩及相应的安全生产能力,实现施工企业安全生产评价工作的规范化和制度化,促进施工企业安全生产管理水平的提高。

5.3　安全生产管理制度

多年来,我国在建筑安全方面做了大量的工作,取得了显著的成绩,特别是制定了许多安全技术方面的制度,有效地预防和控制了安全事故的发生。然而随着国民经济的发展,建筑体量的增加,安全形势依然严峻。因此如何在有效的资源条件下,有效、高效地进行科学管理,是进一步提高我国建筑安全水平的关键所在。

5.3.1 建筑施工企业安全生产许可证制度

国家对建筑施工企业实行安全生产许可制度。建筑施工企业未取得安全生产许可证的,不得从事建筑施工活动。国务院建设主管部门负责中央管理的建筑施工企业安全生产许可证的颁发和管理。省、自治区、直辖市人民政府建设主管部门负责本行政区域内中央管理规定以外的建筑施工企业安全生产许可证的颁发和管理,并接受国务院建设主管部门的指导和监督。市、县人民政府建设主管部门负责本行政区域内建筑施工企业安全生产许可证的监督管理,并将监督检查中发现的企业违法行为及时报告安全生产许可证颁发管理机关。

(1)建筑施工企业取得安全生产许可证应具备安全生产条件。

①建立、健全安全生产责任制,制定完备的安全生产规章制度和操作规程;

②保证本单位安全生产条件所需资金的投入;

③设置安全生产管理机构,按照国家有关规定配备专职安全生产管理人员;

④主要负责人、项目负责人、专职安全生产管理人员经建设主管部门或者其他有关部门考核合格;

⑤特种作业人员经有关业务主管部门考核合格,取得特种作业操作资格证书;

⑥管理人员和作业人员每年至少进行一次安全生产教育培训并考核合格;

⑦依法参加工伤保险,依法为施工现场从事危险作业的人员办理意外伤害保险,为从业人员缴纳保险费;

⑧施工现场的办公、生活区及作业场所和安全防护用具、机械设备、施工机具及配件符合有关安全生产法律、法规、标准和规程的要求;

⑨有职业危害防治措施,并为作业人员配备符合国家标准或者行业标准的安全防护用具和安全防护服装;

⑩有对危险性较大的分部分项工程及施工现场易发生重大事故的部位和环节的预防、监控措施以及应急预案;

⑪有生产安全事故应急救援预案、应急救援组织或者应急救援人员,配备必要的应急救援器材、设备;

⑫法律、法规规定的其他条件。

(2)建筑施工企业申请安全生产许可证时,应当向建设主管部门提供以下材料:

①建筑施工企业安全生产许可证申请表;

②企业法人营业执照;

③第四条规定的相关文件、材料。

建筑施工企业申请安全生产许可证,应当对申请材料实质内容的真实性负责,不得隐瞒有关情况或者提供虚假材料。

建设主管部门应当自受理建筑施工企业的申请之日起45日内审查完毕;经审查符合安全生产条件的,颁发安全生产许可证;不符合安全生产条件的,不予颁发安全生产许可证,书面通知企业并说明理由。企业自接到通知之日起应当进行整改,整改合格后方可再次提出申请。

建设主管部门审查建筑施工企业安全生产许可证申请,涉及铁路、交通、水利等有关专业工程时,可以征求铁路、交通、水利等有关部门的意见。

安全生产许可证的有效期为3年。安全生产许可证有效期满需要延期的,企业应当于期满前3个月向原安全生产许可证颁发管理机关申请办理延期手续。

企业在安全生产许可证有效期内,严格遵守有关安全生产的法律法规,未发生死亡事故的,安全生产许可证有效期届满时,经原安全生产许可证颁发管理机关同意,不再审查,安全生产许可证有效期延期 3 年。

5.3.2 安全生产责任制度

安全生产责任制度是建筑生产中最基本的安全管理制度,是所有安全规章制度的核心。安全生产责任制度是将各种不同的安全责任落实到负责有安全管理责任的人员和具体岗位人员身上的一种制度。

安全生产责任制是根据我国的安全生产方针"安全第一、预防为主、综合治理"和安全生产法规建立的各级领导、职能部门、工程技术人员、岗位操作人员在劳动生产过程中对安全生产层层负责的制度。安全生产责任制是企业岗位责任制的一个组成部分,是企业中最基本的一项安全制度,也是企业安全生产、劳动保护管理制度的核心。实践证明,凡是建立健全了安全生产责任制的企业,各级领导重视安全生产、劳动保护工作,切实贯彻执行党的安全生产、劳动保护方针、政策和国家的安全生产、劳动保护法规,在认真负责地组织生产的同时,积极采取措施,改善劳动条件,工伤事故和职业性疾病就会减少。反之,就会职责不清,相互推诿,进而导致安全生产、劳动保护工作无人负责,无法进行,工伤事故与职业病就会不断发生。

1.如何建立安全生产责任制

建筑施工企业在一般情况下建立有公司和项目两级安全生产责任制。如设立了分公司、区域性公司等分支机构,也应建立相应的安全生产责任制。

(1)公司级安全生产责任。

①法人代表、总经理、分管生产副总经理;

②"三总师":即总工程师、总经济师、总会计师;

③生产计划部门;

④施工技术部门;

⑤设备材料部门;

⑥安全管理部门;

⑦消防保卫部门;

⑧劳动人事部门;

⑨医务卫生部门;

⑩行政后勤部门;

⑪宣传教育部门;

⑫财务部门;

⑬工会组织(工会虽不是行政职能部门,但对职工的劳动保护是主要工作职责之一,工会是在党组织的领导下,代表职工的利益对企业实行监督)。

(2)项目部安全生产责任。

①项目部经理、分管副经理;

②项目部技术负责人;

③项目部专职安全员;

④项目部消防保卫人员;

⑤项目部机管员(包括材料员);

⑥项目部各专业施工员及工长;

⑦各专业班组长;

⑧各专业班组工人。

2.相关人员的安全职责

建筑施工企业和工程项目部对建立的各级各部门各类人员的安全责任制,要制定检查和考核的办法,根据制定的检查和考核办法进行定期的检查、考核、登记,并作为评定安全生产责任制贯彻落实情况的依据。

(1)企业法人安全职责。

企业法人代表是企业安全生产第一责任人,对本企业安全生产工作负总责。

①认真贯彻执行有关安全生产法律法规、行业技术标准和有关安全规程,落实"安全第一、预防为主、综合治理"的安全生产方针。

②建立健全"三项制度"(劳动、人事、分配制度)并严格落实。当行业技术规程标准修改时或本行业工种、岗位发生变化时,要及时修改补充和完善。

③按有关规定,足额提取安全措施经费,保证企业安全生产资金的投入。

④按有关规定,设立安全组织机构,配备、配足安全生产管理人员。

⑤按有关规定,足额缴纳风险抵押金,为企业职工办理工伤保险。

⑥推行企业安全生产质量标准化,积极开展安全质量达标活动,保证企业安全生产。

⑦落实企业全体职工安全生产承诺制度,保证不漏岗位、不漏工种、不漏人员、人人承诺,履行安全生产职责,达到管理层人员不违章指挥,执行层人员不违章作业,不违反劳动纪律。

⑧安全生产事故的处理。发生事故,及时组织救援,配合调查处理。

(2)项目经理安全职责。

项目经理是项目安全生产的第一责任者,负责整个项目的安全生产工作,对所管辖工程项目的安全生产负直接领导责任。项目经理的职责包括:

①对合同工程项目施工过程中的安全生产负全面领导责任。

②在项目施工生产全过程中,认真贯彻落实安全生产方针政策、法律法规和各项规章制度,结合项目工程特点及施工全过程的情况,制定本项目工程各项安全生产管理办法,或有针对性地提出安全管理要求,并监督其实施;严格履行安全考核指标和安全生产奖惩办法。

③在组织项目工程业务承包、聘用业务人员时,必须本着加强安全工作的原则,根据工程特点确定安全工作的管理制度、配备人员,并明确各业务承包人的安全责任和考核指标,支持、指导安全管理人员的工作。

④健全和完善用工管理手续,录用外包工程队必须及时向有关部门请示申报;严格用工制度与管理,适时组织上岗安全教育,要对外包工程队人员的健康与安全负责,加强劳动保护工作。

⑤认真落实施工组织设计中的安全技术措施及安全技术管理的各项措施,严格执行安全技术审批制度,组织并监督项目工程施工中的安全技术交底制度和设备、设施验收制度的实施。

⑥领导、组织施工现场定期的安全生产检查,发现施工生产中不安全问题,组织采取措施及时解决。对上级提出的安全生产与管理方面的问题,要定时、定人、定措施予以解决。

⑦发生事故时,要及时上报,保护好现场,做好抢救工作,积极配合事故的调查,认真落实纠正与防范措施,吸取事故教训。

(3)项目专职安全员的职责。

项目专职安全员对项目工程生产经营中的安全生产负责。项目专职安全员的职责包括:

①负责施工现场安全生产日常检查并做好检查记录;

②监督危险性较大工程安全专项施工方案的实施情况;

③对作业人员违规违章行为有权予以纠正或查处；

④对施工现场存在的安全隐患有权责令立即整改；

⑤发现重大安全隐患，有权向企业安全管理机构报告；

⑥依法报告生产安全事故情况。

5.3.3 安全教育培训管理制度

1.安全教育的内容

安全教育的内容概括为三个方面：即思想政治教育，安全管理知识教育和安全技术知识、安全技能教育。

(1)思想政治教育。

思想政治教育包括思想教育、劳动纪律教育、法制教育。这是提高各级领导和广大职工政策水平、建立法制观念的重要手段，是安全教育的一项重要内容。

(2)安全管理知识教育。

安全管理知识教育包括安全生产方针政策、安全管理体制、安全组织结构及基本安全管理方法等。这是各级领导和管理人员应该掌握的必备内容。

(3)安全技术知识、安全技能教育。

①安全技术知识分为一般性和专业性安全技术知识。一般性安全技术知识是全体职工均应了解的安全技术知识；专业性安全技术知识是指进行各具体工种操作所需的安全技术知识。

②安全技能教育是指掌握安全技术知识后，在实际操作中对安全操作技能的训练，以便正确运用。

2.建筑施工企业三类人员考核任职制度

依据住房和城乡建设部《建筑施工企业主要负责人、项目负责人和专职安全生产管理人员安全生产管理规定》中华人民共和国住房和城乡建设部令第 17 号的规定，为贯彻落实《安全生产法》《建设工程安全生产管理条例》等法律法规，提高建筑施工企业主要负责人、项目负责人、专职安全生产管理人员(以下合称"安管人员")安全生产知识水平和管理能力，保证建筑施工安全生产，对建筑施工企业安管人员进行考核认定。安管人员应当经建设行政主管部门或者其他有关部门考核合格后方可任职，考核内容主要是安全生产知识和安全管理能力。

三类人员是指建筑施工企业的主要负责人、项目负责人、专职安全生产管理人员。企业主要负责人，是指对本企业生产经营活动和安全生产工作有决策权的领导人员。

项目负责人，是指取得相应注册执业资格，由企业法定代表人授权，负责具体工程项目管理的人员。

专职安全生产管理人员，是指在企业专职从事安全生产管理工作的人员，包括企业安全生产管理机构的人员和工程项目专职从事安全生产管理人员，以下简称"安管人员"。

(1)"安管人员"考核的管理工作及相关要求。

国务院住房城乡建设主管部门负责对全国"安管人员"安全生产工作进行监督管理。

县级以上地方人民政府住房城乡建设主管部门负责对本行政区域内"安管人员"安全生产工作进行监督管理。

"安管人员"应当通过其受聘企业，向企业工商注册地的省、自治区、直辖市人民政府住房城乡建设主管部门(以下简称考核机关)申请安全生产考核，并取得安全生产考核合格证书。安全生产考核不得收费。

申请参加安全生产考核的"安管人员"，应当具备相应文化程度、专业技术职称和一定安全生产工作经历,与企业确立劳动关系,并经企业年度安全生产教育培训合格。

安全生产考核包括安全生产知识考核和管理能力考核。

安全生产知识考核内容包括:建筑施工安全的法律法规、规章制度、标准规范,建筑施工安全管理基本理论等。

安全生产管理能力考核内容包括:建立和落实安全生产管理制度、辨识和监控危险性较大的分部分项工程、发现和消除安全事故隐患、报告和处置生产安全事故等方面的能力。

对安全生产考核合格的,考核机关应当在 20 个工作日内核发安全生产考核合格证书,并予以公告;对不合格的,应当通过"安管人员"所在企业通知本人并说明理由。

安全生产考核合格证书有效期为 3 年,证书在全国范围内有效。

证书式样由国务院住房城乡建设主管部门统一规定。

安全生产考核合格证书有效期届满需要延续的,"安管人员"应当在有效届满前 3 个月内,由本人通过受聘企业向原考核机关申请证书延续。准予证书延续的,证书有效期延续 3 年。

对证书有效期内未因生产安全事故或者违反本规定受到行政处罚,信用档案中无不良行为记录,且已按规定参加企业和县级以上人民政府住房城乡建设主管部门组织的安全生产教育培训的,考核机关应当在受理延续申请之日起 20 个工作日内,准予证书延续。

"安管人员"变更受聘企业的,应当与原聘用企业解除劳动关系,并通过新聘用企业到考核机关申请办理证书变更手续。考核机关应当在受理变更申请之日起 5 个工作日内办理完毕。

"安管人员"遗失安全生产考核合格证书的,应当在公共媒体上声明作废,通过其受聘企业向原考核机关申请补办。考核机关应当在受理申请之日起 5 个工作日内办理完毕。

"安管人员"不得涂改、倒卖、出租、出借或者以其他形式非法转让安全生产考核合格证书。

(2)"安管人员"安全生产考核要点。

2004 年 4 月,建设部印发了《建筑施工企业主要负责人、项目负责人和专职安全生产管理人员安全生产考核管理暂行规定》,以下结合该文件介绍"安管人员"的安全生产考核要求。

1　建筑施工企业主要负责人(A 类)

1.1　安全生产知识考核要点

1.1.1　建筑施工安全生产的方针政策、法律法规和标准规范。

1.1.2　建筑施工安全生产管理的基本理论和基础知识。

1.1.3　工程建设各方主体的安全生产法律义务与法律责任。

1.1.4　企业安全生产责任制和安全生产管理制度。

1.1.5　安全生产保证体系、资质资格、费用保险、教育培训、机械设备、防护用品、评价考核等管理。

1.1.6　危险性较大的分部分项工程、危险源辨识、安全技术交底和安全技术资料等安全技术管理。

1.1.7　安全检查、隐患排查与安全生产标准化。

1.1.8　场地管理与文明施工。

1.1.9　模板支撑工程、脚手架工程、建筑起重与升降机械设备使用、临时用电、高处作业和现场防火等安全技术要点。

1.1.10　事故应急预案、事故救援和事故报告、调查与处理。

1.1.11　国内外安全生产管理经验。

1.1.12　典型事故案例分析。

1.2　安全生产管理能力考核要点

1.2.1　贯彻执行建筑施工安全生产的方针政策、法律法规和标准规范情况。

1.2.2　建立健全本单位安全管理体系,设置安全生产管理机构与配备专职安全生产管理人员,以及领导带班值班情况。

1.2.3　建立健全本单位安全生产责任制,组织制定本单位安全生产管理制度和贯彻执行情况。

1.2.4　保证本单位安全生产所需资金投入情况。

1.2.5　制订本单位操作规程情况和开展施工安全标准化情况。

1.2.6　组织本单位开展安全检查、隐患排查,及时消除生产安全事故隐患情况。

1.2.7　与项目负责人签订安全生产责任书与目标考核情况,对工程项目负责人安全生产管理能力考核情况。

1.2.8　组织本单位开展安全生产教育培训工作情况,建筑施工企业主要负责人、项目负责人和专职安全生产管理人员和特种作业人员持证上岗情况,项目工地农民工业余学校创建工作情况,本人参加企业年度安全生产教育培训情况。

1.2.9　组织制订本单位生产安全事故应急救援预案,组织、指挥预案演练情况。

1.2.10　发生事故后,组织救援、保护现场、报告事故和配合事故调查、处理情况。

1.2.11　安全生产业绩。自考核之日,是否存在下列情形之一:

(1)未履行安全生产职责,对所发生的建筑施工一般或较大级别生产安全事故负有责任,受到刑事处罚和撤职处分,刑事处罚执行完毕不满五年或者受处分之日起不满五年的;

(2)未履行安全生产职责,对发生的建筑施工重大或特别重大级别生产安全事故负有责任,受到刑事处罚和撤职处分的;

(3)三年内,因未履行安全生产职责,受到行政处罚的;

(4)一年内,因未履行安全生产职责,信用档案中被记入不良行为记录或仍未撤销的。

1.3　考核内容与方式

1.3.1　考核内容包括安全生产知识考试、安全生产管理能力考核和安全生产管理实际能力考核等。

1.3.2　安全生产知识考试。

采用书面或计算机闭卷考试方式,内容包括安全生产法律法规、安全管理和安全技术等内容。其中,法律法规占50%,安全管理占40%,土建综合安全技术占6%,机械设备安全技术占4%。

1.3.3　安全生产管理能力考核。

(1)申请考核时,施工企业结合工作实际,对安全生产实际工作能力和安全生产业绩进行初步考核;

(2)受理企业申报后,建设主管部门结合日常监督管理和信用档案记录情况,对实际安全生产管理工作情况和安全生产业绩进行考核。

1.3.4　安全生产管理实际能力考核。

施工现场实地或模拟施工现场,采用现场实操和口头陈述方式,考核查找存在的管理缺陷、事故隐患和处理紧急情况等实际工作能力。

2　建筑施工企业项目负责人(B类)

2.1　安全生产知识考核要点

2.1.1 建筑施工安全生产的方针政策、法律法规和标准规范。

2.1.2 建筑施工安全生产管理、工程项目施工安全生产管理的基本理论和基础知识。

2.1.3 工程建设各方主体的安全生产法律义务与法律责任。

2.1.4 企业、工程项目安全生产责任制和安全生产管理制度。

2.1.5 安全生产保证体系、资质资格、费用保险、教育培训、机械设备、防护用品、评价考核等管理。

2.1.6 危险性较大的分部分项工程、危险源辨识、安全技术交底和安全技术资料等安全技术管理。

2.1.7 安全检查、隐患排查与安全生产标准化。

2.1.8 场地管理与文明施工。

2.1.9 模板支撑工程、脚手架工程、土方基坑工程、起重吊装工程,以及建筑起重与升降机械设备使用、施工临时用电、高处作业、电气焊(割)作业、现场防火和季节性施工等安全技术要点。

2.1.10 事故应急救援和事故报告、调查与处理。

2.1.11 国内外安全生产管理经验。

2.1.12 典型事故案例分析。

2.2 安全生产管理能力考核要点

2.2.1 贯彻执行建筑施工安全生产的方针政策、法律法规和标准规范情况。

2.2.2 组织和督促本工程项目安全生产工作,落实本单位安全生产责任制和安全生产管理制度情况。

2.2.3 保证工程项目安全防护和文明施工资金投入,以及为作业人员提供劳动保护用具和生产、生活环境情况。

2.2.4 建立工程项目安全生产保证体系,明确项目管理人员安全职责,明确建设、承包等各方安全生产责任,以及领导带班值班情况。

2.2.5 根据工程的特点和施工进度,组织制订安全施工措施和落实安全技术交底情况。

2.2.6 落实本单位的安全培训教育制度,创建项目工地农民工业余学校,组织岗前和班前安全生产教育情况。

2.2.7 组织工程项目开展安全检查、隐患排查,及时消除生产安全事故隐患情况。

2.2.8 按照《建筑施工安全检查标准》检查施工现场安全生产达标情况,以及开展安全标准化和考评情况。

2.2.9 落实施工现场消防安全制度,配备消防器材、设施情况。

2.2.10 按照本单位或总承包单位制订的施工现场生产安全事故应急救援预案,建立应急救援组织或者配备应急救援人员、器材、设备并组织演练等情况。

2.2.11 发生事故后,组织救援、保护现场、报告事故和配合事故调查、处理情况。

2.2.12 安全生产业绩。自考核之日,是否存在下列情形之一:

(1)未履行安全生产职责,对所发生的建筑施工一般或较大级别生产安全事故负有责任,受到刑事处罚和撤职处分,刑事处罚执行完毕不满五年或者受处分之日起不满五年的;

(2)未履行安全生产职责,对发生的建筑施工重大或特别重大级别生产安全事故负有责任,受到刑事处罚和撤职处分的;

(3)三年内,因未履行安全生产职责,受到行政处罚的;

(4)一年内,因未履行安全生产职责,信用档案中被记入不良行为记录或仍未撤销。

2.3　考核内容与方式

2.3.1　考核内容包括安全生产知识考试、安全生产管理能力考核和安全生产管理实际能力考核等。

2.3.2　安全生产知识考试。

采用书面或计算机闭卷考试方式,内容包括安全生产法律法规、安全管理和安全技术等内容。其中,法律法规占30%,安全管理占40%,土建综合安全技术占18%,机械设备安全技术占12%。

2.3.3　安全生产管理能力考核。

(1)申请考核时,施工企业结合工作实际,对安全生产实际工作能力和安全生产业绩进行初步考核;

(2)受理企业申报后,建设主管部门结合日常监督管理和信用档案记录情况,对实际安全生产管理工作情况和安全生产业绩进行考核。

2.3.4　安全生产管理实际能力考核。

施工现场实地或模拟施工现场,采用现场实操和口头陈述方式,考核查找存在的管理缺陷、事故隐患和处理紧急情况等实际工作能力。

3　建筑施工企业综合类专职安全生产管理人员

3.1　安全生产知识考核要点

3.1.1　建筑施工安全生产的方针政策、法律法规、规章制度和标准规范。

3.1.2　建筑施工安全生产管理、工程项目施工安全生产管理的基本理论和基础知识。

3.1.3　工程建设各方主体的安全生产法律义务与法律责任。

3.1.4　企业、工程项目安全生产责任制和安全生产管理制度。

3.1.5　安全生产保证体系、资质资格、费用保险、教育培训、机械设备、防护用品、评价考核等管理。

3.1.6　危险性较大的分部分项工程、危险源辨识、安全技术交底和安全技术资料等安全技术管理。

3.1.7　施工现场安全检查、隐患排查与安全生产标准化。

3.1.8　场地管理与文明施工。

3.1.9　事故应急救援和事故报告、调查与处理。

3.1.10　起重吊装、土方与筑路机械、建筑起重与升降机械设备,以及混凝土、木工、钢筋和桩工机械等安全技术要点;模板支撑工程、脚手架工程、土方基坑工程、施工临时用电、高处作业、电气焊(割)作业、现场防火和季节性施工等安全技术要点。

3.1.11　国内外安全生产管理经验。

3.1.12　典型事故案例分析。

3.2　安全生产管理能力考核要点

3.2.1　贯彻执行建筑施工安全生产的方针政策、法律法规、规章制度和标准规范情况。

3.2.2　对施工现场进行检查、巡查,查处建筑起重机械、升降设备、施工机械机具等方面违反安全生产规范标准、规章制度行为,监督落实安全隐患的整改情况;对施工现场进行检查、巡查,查处模板支撑、脚手架和土方基坑工程、施工临时用电、高处作业、电气焊(割)作业和季节性施工,以及施工现场生产生活设施、现场消防和文明施工等方面违反安全生产规范标准、规章制度行为,监督落实安全隐患的整改情况。

3.2.3 发现生产安全事故隐患,及时向项目负责人和安全生产管理机构报告,及时消除生产安全事故隐患情况。

3.2.4 制止现场违章指挥、违章操作、违反劳动纪律等行为情况。

3.2.5 监督相关专业施工方案、技术措施和技术交底的执行情况,督促安全技术资料的整理、归档情况。

3.2.6 检查施工现场作业人员安全教育培训和持证上岗情况。

3.2.7 发生事故后,参加抢救、救护和及时如实报告事故、积极配合事故的调查处理情况。

3.2.8 安全生产业绩。自考核之日起,是否存在下列情形之一:

(1)未履行安全生产职责,对所发生的建筑施工生产安全事故负有责任,受到刑事处罚和撤职处分,刑事处罚执行完毕不满三年或者受处分之日起不满三年的;

(2)三年内,因未履行安全生产职责,受到行政处罚的;

(3)一年内,因未履行安全生产职责,信用档案中被记入不良行为记录或仍未撤销的。

3.3 考核内容与方式

3.3.1 考核内容包括安全生产知识考试、安全生产管理能力考核和安全生产管理实际能力考核等。

3.3.2 安全生产知识考试。采用书面或计算机闭卷考试方式,内容包括安全生产法律法规、安全管理和安全技术等内容。其中,法律法规占20%,安全管理占40%,机械设备、土建综合安全技术占40%。

3.3.3 安全生产管理能力考核。

(1)申请考核时,施工企业结合工作实际,对安全生产实际工作能力和安全生产业绩进行初步考核;

(2)受理企业申报后,建设主管部门结合日常监督管理和信用档案记录情况,对实际安全生产管理工作情况和安全生产业绩进行考核。

3.3.4 安全生产管理实际能力考核。

施工现场实地或模拟施工现场,采用现场实操和口头陈述方式,考核查找存在的管理缺陷、事故隐患和处理紧急情况等实际工作能力。

5.3.4 安全施工方案编审制度

企业的技术负责人以及施工项目技术负责人,对施工安全负技术责任。企业应根据自身情况制订施工组织设计(方案)编制审批制度,对施工组织设计(方案)分级编制的具体内容,编制和审批的时限、权限等做出具体规定。

(1)施工组织设计应当包括下列主要内容:

①工程任务情况;

②施工总方案、主要施工方法、工程施工进度计划、主要单位工程综合进度计划和施工力量、机具及部署;

③施工组织技术措施,包括工程质量、安全防护以及环境污染防护等各种措施;

④施工总平面布置图;

⑤总包和分包的分工范围及交叉施工部署等。

施工组织设计编制审批的时限为工程开工前20天。

(2)安全施工组织设计编制要求如下:

①工程开工前,各工程项目部必须编写该工程施工组织设计,要根据工程特点以及所处的

环境情况编写,内容要全面具体,在此基础上编制出针对性较强的安全技术措施,对那些施工工艺复杂、专业性强的项目进一步编制专项安全施工技术措施(方案),为安全生产打下坚实基础。

②安全施工组织设计编制应根据工程特点、施工条件、施工工艺、机具设备的情况等综合因素进行全面考虑,编制出施工全过程的、全面的、具体的、具有可操作性的安全施工组织设计。在安全施工组织设计中,还应包括安全生产管理、文明施工及环保、卫生等方面的要求。

③工程专业性较强的项目,如打桩、基坑支护与土方开挖、支拆模板、起重吊装、脚手架、临时施工用电、塔吊、物料提升机、外用电梯等均要编制专项的安全施工组织设计。

④施工组织设计和专项技术方案必须由专业技术人员编制,经企业技术负责人组织技术、安全、计划、设备、材料等相关职能部门进行审核,总工程师审批,然后报送总监理工程师审批,特殊的工程还应由上级主管部门进行审批,签字盖章后方可实施。

⑤工地现场要根据施工组织设计组织施工,严格督促落实安全措施。施工过程中更改方案的,必须经原审批人员同意并形成书面方案。

5.3.5 安全技术交底制度

为贯彻落实国家安全生产方针、政策、规程规范、行业标准及企业各种规章制度,及时对安全生产、工人职业健康进行有效预控,提高施工管理、操作人员的安全生产管理、操作技能,努力创造安全生产环境。根据《安全生产法》《建设工程安全生产管理条例》《施工企业安全检查标准》等有关规定,结合企业实际,制定安全技术交底制度。

(1)工程开工前,由企业环境安全监督处与基层单位负责向项目部进行安全生产管理首次交底。

交底内容包括:

①国家和地方有关安全生产的方针、政策、法律法规、标准、规范、规程和企业的安全规章制度;

②项目安全管理目标、伤亡控制指标、安全达标和文明施工目标;

③危险性较大的分部分项工程及危险源的控制、专项施工方案清单和方案编制的指导、要求;

④施工现场安全质量标准化管理的一般要求;

⑤企业部门对项目部安全生产管理的具体措施要求。

(2)项目部负责向施工队长或班组长进行书面安全技术交底。

交底内容包括:

①项目各项安全管理制度、办法,注意事项、安全技术操作规程;

②每一分部、分项工程施工安全技术措施、施工生产中可能存在的不安全因素以及防范措施等,确保施工活动安全;

③特殊工种的作业、机电设备的安拆与使用,安全防护设施的搭设等,项目技术负责人均要对操作班组进行安全技术交底;

④两个以上工种配合施工时,项目技术负责人要按工程进度定期或不定期地向有关班组长进行交叉作业的安全交底。

(3)施工队长或班组长要根据交底要求,对操作工人进行针对性的班前作业安全交底,操作人员必须严格执行安全交底的要求。

交底内容包括:

①该工种安全操作规程;

②现场作业环境要求该工种操作的注意事项；

③个人防护措施等。

安全技术交底要全面、有针对性，符合有关安全技术操作规程的规定，内容要全面准确。安全技术交底要经交底人与接受交底人签字方能生效。交底字迹要清晰，必须本人签字，不得代签。

安全交底后，项目技术负责人、安全员、班组长等要对安全交底的落实情况进行检查和监督，督促操作工人严格按照交底要求施工，以防止违章作业现象发生。

5.3.6 安全检查与评分制度

工程项目安全检查是在工程项目建设过程中消除隐患、避免事故、改善劳动条件及提高员工安全生产意识的重要手段，是安全控制工作的一项重要内容。通过安全检查，可以发现工程中的危险因素，以便有计划地采取措施保证安全生产。施工项目的安全检查应由项目经理组织，并定期进行。

安全检查不仅是安全生产职能部门必须履行的职责，也是监督、指导和消除事故隐患、杜绝安全事故的有效方法和措施。《建筑施工安全检查标准》(JGJ 59—2011)对安全检查提出了如下要求：

(1)工程项目部应建立安全检查(定期、季节性)制度；

(2)安全检查应由项目负责人组织，专职安全员及相关专业人员参加，定期进行并填写检查记录；

(3)雨季、冬季应组织季节性专项检查；

(4)对检查中发现的事故隐患，应明确责任，定人、定时间、定措施限期整改完成。重大事故隐患应填写隐患整改通知单，按期整改落实。工地或相关部门应组织复查验证。

5.3.7 安全事故报告制度

《建设工程安全生产管理条例》规定："施工单位发生生产安全事故，应当按照国家有关伤亡事故报告和调查处理的规定，及时、如实地向负责安全生产监督管理的部门、建设行政主管部门或者其他有关部门报告；特种设备发生事故的，还应当同时向特种设备安全监督管理部报告。接到报告的部门应当按照国家有关规定，如实上报。"

1. 事故等级

根据生产安全事故造成的人员伤亡或者直接经济损失，事故一般分为以下等级：

(1)特别重大事故，是指造成30人以上死亡，或者100人以上重伤(包括急性工业中毒，下同)，或者1亿元以上直接经济损失的事故；

(2)重大事故，是指造成10人以上30人以下死亡，或者50人以上100人以下重伤，或者5000万元以上1亿元以下直接经济损失的事故；

(3)较大事故，是指造成3人以上10人以下死亡，或者10人以上50人以下重伤，或者1000万元以上5000万元以下直接经济损失的事故；

(4)一般事故，是指造成3人以下死亡，或者10人以下重伤，或者1000万元以下直接经济损失的事故。

2. 事故报告程序

发生生产安全事故后，其一般报告程序如图5-1所示。

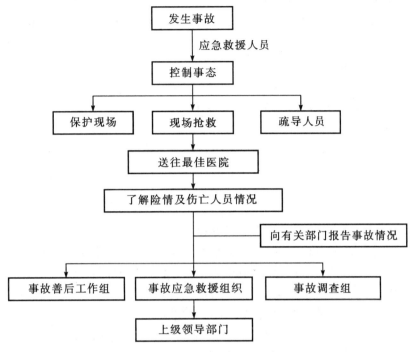

图5-1 安全事故报告程序

3.事故报告具体要求

事故报告应当及时、准确、完整,任何单位和个人对事故不得迟报、漏报、谎报或者瞒报。

对事故报告和调查处理中的违法行为,任何单位和个人有权向安全生产监督管理部门、监察机关或者其他有关部门举报,接到举报的部门应当依法及时处理。《生产安全事故报告和调查处理条例》中规定:

(1)事故发生后,事故现场有关人员应当立即向本单位负责人报告;单位负责人接到报告后,应当于1小时内向事故发生地县级以上人民政府安全生产监督管理部门和负有安全生产监督管理职责的有关部门报告。

情况紧急时,事故现场有关人员可以直接向事故发生地县级以上人民政府安全生产监督管理部门和负有安全生产监督管理职责的有关部门报告。

(2)安全生产监督管理部门和负有安全生产监督管理职责的有关部门接到事故报告后,应当依照下列规定上报事故情况,并通知公安机关、劳动保障行政部门、工会和人民检察院:

①特别重大事故、重大事故逐级上报至国务院安全生产监督管理部门和负有安全生产监督管理职责的有关部门;

②较大事故逐级上报至省、自治区、直辖市人民政府安全生产监督管理部门和负有安全生产监督管理职责的有关部门;

③一般事故上报至设区的市级人民政府安全生产监督管理部门和负有安全生产监督管理职责的有关部门。

安全生产监督管理部门和负有安全生产监督管理职责的有关部门依照(2)的规定上报事故情况,应当同时报告本级人民政府。国务院安全生产监督管理部门和负有安全生产监督管理职责的有关部门以及省级人民政府接到发生特别重大事故、重大事故的报告后,应当立即报告国务院。

必要时,安全生产监督管理部门和负有安全生产监督管理职责的有关部门可以越级上报事故情况。

（3）安全生产监督管理部门和负有安全生产监督管理职责的有关部门逐级上报事故情况，每级上报的时间不得超过2小时。

（4）报告事故应当包括下列内容：

①事故发生单位概况；

②事故发生的时间、地点以及事故现场情况；

③事故的简要经过；

④事故已经造成或者可能造成的伤亡人数（包括下落不明的人数）和初步估计的直接经济损失；

⑤已经采取的措施；

⑥其他应当报告的情况。

（5）事故报告后出现新情况的，应当及时补报。

自事故发生之日起30日内，事故造成的伤亡人数发生变化的，应当及时补报。道路交通事故、火灾事故自发生之日起7日内，事故造成的伤亡人数发生变化的，应当及时补报。

（6）事故发生单位负责人接到事故报告后，应当立即启动事故相应应急预案，或者采取有效措施，组织抢救，防止事故扩大，减少人员伤亡和财产损失。

（7）事故发生地有关地方人民政府、安全生产监督管理部门和负有安全生产监督管理职责的有关部门接到事故报告后，其负责人应当立即赶赴事故现场，组织事故救援。

（8）事故发生后，有关单位和人员应当妥善保护事故现场以及相关证据，任何单位和个人不得破坏事故现场、毁灭相关证据。

因抢救人员、防止事故扩大以及疏通交通等原因，需要移动事故现场物件的，应当做出标志，绘制现场简图并做出书面记录，妥善保存现场重要痕迹、物证。

（9）事故发生地公安机关根据事故的情况，对涉嫌犯罪的，应当依法立案侦查，采取强制措施和侦查措施。犯罪嫌疑人逃匿的，公安机关应当迅速追捕归案。

（10）安全生产监督管理部门和负有安全生产监督管理职责的有关部门应当建立值班制度，并向社会公布值班电话，受理事故报告和举报。

5.3.8 安全考核与奖惩制度

安全考核与奖惩是指企业的上级主管部门，包括政府主管安全生产的职能部门、企业内部的各级行政领导等按照国家安全生产的方针政策、法律法规和企业的规章制度等有关规定，按照企业内部各级实施安全生产目标控制管理时所下达的安全生产各项指标完成的情况，对企业法人代表及各责任人执行安全生产情况的考核与奖惩的制度。

安全考核与奖惩制度是建筑行业的一项基本制度。实践表明，只要全员安全生产的意识尚未达到较佳的状态，职工自觉遵守安全法规和制度的良好作风未能完全形成之前，实行严格的考核与奖惩制度是我们常抓不懈的工作。安全工作不但要责任到人，还要与员工的切身利益联系起来。安全考核与奖惩制度要体现在以下几个方面：

（1）项目部必须将生产安全和消防安全工作放在首位，列入日常安全检查、考核、评比的内容；

（2）对在生产安全和消防安全工作中成绩突出的个人给予表彰和奖励，坚持遵章必奖、违章必惩、权责挂钩、奖惩到人的原则；

（3）对未依法履行生产安全、消防安全职责，违反企业生产安全、消防安全制度的行为，按照有关规定追究有关责任人的责任；

（4）企业各部门必须认真执行安全考核与奖惩制度，增强生产安全和消防安全的约束机制，以确保安全生产；

（5）杜绝安全考核工作中弄虚作假、敷衍塞责的行为；

（6）按照奖惩对等的原则，对所完成的工作的良好程度给出结果并按一定标准给予奖惩；

（7）奖惩情况应及时张榜公示。

5.4　安全生产管理预案

健全安全生产管理预案体系是安全管理工作的重要内容之一。通过制订预案，可以有力地促进事故预防。

5.4.1　安全施工组织设计

1. 安全施工组织设计的编制内容

（1）工程概况；

（2）职业健康安全与环境目标（根据项目部与公司签订的安全责任书），包括健康安全目标、文明施工目标、环境目标；

（3）建立健全安全管理机制和规章制度；

（4）危险源的预防措施（根据工程实际情况先进行识别，然后编制预防措施）；

（5）施工现场布置及准备，包括安全技术准备、材料准备、施工现场悬挂"七牌二图"和其他宣传标语；

（6）分部分项工程安全技术措施：基坑工程、脚手架工程、钢筋工程、模板工程、混凝土工程、砌体工程、装修工程、防水工程、油漆工程、施工用电工程、屋面工程、"三宝四口五临边"的防护方法、起重吊装工程、挂篮施工、其他（根据实际编写）；

（7）机械安全管理（根据工程实际使用情况，然后编制安全管理制度）：包括搅拌机、电锯、混凝土振捣器、切割机、钢筋弯曲机、切断机、打夯机、电焊机、起重机械等的安全管理；

（8）消防安全措施；

（9）五大伤害控制措施（坍塌、触电、高处坠落、物体打击、机械伤害）；

（10）职业健康管理；

（11）文明施工与环境保护；

（12）季节性施工措施（根据工程计划进度表编制）；

（13）安全投入计划；

（14）特殊工种配备；

（15）施工平面布置图及安全生产保证体系；

（16）施工现场安全标志及消防器材平面布置图。

2. 安全施工组织设计编制要求

（1）建筑施工企业（工程项目部）在编制施工组织设计（施工方案）时，必须根据工程项目特点和施工现场实际，制订相应切实可行的安全技术措施和方案。

（2）建筑施工企业应严格按照住建部《危险性较大的分部分项工程安全管理办法》的要求，在危险性较大的分部分项工程施工前，单独编制安全专项施工方案。对于超过一定规模危险性较大的分部分项工程，施工单位应当组织专家对安全专项施工方案进行论证。

（3）危险性较大的分部分项工程安全专项施工方案包括以下内容：工程概况、编制依据、施工计划、施工工艺技术、施工安全保证措施、劳动力计划、计算书及相关图纸等。

（4）施工组织设计、安全技术措施或安全专项施工方案必须由专业技术人员编制，施工企业技术负责人审批签字盖章后，报监理企业总监理工程师（建设单位项目负责人）审查签字盖章后方可组织实施。施工过程中变更方案的，必须经原流程审批，批准后实施。施工组织设计、安全技术措施或安全专项施工方案按规定应当通过专家论证的，应组织专家论证，通过后按上述程序办理签字手续后方可实施。

（5）建筑施工企业应当对施工现场存在的危险源进行识别、评价，确认重大危险源，建立重大危险源监控、公示制度，落实责任人，并根据具体情况制定应急预案。

（6）建筑施工企业应建立健全安全技术交底制度。安全技术交底必须与下达施工任务同时进行。

（7）各分部分项工程及各工种施工作业前，项目部的技术人员应当向班组作业人员进行安全技术交底，形成书面资料，双方履行签字手续。专职安全生产管理人员应参加并检查实施情况。

（8）安全技术交底内容应包括：工程项目的作业环境、作业特点和危险源，针对危险源的预防措施、工作场所的安全防护设施、安全操作规程和标准、安全注意事项、发生事故后应及时采取的避难和急救措施等。安全技术交底应具体、明确、通俗易懂。

3.编制安全技术措施的主要内容

（1）安全技术措施。

①土方开挖。根据开挖深度和土的种类，选择开挖方法、确定边坡坡度和护坡支撑，护壁桩等，以防土方坍塌。

②脚手架的选用、搭设方案和安全防护设施。

③高处作业及独立悬空作业的安全防护。

④安全网（立网、平网）的架设要求、范围、架设层次、段落。

⑤垂直运输机具、塔吊、井架（龙门架）等垂直运输设备的位置及搭设、稳定性、安全装置等要求和措施。

⑥施工洞口及临边的防护方法，立体交叉施工作业区的隔离措施。

⑦场内运输道路及人行通道的布置。

⑧施工临时用电的组织设计和绘制临时用电图。

⑨施工机具的使用安全。

⑩模板工程的安装和拆除安全。

⑪防火、防毒、防爆、防腐等安全措施。

⑫正在建设的工程与周围人行通道及民房的防护隔离设置。

⑬其他。

（2）季节性施工安全措施。

①夏季安全技术措施：主要是预防中暑措施。

②雨季安全技术措施：主要包括防触电措施，防雷击措施，防脚手架、井字架（龙门架）倒塌，以及槽、坑、沟边坡坍塌的措施。

③冬期施工安全技术措施：主要包括施工及现场取暖锅炉安全运行措施、煤炉防煤气中毒措施，脚手架、井架（龙门架）、大模板、临建、塔吊等的防风倒塌措施，斜道、通行道、爬梯、作业面的防滑措施，现场防火措施，防误食亚硝酸钠等防冻剂中毒的措施。

4.**安全技术措施计划审批**

企业下属单位在编制年度生产、技术、财务计划的同时必须编制安全技术措施计划。凡申报的安全技术措施项目,应由技术部门提出申请,经有关部门审批,并报所在企业核准后方可执行。安全技术措施的计划范围,包括以改善劳动条件(主要指影响安全和健康的)、防止伤亡事故、预防职业病和职业中毒为目的的各项措施。安全技术措施项目所需的材料、设备应列入计划,并对每项措施确定实现的期限和负责人。企业领导人应对项目的计划、编制和贯彻执行负责。安全技术措施经费按照规定不得挪作他用。安全技术措施计划,必须切合实际,并组织定期检查,以保证计划的实现。

5.4.2　分部、分项工程安全技术交底

施工现场各分部(分项)工程在施工作业前必须进行安全技术交底。施工员在安排分部(分项)工程生产任务的同时,必须向作业人员进行有针对性的安全技术交底。各专业分包单位由施工管理人员向其作业人员进行作业前的安全技术交底。分部(分项)工程安全技术交底必须与工程同步进行。

分部(分项)工程安全技术交底必须贯穿于施工全过程并且要全方位。交底一定要细,要具体化,必要时要画大样图。

(1)主要的分部(分项)工程安全技术交底包括以下内容:

①地基与基础工程,包括:地基处理各分项工程安全技术交底,基坑开挖与间填的安全技术交底,基础各分项、钢筋、砌筑、模板、地下防水等工程安全技术交底,所需工种安全技术交底。

②主体结构工程,包括:模板支设与拆除、钢筋、混凝土、砌体、预制构件安装等工程安全技术交底,各类脚手架(落地式脚手架、悬挑架、挂架、门架、满堂架、附着式升降架等)、卸料平台、安全网、临边、洞口防护棚等防护设施的安全技术交底,所需施工机械、机具设备安全使用的安全技术交底,所需工种安全技术交底。

③屋面防水工程,包括:防水材料使用的安全技术交底,防止高处坠落的安全技术交底,所需工种安全技术交底。

④楼地面、室内外装饰及门面、水、暖、电气、通风空调安装工程,包括:照明及使用手持电动工具和小型施工机械防触电的安全技术交底,使用高凳、梯子、防护设施的安全技术交底,外窗与外檐油漆、安装玻璃等安全技术交底,易燃物防火及有毒涂料、油漆使用的安全技术交底,使用吊篮、脚手架的安全技术交底,主体交叉作业防护措施的安全技术交底。

2.**安全技术交底的要求**

安全技术交底使用范本时,应在补充交底栏内填写有针对性的内容,按分部(分项)工程的特点进行交底,不准留有空白。安全技术交底应按工程结构层次的变化反复进行,要针对每层结构的实际状况,逐层进行有针对性的安全技术交底。安全技术交底必须履行交底签字手续,由交底人签字,由被交底班组的集体签字认可,不准代签和漏签。安全技术交底必须准确填写交底作业部位和交底日期。

安全技术交底的签字记录,施工员必须及时提交给安全资料管理员。安全资料管理员要及时收集、整理和归档。施工现场安全员必须认真履行检查、监督职责。切实保证安全技术交底工作不流于形式,提高全体作业人员安全生产的自我保护意识。

安全技术交底应按分部(分项)工程并针对作业条件的变化具体进行。项目开工前,该项目的各级管理人员及施工人员必须接受安全生产责任制的交底工作。项目经理接受公司总经理的交底,项目其他人员接受项目经理的交底。

分包队伍进场后,总包方项目经理必须向分包方进行安全技术总交底。职工上岗前,项目施工负责人和安全管理人员必须做好该职工的岗位安全操作规程交底工作,做好分部(分项)的安全技术交底工作,并做好危险源交底及监控工作。安全技术交底指导生产安全的全过程,为使安全技术交底在施工中真正起到防止伤亡事故发生的作用,要求交底内容必须符合现场实际,并具有针对性。分部(分项)工程安全技术交底必须根据工程的特点,考虑施工工艺要求、施工环境、施工人员素质等因素进行。

安全技术交底必须实行逐级交底制度,开工前应将工程概况、施工方法、安全技术措施向全体职工详细交底,项目经理定期向参加施工人员进行交底,班组长每天要对工人提出施工要求,并进行作业环境的安全交底。为引起高度重视,真正起到预防事故发生的作用,交底必须有书面记录并履行签字手续。项目安全管理人员必须做好工种变换人员的安全技术交底工作。各项安全技术交底内容必须要完整,并有针对性。安全技术交底主要工作在正式作业前进行,不但要口头讲解,同时应有书面文字材料。

安全技术交底主要包括两方面的内容:一是在施工方案的基础上进行的,按照施工方案的要求,对施工方案进行细化和补充;二是要将操作者的安全注意事项讲明,保证操作者的人身安全。交底内容不能过于简单、千篇一律,流于形式。

各项安全技术交底内容必须记录在统一印制的表式上,写清交底的工程部位、工种及交底时间,交底人和被交底人的姓名,并履行签字手续,一式三份,施工负责人、生产班组、现场安全员三方各留一份。

5.4.3 施工安全事故的应急与救援

1. 事故应急预案的作用

制订事故应急预案是贯彻落实"安全第一、预防为主、综合治理"方针,提高应对风险和防范事故的能力,保证职工安全健康和公众生命安全,最大限度地减少财产损失、环境损害和社会影响的重要措施。

事故应急预案在应急系统中起着关键作用,它明确了在突发事故发生之前、发生过程中以及刚刚结束之后,谁负责做什么、何时做,以及相应的策略和资源准备等。它是针对可能发生的重大事故及其影响和后果的严重程度,为应急准备和应急响应的各个方面所预先作出的详细安排,是开展及时、有序和有效事故应急救援工作的行动指南。

(1)应急预案确定了应急救援的范围和体系,使应急管理不再无据可依、无章可循。尤其是通过培训和演习,可以使应急人员熟悉自己的任务,具备完成指定任务所需的相应能力,并检验预案和行动程序,评估应急人员的整体协调性。

(2)应急预案有利于作出及时的应急响应,降低事故后果。应急预案预先明确了应急各方的职责和响应程序,在应急资源等方面进行了先期准备,可以指导应急救援迅速、高效、有序地开展,将事故的人员伤亡、财产损失和环境破坏降到最低限度。

(3)应急预案是各类突发重大事故的应急基础。通过编制应急预案,可以对那些事先无法预料到的突发事故起到基本的应急指导作用,成为开展应急救援的"底线"。在此基础上,可以针对特定事故类别编制专项应急预案,并有针对性地开展专项应急准备活动。

(4)应急预案建立了与上级单位和部门应急救援体系的衔接。通过编制应急预案,可以确保当发生超过本级应急能力的重大事故时与有关应急机构的联系和协调。

(5)应急预案有利于提高风险防范意识。应急预案的编制、评审、发布、宣传、教育和培训,有利于各方了解可能面临的重大事故及其相应的应急措施,有利于促进各方提高风险防范意识和能力。

2. 事故应急预案的主要内容

应急预案是整个应急管理体系的反映,它不仅包括事故发生过程中的应急响应和救援措施,而且还应包括事故发生前的各种应急准备和事故发生后的短期恢复,以及预案的管理与更新等。《生产经营单位安全生产事故应急预案编制导则》(GB/T 29639—2013)第六条至第八条详细规定了综合应急预案、专项预案和处置方案的主要内容。

通常,完整的应急预案主要包括以下六个方面的内容:

(1)应急预案概况。

应急预案概况主要描述生产经营单位概况以及危险特性状况等,同时对紧急情况下应急事件、适用范围和方针原则等提供简述并做必要说明。应急救援体系首先应有一个明确的方针和原则来作为指导应急救援工作的纲领。方针与原则反映了应急救援工作的优先方向、政策、范围和总体目标,如保护人员安全优先、防止和控制事故蔓延优先、保护环境优先。此外,方针与原则还应体现事故损失控制、预防为主、统一指挥以及持续改进等思想。

(2)事故预防。

预防程序是对潜在事故、可能的次生与衍生事故进行分析并说明所采取的预防和控制事故的措施。

应急预案是有针对性的,具有明确的对象,其对象可能是某一类或多类可能的重大事故类型。应急预案的制订必须基于对所针对的潜在事故类型有一个全面系统的认识和评价,识别出重要的潜在事故类型、性质、区域、分布及事故后果,同时,根据危险分析的结果,分析应急救援的应急力量和可用资源情况,并提出建设性意见。

①危险分析。

危险分析的最终目的是要明确应急的对象(可能存在的重大事故)、事故的性质及其影响范围、后果严重程度等,为应急准备、应急响应和减灾措施提供决策和指导依据。危险分析包括危险识别、脆弱性分析和风险分析。危险分析应依据国家和地方有关的法律法规要求,根据具体情况进行。

②资源分析。

针对危险分析所确定的主要危险,明确应急救援所需的资源,列出可用的应急力量和资源,包括:各类应急力量的组成及分布情况,各种重要应急设备、物资的准备情况,上级救援机构或周边可用的应急资源。

通过资源分析,可为应急资源的规划与配备、与相邻地区签订互助协议和预案编制提供指导。

③法律法规要求。

有关应急救援的法律法规是开展应急救援工作的重要前提保障。编制预案前,应调研国家和地方有关应急预案、事故预防、应急准备、应急响应和恢复相关的法律法规文件,以作为预案编制的依据和授权。

(3)准备程序。

准备程序应说明应急行动前所需采取的准备工作,包括应急组织及其职责权限、应急队伍建设和人员培训、应急物资的准备、预案的演习、公众的应急知识培训、签订互助协议等。

应急预案能否在应急救援中成功地发挥作用,不仅仅取决于应急预案自身的完善程度,还依赖于应急准备的充分与否。应急准备主要包括各应急组织及其职责权限的明确、应急资源的准备、公众教育、应急人员培训、预案演练和互助协议的签署等。

①机构与职责。

为保证应急救援工作的反应迅速、协调有序,必须建立完善的应急机构组织体系,包括城市应急管理的领导机构、应急响应中心以及各有关机构部门等。对应急救援中承担任务的所有应急组织,应明确相应的职责、负责人、候补人及联络方式。

②应急资源。

应急资源的准备是应急救援工作的重要保障,应根据潜在事故的性质和危险分析,合理组建专业和社会救援力量,配备应急救援中所需的各种救援机械和装备、监测仪器、堵漏和清消材料、交通工具、个体防护装备、医疗器械和药品、生活保障物资等,并定期检查、维护与更新,保证始终处于完好状态。另外,对应急资源信息应实施有效的管理与更新。

③教育、培训与演习。

为全面提高应急能力,应急预案应对公众教育、应急训练和演习做出相应的规定,包括其内容、计划、组织与准备、效果评估等。

公众意识和自我保护能力是减少重大事故伤亡不可忽视的一个重要方面。作为应急准备的一项内容,应对公众的日常教育做出规定,尤其是位于重大危险源周边的人群,使他们了解潜在危险的性质和对健康的危害,掌握必要的自救知识,了解预先指定的主要及备用疏散路线和集合地点,了解各种警报的含义和应急救援工作的有关要求。

应急演习是对应急能力的综合检验。合理开展由应急各方参加的应急演习,有助于提高应急能力。同时,通过对演练的结果进行评估总结,有助于改进应急预案和应急管理工作中存在的不足,持续提高应急能力,完善应急管理工作。

④互助协议。

当有关的应急力量与资源相对薄弱时,应事先寻求与邻近区域签订正式的互助协议,并做好相应的安排,以便在应急救援中及时得到外部救援力量和资源的援助。此外,也应与社会专业技术服务机构、物资供应企业等签署相应的互助协议。

(4)应急程序。

在应急救援过程中,存在一些必需的核心功能和任务,如接警与通知、指挥与控制、警报和紧急公告、通信、事态监测与评估、警戒与治安、人群疏散与安置、医疗与卫生、公共关系、应急人员安全、消防和抢险、泄漏物控制等,无论何种应急过程都必须围绕上述功能和任务开展。

(5)现场恢复。

现场恢复也可称为紧急恢复,是指事故被控制住后所进行的短期恢复,从应急过程来说意味着应急救援工作的结束,进入到另一个工作阶段,即将现场恢复到一个基本稳定的状态。大量的经验教训表明,在现场恢复的过程中仍存在潜在的危险,如余烬复燃、受损建筑倒塌等,所以应充分考虑现场恢复过程中可能的危险。该部分主要内容应包括:宣布应急结束的程序;撤离和交接程序;恢复正常状态的程序;现场清理和受影响区域的连续检测;事故调查与后果评价等。

(6)预案管理与评审改进。

应急预案是应急救援工作的指导文件。应当对预案的制订、修改、更新、批准和发布做出明确的管理规定,保证定期或在应急演习、应急救援后对应急预案进行评审和改进,针对各种实际情况的变化以及预案应用中所暴露出的缺陷,持续地改进,以不断地完善应急预案体系。

以上这六个方面的内容相互之间既相对独立,又紧密联系,从应急的方针、策划、准备、响应、恢复到预案的管理与评审改进,形成了一个有机联系并持续改进的体系结构。这些要素是重大事故应急预案编制所应当涉及的基本方面,在编制时,可根据职能部门的设置和职责分配等具体情况,将要素进行合并或增加,以便更加符合实际。

3.应急预案的演练

应急演练是应急管理的重要环节,在应急管理工作中有着十分重要的作用。通过开展应急演练,可以实现评估应急准备状态,发现并及时修改应急预案、执行程序等相关工作的缺陷和不足;评估突发公共事件应急能力,识别资源需求,澄清相关机构、组织和人员的职责,改善不同机构、组织和人员之间的协调问题;检验应急响应人员对应急预案、执行程序的了解程度和实际操作技能,评估应急培训效果,分析培训需求。同时,作为一种培训手段,通过调整演练难度,可以进一步提高应急响应人员的业务素质和能力;促进公众、媒体对应急预案的理解,争取他们对应急工作的支持。

(1)应急演练的定义、目的与原则。

①定义。

应急演练是指各级政府部门、企事业单位、社会团体,组织相关应急人员与群众,针对待定的突发事件假想情景,按照应急预案所规定的职责和程序,在特定的时间和地域,执行应急响应任务的训练活动。

②目的。

A.检验预案。通过开展应急演练,查找应急预案中存在的问题,进而完善应急预案,提高应急预案的实用性和可操作性。

B.完善准备。通过开展应急演练,检查应对突发事件所需应急队伍、物资、装备、技术等方面的准备情况,发现不足及时予以调整补充,做好应急准备工作。

C.锻炼队伍。通过开展应急演练,增强演练组织单位、参与单位和人员等对应急预案的熟悉程度,提高其应急处置能力。

D.磨合机制。通过开展应急演练,进一步明确相关单位和人员的职责任务,理顺工作关系,完善应急机制。

E.科普宣教。通过开展应急演练,普及应急知识,提高公众风险防范意识和自救互救等灾害应对能力。

③原则。

结合实际,合理定位。紧密结合应急管理工作实际,明确演练目的,根据资源条件确定演练方式和规模。

着眼实战,讲求实效。以提高应急指挥人员的指挥协调能力、应急队伍的实战能力为着眼点,重视对演练效果及组织工作的评估、考核,总结推广好经验,及时整改存在问题。

精心组织,确保安全。围绕演练目的,精心策划演练内容,科学设计演练方案,周密组织演练活动,制定并严格遵守有关安全措施,确保演练参与人员及演练装备设施的安全。

统筹规划,厉行节约。统筹规划应急演练活动,适当开展跨地区、跨部门、跨行业的综合性演练,充分利用现有资源,努力提高应急演练效益。

(2)应急演练的组织与实施。

一次完整的应急演练活动要包括计划、准备、实施、评估总结和改进等五个阶段。

计划阶段的主要任务:明确演练需求,提出演练的基本构想和初步安排。

准备阶段的主要任务:完成演练策划,编制演练总体方案及其附件,进行必要的培训和预演,做好各项保障工作安排。

实施阶段的主要任务:按照演练总体方案完成各项演练活动,为演练评估总结收集信息。

评估总结阶段的主要任务:评估总结演练参与单位在应急准备方面的问题和不足,明确改进的重点,提出改进计划。

改进阶段的主要任务:按照改进计划,由相关单位实施落实,并对改进效果进行监督检查。

习 题

1. 简述安全生产方针及其含义。

2. 人的不安全因素包括哪些?

3. 简述安全管理的原则。

4. 简述危险源识别的注意事项。

5. 简述建设工程法律法规体系的构成。

6. 建设工程有关法律法规的法律效力高低如何排序?

7. 哪些分部分项工程施工单位应编制专项施工方案?

8. 超过一定规模的危险性较大的分部分项工程专项方案应当由施工单位组织召开专家论证会。哪些人员应参加该会议?

9. 建筑施工企业取得安全生产许可证,应当具备哪些安全生产条件?

10. 简述项目经理的安全职责。

11. 简述安全施工组织设计编制要求。

12. 简述事故分类等级。

13. 简述安全施工组织设计编制内容。

14. 简述季节性施工安全措施。

15. 简述安全技术交底的要求。

第6章

建筑施工安全技术措施

6.1 土方工程安全技术

土方工程是建筑工程的先导工程,是建筑施工主要的工种工程之一。它的施工过程包括土的开挖、运输、回填压实等施工过程。

土方工程多为露天作业,施工受当地气候条件的影响大,且土的种类繁多,成分复杂,工程地质及水文地质变化多,其对施工影响较大,不可确定的因素较多,加之施工条件复杂,稍有不慎易造成塌方、高处坠落、机械伤害等安全事故。因此,土方工程施工前,应对施工现场的条件进行充分的调查,并根据相关资料分析基坑周边环境因素,制订合理的土方工程施工方案,以确保施工安全。

6.1.1 土方开挖安全技术

1.土方工程施工方案

基坑土方开挖前,必须制订合理的施工方案,熟悉地形地貌,了解和分析基坑周边环境因素,根据地质勘探资料了解土层结构,根据基坑(槽)深度,制订相应的安全技术措施,确保施工安全。按照土方工程的深度、地下水位、土质情况及作业形式不同,需制订不同的施工方案,采取不同的安全措施。《建筑施工安全检查标准》(JGJ 59—2011)对基坑土方工程的施工方案提出了以下具体要求:

(1)基坑工程施工应编制专项施工方案,开挖深度超过3 m或虽未超过3 m但地质条件和周边环境复杂的基坑土方开挖、支护、降水工程,应单独编制专项施工方案。

(2)专项施工方案应按规定进行审核、审批。

(3)开挖深度超过5 m的基坑土方开挖、支护、降水工程或开挖深度虽未超过5 m但地质条件、周围环境复杂的基坑土方开挖、支护、降水工程专项施工方案,应组织专家进行论证。

(4)当基坑周边环境或施工条件发生变化时,专项施工方案应重新进行审核、审批。

2.土方开挖的一般安全技术

(1)施工前,应对施工区域内影响施工的各种障碍物,如建筑物、构筑物、道路、管线、旧基础、坟墓、树木等,进行拆除、清理或迁移,确保安全施工。不能拆除或迁移时应尽量避开,在现场电力、通信电缆、燃气、热力、给排水等管道2 m范围内施工,应采取安全保护措施,并应设专人监护。

(2)必要时应进行工程施工地质勘探,根据土质条件、地下水位、开挖深度、周边环境及基础施工方案等确定基坑(槽)安全边坡,制订固壁施工支护方案。

(3)当地质情况良好、土质均匀、地下水位低于基坑(槽)底面标高,且挖方深度在5 m以内时,可不加支撑,此时边坡最大坡度应按表6-1规定确定。

表 6-1　深度在 5 m 以内(包括 5 m)的基坑(槽)边不加支撑的最大坡度

土的类别	边坡坡度(高:宽)		
	坡顶无荷载	坡顶有静载	坡顶有动载
中密的砂土	1:1.00	1:1.25	1:1.50
中密的碎石类土(填充物为砂土)	1:0.75	1:1.00	1:1.25
硬塑的粉土	1:0.67	1:0.75	1:1.00
中密的碎石类土(填充物为黏土)	1:0.50	1:0.67	1:0.75
硬塑的粉质黏土、黏土	1:0.33	1:0.50	1:0.67
老黄土	1:0.10	1:0.25	1:0.33
软土(经井点降水后)	1:1.00	—	—

注:①静载是指堆土或材料等。动载是指机械挖土或汽车运输作业等。②若有成熟的经验或科学的理论计算并经试验证明者,可不受本表限制。③土质均匀且无地下水或地下水位低于基坑(槽)底面时,土壁不加支撑的垂直挖深不宜超过表 6-2 规定。

表 6-2　不加支撑基坑(槽)土壁垂直挖深规定

土的类别	深度/m
密实、中密的砂土和碎石类土(填充物为砂土)	1.00
硬塑、可塑的粉土和粉质黏土	1.25
硬塑、可塑的黏土和碎石类土(填充物为黏土)	1.50
坚硬的黏土	2.00

(4)当天然冻结的速度和深度能确保挖土的安全操作时,深度 4 m 以内的基坑(槽)开挖可以采用天然冻结法垂直开挖而不加设支撑,但干燥的砂土严禁采用冻结法施工。

(5)土方开挖宜从上到下分层分段依次进行。人工开挖时,两个人横向操作间距应保持 2～3 m,纵向间距不得小于 3 m,并应自上而下逐层挖掘,严禁采用掏空法(挖神仙土)进行挖掘操作。机械开挖时,两机间距应大于 10 m,并严格控制开挖面坡度和分层厚度,防止边坡和挖土机下的土体活动,且应至少保留 0.3 m 厚土层不挖,最后由人工修挖至设计标高。

(6)施工机械与基坑边沿的安全距离应符合设计要求。机械应停在坚实的地基上,距坑沟边沿不得小于 2 m,如地基过差,应采取走道板等加固措施。运土汽车不宜靠近基坑平行行驶,载重汽车与坑沟边沿距离不得小于 3 m。塔式起重机等振动较大的机械与坑沟边沿距离不得小于 6 m,防止塌方翻车。

(7)基坑边堆置土体、料具等荷载应在基坑支护设计允许范围内。当土质良好时,要距坑边 1 m 以外,堆放高度不能超过 1.5 m。

(8)上下垂直作业应按规定采取有效的防护措施。作业人员上下槽、坑、沟应先挖好阶梯或设木梯,不应踩踏土壁及支撑上下。梯道应设置扶手栏杆,梯道的宽度不应小于 1 m。在坑内作业,可根据坑的大小设置专用通道。施工间歇时不得在基坑脚下休息。

(9)施工作业区域应采光良好,不论白天还是夜间施工,均应设置足够的电器照明,电器照明应符合《施工现场临时用电安全技术规范》(JGJ 46—2012)的有关规定。

(10)挖土时要随时注意土壁的变异情况,如发现有裂纹或部分塌落现象,要及时进行支撑或改缓放坡,并注意支撑的稳固和边坡的变化。

3.特殊土方开挖的安全技术

(1)斜坡土挖方。

①土坡坡度要根据工程地质和土坡高度,结合当地同类土体的稳定坡度值确定;随时做成一定的坡势以利泄水,且不应在影响边坡稳定的范围内积水。

②斜坡土弃土应满足以下相关要求:

在斜坡上方弃土时,应保证挖方边坡的稳定。弃土堆应连续设置,其顶面应向外倾斜,以防山坡水流入挖方场地;但坡度陡于20%或在软土地区,禁止在挖方上侧弃土。

在挖方下侧弃土时,要将弃土堆表面整平,并向外倾斜,弃土表面要低于挖方场地的设计标高,或在弃土堆与挖方场地间设置排水沟,防止地表水流入挖方场地。

(2)滑坡地段挖方。

①施工前先了解工程地质勘察资料、地形、地貌及滑坡迹象等情况。

②尽量在旱季完成抗滑挡土墙施工,挡土墙基槽的开挖应分段进行,并加设支撑,开挖一段做好一段挡土墙。雨季不宜进行滑坡地段的挖方施工,同时不应破坏挖方上坡的自然植被,并要事先做好地面和地下排水设施。

③应遵循"先整治后开挖"的施工顺序,严禁先切除坡脚。开挖过程中如发现滑坡迹象(如裂缝、滑动等)时,应暂停施工,必要时,所有人员和机械要撤至安全地点。

(3)软土地区基坑挖方。

①施工前必须做好地面排水和降低地下水位工作,地下水位应降低至基底以下0.5～1.0 m后,方可开挖。降水工作应持续至回填完毕。

②相邻基坑(槽)或管沟开挖时,应遵循先深后浅或同时进行的施工顺序,并应及时做好基础。

③分层挖土过程中,应注意基坑土体的稳定,加强土体变形监测,防止由于挖土过快或边坡过陡使基坑中卸载过速、土体失稳等原因而引起桩身上浮、倾斜、位移、断裂等事故。

④基坑(槽)开挖后,应尽量减少对基土的扰动。如基础不能及时施工,可在基底标高以上留0.1～0.3 m土层不挖,待做基础前再挖除。

(4)膨胀土地区挖方。

①开挖前要做好排水工作,防止地表水、施工用水和生活废水浸入施工现场或冲刷边坡。

②开挖后的基土不允许受烈日暴晒或水浸泡。

③土方开挖、垫层铺设、基础施工及土方回填等工序要连续进行。

④采用砂垫层时,要先将砂浇水至饱和后再铺填夯实,不能采用在基坑(槽)或管沟内浇水使砂沉落的方法进行施工。

4.基坑防坠落安全技术

(1)深度超过2 m的基坑施工,周边必须安装防护栏杆,防护栏杆的规格、杆件连接、搭设方式等必须符合《建筑施工高处作业安全技术规范》(JGJ 80—2016)的规定;必要时应设置警示标志,配备监护人员。

(2)降水井口应设置防护盖板或围栏,并应设置明显的警示标志。夜间施工时,施工现场应根据需要安装照明设施,在危险地段应设置红灯警示。

(3)在基坑内无论是在坑底作业,还是攀登作业或悬空作业,均应有安全的立足点和防护措施。

(4)基坑较深,需要上下垂直同时作业的,应根据垂直作业层搭设作业架,各层用钢、木、竹板隔开,或采用其他有效的隔离防护措施,防止上层作业人员、土块或其他工具坠落伤害下层作业人员。

5.基坑降水

在地下水位较高的地区进行基础施工时,降低地下水位是一项非常重要的技术手段。

当基坑无支护结构防护时,通过降低地下水位保证基坑边坡稳定,防止地下水涌入坑内,阻止流砂现象发生。此时,降水会将基坑内外的局部水位同时降低,对基坑外周围建筑物、道路、管线会造成不利影响,设计时应充分考虑。

当基坑有支护围护时,一般仅通过坑内降水来降低地下水位。有支护结构围护的基坑,由于围护体的降水效果较好,且隔水帷幕伸入透水性差的土层一定深度,这种情况下降水类似盆中抽水。当封闭式的基坑内降水到一定的时间,待降水深度范围内的土体几乎无水可降时,降水的目的也即达到。降水过程中应注意:

(1)土方开挖前应保证一定时间的预抽水。

(2)降水深度必须考虑隔水帷幕的深度,防止产生管涌现象。

(3)降水过程中,必须与坑外观测井的监测密切配合,用观测数据来指导降水施工,避免隔水帷幕渗漏在降水过程中影响周围环境。

(4)注意施工用电安全。

6.1.2 基坑支护安全技术

在工程建设中,尤其是在软土地区的旧城改造项目和市区中心的高层、超高层建筑项目中,基坑支护已成为基础工程和地下工程施工的一个关键环节。为了节约用地,业主总是要求充分利用地下建筑空间,尽可能扩大使用面积,从而使得基坑越挖越深,并紧靠临近建筑。为确保深基坑的稳定和施工安全,基坑支护的设计与施工技术显得尤为重要。

国家有关部门提出,深基坑支护要进行结构设计,深度超过3 m或虽未超过3 m但地质条件和周边环境复杂的基坑支护工程,应单独编制专项施工方案;深度超过5 m或虽未超过5 m但地质条件和周围环境复杂的基坑支护工程专项施工方案,应组织专家进行论证。

1.基坑支护的安全等级

基坑支护设计时,应综合考虑基坑周边环境、地质条件的复杂程度、基坑深度等因素,按表6-3确定支护结构的安全等级。对同一基坑的不同部位,可采用不同的安全等级。

表6-3　支护结构的安全等级

安全等级	破坏后果	重要性系数
一级	支护结构失效、土体过大变形对基坑周边环境或主体结构施工安全的影响很严重	1.10
二级	支护结构失效、土体过大变形对基坑周边环境或主体结构施工安全的影响严重	1.00
三级	支护结构失效、土体过大变形对基坑周边环境或主体结构施工安全的影响不严重	0.90

2.基坑支护的选择

基坑的支护结构形式主要有支挡式结构支护(包括排桩、锚杆、支撑式及地下连续墙)、土钉墙支护、重力式挡墙结构支护等,各种支护结构的选择应综合考虑基坑深度、土的性状、地下水条件、基坑周边环境、基础形式、支护结构施工工艺、施工场地条件、经济指标、环保性能和施工工期等多方面因素。各类支护结构的适用条件如表6-4所示。

表6-4　各类支护结构的适用条件

结构类型		适用条件		
		安全等级	基坑深度、环境条件、土类和地下水条件	
支挡式结构	锚拉式结构	一级、二级、三级	适用于较深的基坑	1.锚杆不宜用在软土层和高水位的碎石土、砂土层中 2.当邻近基坑有建筑物地下室、地下构筑物等,锚杆的有效锚固长度不足时,不应采用锚杆 3.当锚杆施工会造成基坑周边建(构)筑物的损害或违反城市地下空间规划等规定时,不应采用锚杆 4.排桩适用于可采用降水或截水帷幕的基坑 5.地下连续墙宜同时用作主体地下结构外墙,并同时用于截水
	支撑式结构		适用于较深的基坑	
	悬臂式结构		适用于较浅的基坑	
	双排桩		当锚拉式、支撑式和悬臂式结构不适用时,可考虑采用	
	支护结构与主体结构结合的逆作法(地下结构外墙)		适用于基坑周边环境条件很复杂的深基坑	
土钉墙	单一土钉墙	二级、三级	适用于地下水位以上或经降水的非软土基坑,且基坑深度不宜大于12 m	当基坑潜在滑动面内有建筑物、重要地下管线时,不宜采用土钉墙
	预应力锚杆复合土钉墙		适用于地下水位以上或经降水的非软土基坑,且基坑深度不宜大于15 m	
	水泥土桩垂直复合土钉墙		适用于非软土基坑时,基坑深度不宜大于12 m;用于淤泥质土基坑时,基坑深度不宜大于6 m;不宜用在高水位的碎石土、砂土、粉土层中	
	微型桩垂直复合土钉墙		适用于地下水位以上或经降水的基坑,用于非软土基坑时,基坑深度不宜大于12 m;用于淤泥质土基坑时,基坑深度不宜大于6 m	
重力式挡墙		二级、三级	适用于淤泥质土、淤泥基坑,且基坑深度不宜大于7 m	

注:①当基坑不同部位的周边环境条件、土层性状、基坑深度等不同时,可在不同部位分别采用不同的支护形式。②支护结构可采用上、下部以不同结构类型组合的形式。

3.基坑支护的安全技术

(1)支护必须按设计位置进行安装,施工过程严禁随意变更,并应切实使围檩与挡土桩墙结合紧密。挡土板或板桩与坑壁间的回填土应分层回填夯实。

(2)支护的安装和拆除顺序必须与设计工况相符合,并与土方开挖和主体工程的施工顺序相配合。分层开挖时,应先支撑后开挖;同层开挖时,应边开挖边支撑。

(3)支护拆除前,应采取换撑措施,防止边坡卸载过快。

(4)钢筋混凝土支护其强度必须达设计要求(或达75%)后,方可开挖支撑面以下土方。

(5)钢结构支护必须严格材料检验和保证节点的施工质量,严禁在负荷状态下进行焊接。

(6)寒冷地区基坑设计应考虑土体冻胀力的影响。

(7)应合理布置锚杆的间距与倾角,锚杆上下间距不宜小于2.0 m,水平间距不宜小于1.5 m;锚杆倾角宜为15°～25°,且不应大于45°。最上一道锚杆覆土厚不得小于4 m。

(8)锚杆的实际抗拔力除经计算外,还应按规定方法进行现场试验后再确定;可采取提高锚杆抗力的二次压力灌浆工艺。

(9)采用逆做法施工时,要求其外围结构必须有自防水功能。基坑上部机械挖土的深度,应按地下墙悬臂结构的应力值确定;基坑下部封闭施工,应采取通风措施;当采用电梯间作为垂直运输的井道时,对洞口楼板的加固方法应由工程设计确定。

(10)采用逆做法施工时,应合理解决支撑上部结构的单柱单桩与工程结构的梁柱交叉及节点构造并在方案中预先设计,当采用坑内排水时必须保证封井质量。

6.1.3 基坑支护的监测

在进行基坑支护结构的施工和使用过程中,要做好相应的监测工作,这对稳定土壁,防止边坡塌方,保证基坑工程安全起到重要作用。

1. 基坑支护的监测内容

基坑支护的监测应根据支护结构类型和地下水的控制方法,按表6-5所示要求选择基坑监测项目,并应根据支护结构构件、基坑周边环境的重要性及地质条件的复杂性确定监测点部位及数量。选用的监测项目及其监测部位应能够反映支护结构的安全状态和基坑周边环境受影响的程度。

表 6-5 基坑监测项目选择

监测项目	支护结构的安全等级		
	一级	二级	三级
支护结构顶部水平位移	应测	应测	应测
基坑周边建(构)筑物、地下管线、道路沉降	应测	应测	应测
坑边地面沉降	应测	应测	宜测
支护结构深部水平位移	应测	应测	选测
锚杆拉力	应测	应测	选测
支撑轴力	应测	宜测	选测
挡土构件内力	应测	宜测	选测
支撑立柱沉降	应测	宜测	选测
支护结构沉降	应测	宜测	选测
地下水位	应测	应测	选测
土压力	宜测	选测	选测
孔隙水压力	宜测	选测	选测

注:表内各监测项目中,仅选择实际基坑支护形式所含有的内容。

2. 基坑支护的监测要求

在基坑开挖过程与支护结构使用期内,必须进行上述相关内容的监测。具体监测要求如下:

(1)基坑开挖前应做出系统的开挖监控方案,监控方案应包括监控目的、监控项目、监控报警值、监控方法及精度要求、检测周期、工序管理和记录制度以及信息反馈系统等。

(2)监控点的布置应满足监控要求。从基坑边线以外1~2倍开挖深度范围内需要保护的物体均应作为保护对象。

（3）监测项目在基坑开挖前应测得始值，且不应少于两次。基坑监测项目的监控报警值应根据监测对象的有关规范及支护结构设计要求确定。

（4）各项监测的时间可根据工程施工进度确定。当变形超过允许值，变化速率较大时，应加密观测次数。当有事故征兆时应连续监测。

（5）基坑开挖监测过程中应根据设计要求提供阶段性监测结果报告。工程结束时应提交完整的监测报告，报告内容应包括：工程概况、监测项目、各监测点的平面和立面布置图、采用的仪器设备、监测方法、监测数据的处理方法、监测过程曲线、监测结果评价等。

（6）基坑监测数据、现场巡查结果应及时整理和反馈。当出现下列危险征兆时应立即报警：

①支护结构位移达到设计规定的位移限值，且有继续增长的趋势。

②支护结构位移速率增长且不收敛。

③支护结构构件的内力超过其设计值。

④基坑周边建筑物、道路、地面的沉降达到设计规定的沉降限值，且有继续增长的趋势；基坑周边建筑物、道路、地面出现裂缝，或其沉降、倾斜达到相关规范的变形允许值。

⑤支护结构构件出现影响整体结构安全性的损坏。

⑥基坑出现局部坍塌。

⑦开挖面出现隆起现象。

⑧基坑出现流砂、管涌现象。

6.2　脚手架工程安全技术

脚手架是为建筑施工而搭设的用于上料、堆料、作业、安全防护、垂直和水平运输的结构架，它是施工现场应用最为广泛、使用最为频繁的一种临时结构设施。脚手架随建筑物的升高而逐层搭设，完工后再逐层拆除。建筑、安装工程都需要借助脚手架来完成，是建筑施工中必不可少的辅助设施。

由于其使用频率高，施工现场环境复杂，脚手架成为建筑施工中安全事故的多发部位，也是施工安全控制的重点。

6.2.1　脚手架工程安全生产要求

1.脚手架工程施工方案

脚手架搭设之前，应根据工程的特点和施工工艺确定脚手架搭设专项施工方案，并附设计计算书，经企业技术负责人审批并报监理工程师批准。脚手架施工方案应包括基础处理、搭设要求、杆件间距、连墙杆设置位置及连接方法，并绘制施工详图及大样图，以及脚手架的搭设和拆除的时间和顺序等内容。

脚手架工程安全专项施工方案编制程序如图6-1所示。

施工现场的脚手架必须按照施工方案进行搭设，因故改变脚手架类型时，必须重新修改脚手架施工方案，并经审批后方可施工。

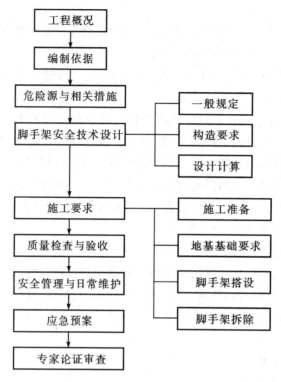

图 6-1　脚手架工程安全专项施工方案编制程序

2.脚手架安全生产的一般要求

(1)脚手架搭设前必须根据工程的特点按照规范、规定,制订施工方案和搭设的安全技术措施。

(2)脚手架的搭设和拆除属特种作业,必须由特种作业人员安全技术培训考核合格,领取特种作业人员操作证的专业架子工进行脚手架的搭设和拆除;并且作业时必须佩戴安全帽和安全带,脚穿防滑鞋。

(3)脚手架搭设前,工地施工员或安全员应根据施工方案和脚手架检查评分表的检查项目及扣分标准,并结合相关要求,完成书面交底资料,向持证上岗的架子工进行交底。

(4)大雾、雨、雪天气和 6 级以上大风时,不得进行脚手架上的高处作业。雨、雪天气过后作业时,必须采取安全防滑措施。钢管脚手架的高度超过周围建筑物或在雷暴较多的地区施工时,应安设防雷装置,其接地电阻应不大于 4 Ω。

(5)进行脚手架搭设作业时,应按形成基本构架单元的要求逐排、逐跨和逐步地进行搭设,矩形建筑周边脚手架宜从其中的一个角部开始向两个方向延伸搭设,以确保已搭部分稳定。脚手架分段搭设完毕后,必须经施工负责人组织有关人员按照施工方案及规范的要求进行检查验收。

(6)门式脚手架及其他纵向竖立面刚度较差的脚手架,在连墙点设置层宜加设纵向水平长横杆与连接件连接。

(7)架上作业荷载应满足规范或设计规定的荷载要求,严禁超载。一般结构脚手架不超过 3 kN/m²,装修脚手架不超过 2 kN/m²,维护脚手架不超过 1 kN/m²。架面荷载尽量均匀分布,避免荷载集中于一侧。过梁等墙体构件、较重的施工设备均不得存放在脚手架上;严禁将模板支撑、缆风绳、泵送混凝土及砂浆的输送管等固定在脚手架上;严禁任意悬挂起重设备。

(8)搭设脚手架所用的各种材料(包括杆件、扣件、脚手板、悬挑梁等)的材质、规格必须符合有关规范和施工方案的规定,并应有试验报告。

(9)脚手架经验收合格应办理验收手续,填写脚手架底层搭设验收表、脚手架中段验收表、脚手架顶层验收表,有关人员签字后,方准使用。验收不合格的应立即进行整改。对检查结果及整改情况,应按实测数据进行记录,并由检测人员签字。

3.脚手架的安全构造要求

钢管脚手架中,扣件式单排架搭设高度不宜超过 24 m,扣件式双排架一般不宜超过 50 m,门式架不宜超过 60 m。木脚手架中单排架不宜超过 20 m,双排架不宜超过 30 m。竹脚手架中不得搭设单排架,双排架不宜超过 35 m。脚手架还应满足下列构造要求:

(1)单双排脚手架的立杆纵距及水平杆步距不应大于 2.1 m,立杆横距不应大于 1.6 m。应按规定的间隔采用连墙件(或连墙杆)与主体结构连接,且在脚手架使用期间不得拆除。沿脚手架外侧应设剪刀撑,并与脚手架同步搭设和拆除。当双排扣件式钢管脚手架的搭设高度超过 24 m 时,应设置横向斜撑。

(2)门式钢管脚手架的顶层门架上部、连墙体设置层、防护棚设置处均应设置水平架。

(3)竹脚手架应设置顶撑杆,并与立杆绑扎在一起顶紧横向水平杆。

(4)脚手架高度超过 40 m,且有风涡流作用时,应设置抗风涡流上翻作用的连墙措施。

(5)脚手板必须按脚手架宽度铺满、铺稳,脚手板与墙面的间隙不应大于 200 mm。作业层脚手板的下方必须设置防护层,防止施工人员或物料坠落。

(6)作业层外侧,应按临边防护的规定设置防护栏杆和挡脚板(如图 6-2 所示)。防护栏杆由栏杆柱和上下两道横杆组成,上杆距脚手板高度为 1.0～1.2 m,下杆距脚手板高度为 0.5～0.6 m。在栏杆下边设置严密固定的高度不低于 180 mm 的挡脚板。

(7)脚手架应按规定采用密目式安全网封闭。

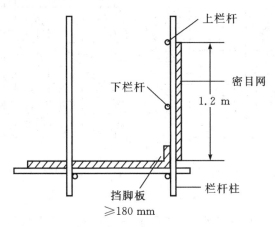

图 6-2　脚手架临边防护示意图

6.2.2　脚手架搭设安全技术

1.落地式脚手架搭设安全技术

落地式脚手架包括扣件式钢管脚手架、碗扣式钢管脚手架、门式钢管脚手架、承插型盘扣式钢管脚手架、满堂脚手架等。搭设落地式脚手架主要应满足下列要求:

(1)落地式脚手架的基础应坚实、平整,并应对其定期检查。立杆不埋设时,底部应设置垫板或底座,并设置纵、横向扫地杆。

(2)落地式脚手架连墙件应符合下列规定:

①扣件式钢管脚手架双排架高在 50 m 以下或单排架高在 24 m 以下,按不大于 40 m² 设置一处;双排架高在 50 m 以上,按不大于 27 m² 设置一处。连墙件布置最大间距见表 6-6。

表 6-6　连墙件布置最大间距

脚手架		竖向间距	水平间距	每根连墙件覆盖面积/m²
类型	高度/m			
双排	≤50 m	3 h	3 l_a	≤40
	>50 m	2 h	3 l_a	≤27
单排	≤24 m	3 h	3 l_a	≤40

注:h——步距;l_a——纵距。

②门式钢管脚手架的架高在 45 m 以下,基本风压不大于 0.55 kN/m²,按不大于 48 m² 设置一处;架高在 45 m 以下,基本风压大于 0.55 kN/m²,或架高在 45 m 以上,按不大于 24 m² 设置一处。

③一字形、开口形脚手架的两端,必须设置连墙件。连墙件必须采用可承受拉力和压力的刚性构造,并与建筑结构可靠连接。

(3)落地式脚手架剪刀撑及横向斜撑应符合下列规定:

①扣件式钢管脚手架应沿全高设置剪刀撑。架高在 24 m 以下时,沿脚手架长度间隔不大于 15 m 设置剪刀撑,如图 6-3(a)所示;架高在 24 m 以上时,沿脚手架全长连续设置剪刀撑,如图 6-3(b)所示,并设置横向斜撑;横向斜撑由架底至架顶呈"之"字形连续布置,沿脚手架长度间隔 6 跨设置一道。

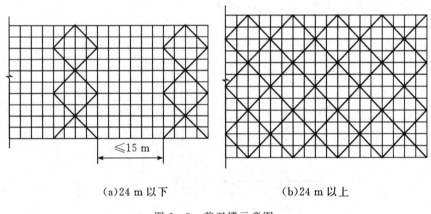

(a)24 m 以下　　　　　　　　(b)24 m 以上

图 6-3　剪刀撑示意图

②碗扣式钢管脚手架的架高在 24 m 以下时,按外侧框格总数的 1/5 设置斜杆;架高在 24 m 以上时,按框格总数的 1/3 设置斜杆。

③门式钢管脚手架的内外两个侧面除满设交叉支撑杆外,当架高超过 20 m 时,还应在脚手架外侧沿长度和高度连续设置剪刀撑,剪刀撑钢管与门架钢管规格一致。当剪刀撑钢管直径与门架钢管直径不一致时,应采用异型扣件连接。

④满堂扣件式钢管脚手架除沿脚手架外侧四周和中间设置竖向剪刀撑外,当脚手架高于 4 m 时,还应沿脚手架每两步高度设置一道水平剪刀撑。

⑤每道剪刀撑跨越立杆的根数宜按表 6-8 的规定确定。每道剪刀撑宽度不应小于 4 跨,且不应小于 6 m,斜杆与地面的倾角宜在 45°~60° 之间。

表6-7 剪刀撑跨越立杆的最多根数

剪刀撑斜杆与地面的倾角(α)	45°	50°	60°
剪刀撑跨越立杆的最多根数(h)	7	6	5

(4)扣件式钢管脚手架的主节点处必须设置横向水平杆,且在脚手架使用期间严禁拆除。单排脚手架横向水平杆插入墙内长度不应小于180 mm。

(5)钢管脚手架的立杆需要接长时,应采用对接扣件连接(如图6-4所示),严禁采用绑扎搭接。大横杆需要接长时,可采用对接扣件连接,也可采用搭接(如图6-5所示),但搭接长度不应小于1000 mm,并应等间距设置3个旋转扣件固定。剪刀撑需要接长时,应采用搭接方法,搭接长度不小于1000 mm,搭接扣件不少于2个。脚手架的各杆件接头处传力性能差,接头应错开,不得设置在一个平面内。

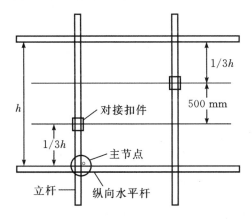

图6-4 立杆对接扣件布置示意图

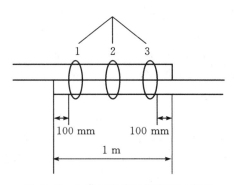

图6-5 大横杆搭接扣件布置示意图

2.悬挑式脚手架搭设安全技术

悬挑式脚手架的搭设,除满足落地扣件式脚手架的一般要求外,还应满足下列要求:

(1)悬挑立杆应按施工方案的要求与建筑结构连接牢固,禁止与模板系统的立柱连接。立杆的底部必须支撑在牢固的地方,并采取措施防止立杆底部发生位移。

(2)悬挑式脚手架的悬挑梁是关键构件,对悬挑式脚手架的稳定与安全使用起至关重要的作用,悬挑梁应按立杆的间距布置,设计图纸对此应明确规定。

(3)当采用悬挑架结构时,支撑悬挑架架设的结构构件应能够承受悬挑架传给它的水平力和垂直力的作用。若根据施工需要只能设置在建筑结构的薄弱部位时,应加固结构,并设拉杆或压杆,将荷载传递给建筑结构的坚固部位。悬挑架与建筑结构的固定方法必须经计算确定。

(4)单层悬挑式脚手架须在作业层脚手板下面挂一道安全平网作为防护层,安全平网应每隔3 m设一根支杆,支杆与地面保持45°。网应外高内低,网与网之间必须拼接严密,网内杂物要随时清除;多层悬挑式脚手架应按落地式脚手架的要求,在作业层下原作业层上满铺脚手板,铺设方法应符合规程要求,不得有空档和探头板。

(5)悬挑式脚手架立杆间距、倾斜角度应符合施工方案的要求,不得随意更改,脚手架搭设完毕须经有关人员验收合格后,方可投入使用。

(6)悬挑式脚手架操作层上,施工荷载要堆放均匀,不应集中,并不得存放大宗材料或过重的设备。

3. 附着式升降脚手架搭设安全技术

附着式升降脚手架搭设安全主要从架体自身构造、附着支撑构造、升降装置、防坠落防倾斜装置等方面提出要求。

(1)附着式升降脚手架要有定型的主框架和相邻两主框架中间的定型支撑框架(即架底梁架),主框架间脚手架的立杆应将荷载直接传递到支撑框架上,支撑框架必须以主框架作为支座,再将荷载传递到主框架上。组成竖向主框架和架底梁架的杆件必须有足够的强度和刚度,杆件的节点必须为刚性连接,以保证框架的刚度,使之工作时不变形,确保传力的可靠性。

(2)架体部分通常按落地式脚手架的要求进行搭设,架宽 0.9～1.1 m,立杆间距不大于1.5 m,直线布置的架体支承跨度不应大于 8 m;折线或曲线布置的架体支承跨度不应大于5.4 m;支承跨度与架高的乘积不大于 110 m²;按规定设置剪刀撑和连墙杆。

(3)主框架应在每个楼层设置固定拉杆和连墙连接螺栓,连墙杆垂直距离不大于 4 m,水平间距不大于 6 m。

(4)附着支撑又称钢挑架,其与结构的连接质量必须满足设计要求,做到严密、平整、牢固。钢挑架上的螺栓与墙体连接应牢固,采用梯形螺纹螺栓,以保证螺栓的受力性能;采用双螺帽连接,螺杆露出螺母应不少于 3 扣,或加弹簧垫圈紧固,以防止滑脱;螺杆严禁焊接使用。

(5)同步升降一般使用电动葫芦,必须设置同步升降装置,以控制脚手架平稳升降。有两个吊点的单跨脚手架升降可使用手动葫芦;当使用 3 个或 3 个以上的葫芦群吊时,不得使用手动葫芦,以防因不同步而导致的安全事故。

(6)升降时,架体上不准堆放模板、钢管等物,架体上不准站人,架子作业区下方不得有人。架体的附着支撑装置应成对设置,保证架体处于垂直稳定状态。

(7)升降机构中使用的索具、吊具的安全系数不得小于 6.0。

(8)脚手架在升降时,为防止发生断绳、折轴等故障而引起坠落,必须设置防坠落装置。防坠落装置应设置在竖向主框架部位,且每一竖向主框架提升设备处必须设置一个。防坠装置与提升设备分别设置在两套附着支承结构上,若有一套失效,另一套能独立承担全部坠落荷载。

(9)整体升降脚手架必须设置防倾斜装置,防止架体内外倾斜,保证脚手架升降运行平稳、垂直。防倾斜装置应具有足够的刚度。

(10)防坠落、防倾斜装置应进行现场动作试验,以确认其动作可靠、灵敏,符合设计要求。

4. 吊篮脚手架工程主要安全技术

(1)挑梁一般用工字钢或槽钢制成,用 U 形锚环或预埋螺栓与主体结构固定牢靠。挑梁的挑出端应高于固定端,挑梁之间纵向用钢管或其他材料连接成一个整体。

(2)挑梁挑出长度应使吊篮钢丝绳垂直于地面。必须保证挑梁抵抗力矩大于倾覆力矩的 3倍。当挑梁采用压重时,配重的位置和重力应符合设计要求,并采取固定措施。

(3)吊篮平台可采用焊接或螺栓连接进行组装。组装后应经加载试验,确认合格后方可使用,有关参加试验人员须在试验报告上签字。脚手架上须标明允许加载的重量。

(4)电动(手动)葫芦必须有产品合格证和说明书,非合格产品不得使用。

(5)使用手动葫芦时应设置保险卡,保险卡要能有效地限制手动葫芦的升降,防止吊篮平台发生下滑。

(6)吊篮平台组装完毕经检查合格后,接上钢丝绳,同时将提升钢丝绳和保险绳分别插入提升机及安全锁中。使用中,必须有两根直径为 12.5 mm 以上的钢丝绳作保险绳,接头卡扣不少于 3 个,严禁使用有接头的钢丝绳。

(7)使用吊钩时,应有防止钢丝绳滑脱的保险装置(卡子),将吊钩和吊索卡死。

(8)为了保证吊篮的安全使用,当吊篮脚手架升降到位后,必须将吊篮与建筑物固定牢固;吊篮内侧两端应装有可伸缩的附墙装置,使吊篮工作时与结构面靠紧,以减少架体的晃动。确认脚手架已固定、不晃动以后方可上人作业。

(9)操作升降作业属于特种作业,作业人员应参加相应培训,考核合格后颁发上岗证,持证上岗,且应固定作业岗位。

(10)吊篮升降时应不超过两人同时作业,其他非升降操作人员不得在吊篮内停留。

(11)单片吊篮升降时,可使用手动葫芦;两片或多片吊篮连在一起同步升降时,必须采用电动葫芦,并有控制同步升降的装置。

(12)吊篮内作业人员必须系安全带,安全带挂钩应挂在作业人员上方固定的物体上,不准挂在吊篮工作钢丝绳上,以防工作钢丝绳断开。

(13)吊篮钢丝绳应随时与地面保持垂直,不得斜拉。吊篮内侧与建筑物的间距(缝隙)不得过大,一般为100～200 mm。

6.2.3　脚手架拆除安全技术及施工注意事项

1.脚手架拆除安全技术

(1)脚手架拆除作业前,应制订详细的拆除施工方案和安全技术措施,并对参加作业的全体人员进行技术安全交底,在统一指挥下,按照确定的方案进行拆除作业。

(2)脚手架拆除时,应划分作业区,周围设围护或警戒标志,地面设专人指挥,禁止非作业人员入内。

(3)脚手架拆除的一般顺序:先上后下,先外后里,先架面材料后构架材料,先辅件后结构件再附墙件。

(4)拆除脚手架各部件时,应一件一件地松开连接,取出并随即吊下,或集中到毗邻的未拆的架面上,用绳索扎捆后吊下,严禁将拆卸下的杆部件和材料向地面抛掷。已吊至地面的架设材料应随即运出拆卸区域,分类堆放并保存进行保养,以保持现场文明施工。

(5)拆卸脚手板、杆件、门架,及其他较长、较重、有两端联结的部件时,必须要两人或多人一组进行。禁止单人进行拆卸作业,防止把持杆件不稳、失衡而发生事故。多人或多组进行拆卸作业时,应加强指挥,并相互询问和协调作业步骤,严禁不按程序进行的任意拆卸。

(6)拆除水平杆件时,松开连接处后,水平托取下;拆除立杆时,在把稳上端后,再松开下端连接处取下。

(7)连墙杆应随拆除进度逐层拆除,因拆除上部或一侧的附墙拉结而使架子不稳时,应加设临时撑拉措施。如拆抛撑拉设施前,应设立临时支柱,以防因架子晃动影响作业安全。

(8)拆除时严禁碰撞附近电源线,以防伤亡事故发生。

(9)在拆架过程中,不能中途换人,如需要中途换人时,应将拆除情况交接清楚后才可离开。

2.脚手架施工注意事项

(1)搭设脚手架的安全注意事项。

①进行脚手架搭设的作业人员应穿好防滑鞋,佩挂好安全带。为保证作业的安全,脚下应铺设必要数量的脚手板,并应铺设平稳,不得有探头板。当暂时无法铺设落脚板时,用于落脚或抓握、把持的杆件均应为稳定的构架部分,着力点与构架节点的水平距离应不大于0.8 m,垂直距离应不大于1.5 m。位于立杆接头之上的自由立杆(即尚未与水平杆连接者)不得用作把持杆。

②搭设人员应作好分工和配合,传递杆件应掌握好重心,平稳传递。不要用力过猛,以免引

起人身或杆件失衡。对每完成的一道工序,要相互询问并确认后才能进行下一道工序。

③运送杆配件应尽量利用垂直运输设施或悬挂滑轮提升,并绑扎牢固。尽量避免或减少用人工层层传递。

④作业人员应佩戴工具袋,工具用后装于袋中,不要放在架子上,以免掉落伤人。

⑤每次收工以前,所有上架材料应全部搭设上,不要存留在架子上。收工时务必保证架体稳定,不能形成稳定构架的部分应采取临时撑拉措施予以加固。

⑥在搭设作业进行中,地面上的配合人员应避开可能落物的区域。作业人员要服从统一指挥,不得自行其是。

⑦脚手架的搭设材料不得使用不合格的材料。

(2)架上作业的安全注意事项。

①作业前应注意检查作业环境是否可靠,安全防护设施是否齐全有效,确认无误后方可作业。

②作业时应注意随时清理落在架面上的材料,随上随用,保持架面上规整清洁,不要乱放材料、工具,以免影响作业的安全和发生掉物伤人。

③不要随意拆除基本结构杆件和连墙件,因作业的需要必须拆除某些杆件和连墙点时,必须取得施工主管和技术人员的同意,并采取可靠的加固措施后方可拆除。

④在进行撬、拉、推等操作时,要注意采取正确的姿势,站稳脚跟,或一手把持在稳固的结构或支持物上,以免用力过猛身体失去平衡或把东西甩出。在脚手架上拆除模板时,应采取必要的支托措施,以防拆下的模板材料掉落架外。

⑤当架面高度不够、需要垫高时,一定要采用稳定可靠的垫高办法,且垫高不要超过 50 cm;超过 50 cm 时,应按搭设规定升高铺板层。在升高作业面时,应相应加高防护设施。

⑥在架面上运送材料经过正在作业中的人员时,要及时发出"请注意""请让一让"的信号。材料要轻拿稳放,严禁采用倾倒、猛磕或其他匆忙卸料的方式。

⑦严禁在架面上打闹戏耍、倒退着行走和跨坐在外防护横杆上休息。不要在架面上抢行、跑跳,相互避让时应注意身体平衡。

⑧在脚手架上进行电气焊作业时,要铺设铁皮隔离火星或移去易燃物,以防火星点着易燃物;并应有防火措施,一旦着火应及时予以扑灭。

⑨在脚手架上作业时,不要随意拆除安全防护设施,未设置或设置不符合要求时,必须补设或改善后才能上架进行作业。

⑩除搭设过程中必要的1~2步架的上下外,作业人员不得在脚手架上下攀缘,应走房屋楼梯或另设安全人梯。

6.3 模板工程安全技术

建筑模板工程已广泛应用于钢筋混凝土结构的施工作业中,由于其施工工艺相对简单,施工速度较快,劳动强度较低,湿作业相对减少,且建筑整体性好,抗震能力强等优点,在大跨度、大体积和高层、超高层建筑结构中取得了良好的经济效益。

然而,模板工程的安全事故在建筑施工伤亡事故中所占比例却日益增加。造成模板安全事故的主要原因,诸如现浇混凝土模板支撑未经过设计计算就进行搭设,使得支撑系统强度不足或稳定性较差;模板上堆载不均匀或超载;混凝土浇筑过程中局部荷载过大等。因此,必须加强对模板工程的安全管理。

6.3.1　模板工程安全基本要求

1.模板工程施工方案

模板工程施工应编制模板工程施工方案,方案包括以下内容:

(1)模板及其支架系统选型。《建筑施工安全检查标准》(JGJ 59—2011)中要求模板支架搭设应编制专项施工方案,结构设计应进行计算。模板支架搭设高度 8 m 及以上,跨度 18 m 及以上,施工总荷载 15 kN/m² 及以上或集中线荷载 20 kN/m² 及以上的专项施工方案应按规定组织专家论证。

(2)模板及其支架系统承载能力计算。根据施工条件(如混凝土输送方法不同等)确定荷载,并按所有可能产生的荷载中最不利组合验算模板整体结构和支撑系统的强度、刚度和稳定性,并有相应的计算书。

(3)绘制模板设计图。包括细部构造大样图和节点大样,并应注明所选材料的规格、尺寸和连接方法;绘制支撑系统的平面图和立面图,注明间距及剪力撑的设置。

(4)模板工程安全技术措施。确立模板制作、安装和拆除的程序,制订相应的安全技术措施。

施工方案应经上一级技术负责人批准并报监理工程师审批。安装前要审查设计审批手续是否齐全,模板结构设计与施工说明中的荷载、计算方法、节点构造是否符合实际情况,是否有安装拆除方案。模板安装时其方法、程序必须按模板的施工设计进行,严禁任意变动。

2.模板施工前的准备工作

模板施工前,现场负责人要认真审查施工组织设计中关于模板的设计资料,重点审查下列项目:

(1)模板结构设计计算书的荷载取值,是否符合工程实际,计算方法是否正确,审核手续是否齐全。

(2)模板设计图包括结构构件大样及支撑体系、连接件等的设计是否安全合理,图纸是否齐全。

(3)模板设计中安全措施是否周全。

当模板构件进场后,要认真检查构件和材料是否符合设计要求。现场施工负责人在模板施工前要认真向有关人员做安全技术交底,特别是新的模板工艺,必须通过试验,并培训操作人员。

3.模板工程安全的基本要求

为保证模板工程施工的安全性,应达到以下基本要求:

(1)模板工程作业高度在 2 m 和 2 m 以上时,应根据《建筑施工高处作业安全技术规范》(JGJ 80—2016)的要求进行操作和防护,周围应设安全网和防护栏杆。在临街及交通要道地区施工时,应设警示牌,避免伤及行人。

(2)支设高度在 3 m 以上的柱模板,四周应设斜撑,并应设立操作平台,低于 3 m 的可用马凳操作。

(3)支设悬挑形式的模板时,应有稳定的立足点。支设临空构筑物模板时,应搭设支架。模板上有预留洞时,应在安装后将洞盖住。

(4)按规定的作业程序进行支模,模板未固定前不得进行下一道工序,不得在上下同一垂直面安装或拆卸模板。

(5)操作人员上下通行,必须通过马道、乘人施工电梯或上人扶梯等,不允许利用连接件和支撑件攀登模板或脚手架上下,不允许在墙顶、独立梁及其他狭窄而无防护栏的模板面上行走。

(6)模板支撑不能固定在脚手架或门窗上,避免发生倒塌或模板位移。

(7)在模板上施工时,堆放物不宜过多,不宜集中在一处。高处作业架子上、平台上一般不宜堆放模板材料。必须短时间堆放时,一定要码放平稳,不能堆放过高,必须控制在架子或平台的允许荷载范围内。

(8)冬期施工,操作地点和人行通道的冰雪应事先清除掉,避免人员滑倒摔伤。雨期施工,高耸结构的模板作业,要安装避雷设施,其接地电阻不得大于 4 Ω,沿海地区要考虑抗风加固措施。

(9)五级以上大风天气,不宜进行大块模板拼装和吊装作业。

(10)注意防火,木料及易燃保温材料要远离火源堆放,采用电热养护的模板要有可靠的绝缘、漏电和接地保护装置,并按电气安全操作规范要求做。

6.3.2 模板安装的安全技术

1.支模方式

(1)现浇多层房屋和构筑物,应采取分层分段支模方法,并要求下层楼板混凝土强度达到1.2 MPa以后才能上料具。下层楼板结构的强度达到能承受上层模板、支撑系统和新浇筑混凝土的重量时,方可进行上层模板支撑、浇筑混凝土。在搭设上层模板支撑系统时下层楼板结构的支撑系统不能拆除,同时上层支架的立柱应对准下层支架的立柱,并铺设木垫板。

(2)如采用悬吊模板、桁架支模方法,其支撑结构必须要有足够的强度和刚度(需经计算并附计算书)。

(3)混凝土输送方法有泵送混凝土、人力挑送混凝土、在浇灌运输道上用手推车或翻斗车运送混凝土等方法,应根据输送混凝土的方法制定模板工程有针对性的安全设施。

2.模板支架

模板支架大多数采用脚手架搭设而成,因此模板支架搭设的安全技术要求同脚手架搭设的安全技术要求类似,其具体要求如下:

(1)支撑模板立柱宜采用钢材,材料的材质应符合有关的专门规定。采用木材时,其树种可根据各地实际情况选用,立杆的有效尾径不得小于 80 mm,立杆要顺直,接头数量不得超过30%,且不应集中。

(2)竖向模板和支架的立柱部分,当安装在基土上时应加设垫板,且基土必须坚实并有排水设施。对湿陷性黄土,还应有防水措施;对冻胀性土,必须有防冻融措施。

(3)当支柱高度小于 4 m 时,应设上下两道水平撑和垂直剪刀撑。以后支柱每增高 2 m 再增加一道水平撑,水平撑之间还需要增加剪刀撑一道。主梁及大跨度梁的立杆应由底到顶整体设置剪刀撑,与地面成 45°~60°角。设置间距不大于 5 m,若跨度大于 5 m 的应连续设置。

(4)当极少数立柱长度不足时,应采用相同材料加固接长,不得采用垫砖增高的方法。当楼层高度超过 10 m 时,模板的支柱应选用长料,同一支柱的连接接头不宜超过 2 个。各排立柱应用水平杆纵横拉接,每高 2 m 拉接一次,使各排立杆柱形成一个整体,剪刀撑、水平杆的设置应符合设计要求。立柱间距应经设计计算,支撑立柱时其间距应符合设计规定。

(5)模板及其支撑系统在安装过程中,必须设置临时固定设施,严防倾覆。

3.模板荷载与存放

(1)模板上的施工荷载应进行设计计算,设计计算时应考虑以下各种荷载效应组合:新浇混凝土自重、钢筋自重、施工人员及施工设备荷载、新浇筑的混凝土对模板的侧压力、倾倒混凝土时产生的荷载等,综合以上荷载得到设计模板上的施工荷载值。

(2)堆放在模板上的建筑材料要均匀,若荷载过于集中,会导致模板变形,影响构件质量。

(3)大模板采用立式存放,应采取支撑、围系、绑箍等防倾倒措施。长期存放的大模板,应用拉杆连接绑牢。没有支撑或自稳角不足的大模板,要存放在专门的堆放架上或卧倒平放,不应靠在其他模板或构件上。

(4)各种模板若露天存放,其下应垫高 30 cm 以上,防止受潮。不论存放在室内或室外,应按不同的规格堆码整齐,用麻绳或镀锌铁丝系稳。模板堆放不得过高,以免倾倒。堆放地点应选择平稳之处,钢模板部件拆除后,临时堆放处离楼层边缘不应小于 1 m,堆放高度不得超过 1 m。楼梯边口、通道口、脚手架边缘等处不得堆放模板。

4.模板安装与验收

(1)2 m 以上高处支模或拆模要搭设脚手架,满铺架板,使操作人员有可靠的立足点。不准站在拉杆、支撑杆上操作,也不准在梁底模上行走操作。

(2)模板作业面的孔洞及临边必须设置牢固的盖板、防护栏杆、安全网或其他防坠落的防护设施,具体要求应符合《建筑施工高处作业安全技术规范》(JGJ 80—2016)的有关规定。

(3)整体现浇楼面底模支设完成后,为防止底模松动,一般应设专门的浇灌运输道进行混凝土运输和浇捣,不得在底模上用手推车或人力运输混凝土,可在底模上设置走道垫板,垫板应铺设平稳,垫板两端应用镀锌铁丝扎紧,牢固不松动。

(4)模板工程与其他工种进行上下立体交叉作业时,不得在同一垂直方向上操作。下层作业的位置,必须处于上层高度确定的可能坠落范围半径外。不符合以上条件时,应设置安全防护隔离层。

(5)大模板安装时,应先内后外,单面模板就位后,用工具将其支撑牢固。双面板就位后,用拉杆和螺栓固定,未就位和未固定前不得摘钩。里外角模和临时悬挂的面板与大模板必须连接牢固,防止脱开和断裂坠落。

(6)在架空输电线路下面安装和拆除组合钢模板时,吊机起重臂、吊物、钢丝绳、外脚手架和操作人员等与架空线路的最小安全距离应符合有关要求。当不能满足最小安全距离要求时,要停电作业;不能停电时,应有隔离防护措施。

(7)模板工程应按楼层,用模板分项工程质量检验评定表和施工组织设计有关内容检查验收,班组长和项目经理部施工负责人均应签字,手续齐全。验收内容包括模板分项工程质量检验评定表的保证项目、一般项目和允许偏差项目以及施工组织设计的有关内容。

6.3.3　模板拆除的安全技术

模板拆除前要进行安全技术交底,确保模板拆除过程的安全。现浇梁、板,尤其是挑梁、板底模的拆除,施工班组长应书面报告项目经理部施工负责人,梁、板的混凝土强度达到规定的要求时,报专业监理工程师批准后才能拆除。

1.拆模强度

(1)现浇或预制梁、板、柱混凝土模板拆除前,应有 7 d 和 28 d 龄期强度报告,达到强度要求后再拆除模板。

(2)现浇结构的模板及其支架拆除时的混凝土强度,应符合设计要求;当设计无具体要求时,应符合规范规定,现浇结构拆模时所需混凝土强度见表 6-8。

表6-8 现浇结构拆模时所需混凝土强度

项次	构件类型	构件跨度/m	达到设计的混凝土立方体抗压强度标准值的百分率/%
1	板	≤2	≥50
		>2,≤8	≥75
		>8	≥100
2	梁、拱、壳	≤8	≥75
		>8	≥100
3	悬臂构件	—	≥100

(3)后张预应力混凝土结构或构件模板的拆除,侧模应在预应力张拉前拆除,其混凝土强度达到侧模拆除条件即可。进行预应力张拉必须待混凝土强度达到设计规定值方可进行,底模必须在预应力张拉完毕时方能拆除。

2. 拆模顺序

(1)模板拆除前,现浇梁柱侧模的拆除,拆模是要确保梁、柱边角的完整,施工班组长应向项目经理部施工负责人口头报告,经同意后再拆除。

(2)拆除模板应按方案规定的程序进行,先支后拆,后支先拆,先拆非承重部分,后拆承重部分。框架结构的拆模顺序是:首先拆除柱模板,然后拆除楼板底模板,再拆除梁侧模板,最后拆除梁底模板。

(3)拆除大跨度梁支撑柱时,先从跨中开始向两端对称进行。拆除薄壳模板从结构中心向四周围均匀放松,向周边对称进行。

(4)当立柱水平拉杆超过两层时,应先拆两层以上的水平拉杆,最下一道水平杆与立柱模同时拆,以确保柱模稳定。

(5)大模板拆除前,要用起重机垂直吊牢,然后再进行拆除。

(6)模板拆除应按区域逐块进行,定型钢模拆除不得大面积撬落。

3. 其他要求

(1)工作前,应检查所使用的工具是否牢固,扳手等工具必须用绳链系挂在身上,工作时思想要集中,防止钉子扎脚或从空中滑落。

(2)模板及其支撑系统拆除时,在拆除区域应设置警戒线,且应派专人监护,以防止落物伤人。应一次全部拆完,不得留有悬空模板,避免坠落伤人。

(3)拆除模板一般采用长撬杠,严禁操作人员站在正拆除的模板下。在拆除楼板模板时,要注意防止整块模板掉下,尤其是用定型模板做平台模板时,更易发生模板突然全部掉下伤人的事故。

(4)严禁站在悬臂结构上面敲拆底模;严禁在同一垂直平面上操作。

(5)模板、支撑要随拆随运,严禁随意抛掷,拆除后分类码放。

(6)在混凝土墙体、平板上有预留洞时,应在模板拆除后,随即在墙洞上做好安全护栏,或用板将预留洞盖严。

6.4 高处作业安全防护

随着我国城市化进程的不断发展,土地资源日益紧缺,高层、超高层建筑物日趋增多,如现已建成的上海中心大厦,总高 632 m,是超高层摩天大楼的代表;高耸构筑物不断涌现,如新建的广州电视塔,塔身主体 450 m,总高度达 600 m;深基坑工程也随之增多,目前武汉绿地中心的基坑,最深逾 55 m,为亚洲最大的基坑工程。

由于建筑物向更高、更深发展,使得建筑工程施工高处作业越来越多,高处坠落事故发生频率加大,已位居建筑工程安全事故的首位,占建筑工程安全事故总数的 40% 左右,而临边坠落、洞口坠落、悬空坠落和架上坠落占到了高处坠落事故的近 90%。

为降低高处作业安全事故发生的频率,确保高处作业的安全,需要研究和制定针对高处作业的安全技术措施。当进行新工艺、新技术、新材料和新结构的高处作业施工时,必须制订保证安全的施工方案,并提供相关安全技术措施。

6.4.1　安全防护用品

建筑施工现场是高危险性的作业场所,所有进入施工现场人员必须佩戴安全帽,高处作业必须系安全带,建筑临边洞口等必须按规定架设安全网。事实证明,安全帽、安全带、安全网是减少和防止高处坠落和物体打击这类事故发生的重要保障措施。建筑工人称安全帽、安全带、安全网为救命"三宝"。目前,这三种防护用品都有产品标准,使用时也应选择符合建筑施工要求的产品。

1. 安全帽

(1)进入施工现场者必须戴安全帽。施工现场的安全帽应分色佩戴。

(2)正确使用安全帽,不准使用缺衬及破损的安全帽。使用前应先检查外壳是否破损,有无合格帽衬,帽带是否齐全,调整好帽箍、帽衬(4~5 cm),系好帽带。如果不符合要求应立即更换。

(3)安全帽应符合国家标准,并选用经有关部门检验合格的安全帽。

2. 安全带

(1)建筑施工中的攀登作业、独立悬空作业,如搭设脚手架,吊装混凝土构件、钢构件及设备等都属于高处作业,操作人员都应系安全带。

(2)选用经有关部门检验合格的安全带,并保证在使用有效期内(3~5 年)。

(3)使用安全带时要注意以下事项:

①安全带严禁打结、续接。

②使用中,要可靠地挂在牢固的地方,高挂低用,且要防止摆动,安全带上的各种部件不得任意拆掉,避免明火和刺割。在无法直接挂设安全带的地方,应设置挂安全带的安全拉绳、安全栏杆等。

③安全带使用两年以后,使用单位应按购进批量的大小,选择一定比例的数量,作一次抽检,用 80 kg 的砂袋做自由落体试验,若未破断可继续使用,但抽检的样带应更换新的挂绳才能使用;若试验不合格,购进的这批安全带就应报废。

④安全带外观有破损或发现异味时,应立即更换。

3. 安全网

建筑工地使用的安全网,按形式及其作用可分为平网和立网两种。平网,是指其安装平面平行于水平面,主要用于承接坠落的人和物;立网,是指其安装平面垂直于水平面,主要用于阻止人和物的坠落。

(1)安全网的构造和材料。

制作安全网的材料,要求其比重小、强度高、耐磨性好、延伸率大和耐久性强;此外还应有一定的耐气候性能,受潮受湿后其强度下降不太大。目前,制作安全网的材料以化学纤维为主。同一张安全网上所有的网绳都要采用同一材料,所有材料的湿干强力比不得低于75%。通常,多采用维纶和尼龙等合成化纤作网绳。由于丙纶性能不稳定,禁止使用。此外,只要符合国际有关规定的要求,亦可采用棉、麻、棕等植物材料做原料。不论用何种材料,每张安全平网的重量一般不宜超过15 kg,并应能承受至少800 N的冲击力。

(2)密目式安全网试验要求。

密目式安全网的目数为在网上任意一处的100 cm² 的面积上,大于2000目。施工单位采购来以后,可以作现场试验,除外观、尺寸、重量、目数等的检查以外,还要做以下两项试验:

①贯穿试验:将1.8 m×6 m 的安全网与地面成30°夹角放好,四边拉直固定。在网中心的上方3 m 的地方,用一根直径50 mm,质量5 kg的不锈钢圆棒,自由落下,网不贯穿,即为合格;网贯穿,即为不合格。

②冲击试验:将密目式安全网水平放置,四边拉紧固定。在网中心上方1.5 m 处,将一个100 kg重的砂袋自由落下,网边撕裂的长度小于200 mm,即为合格。

(3)安全网搭设与使用要求。

施工现场的安全网防护已经从用大网眼的平网作水平防护的敞开式防护,以及用栏杆或小网眼立网作防护的半封闭式防护,发展成为对在建工程外围及外脚手架外侧的全封闭式防护。安全网的搭设和使用应满足下列要求。

①高处作业点下方必须设安全网。凡无外架防护的施工,必须在高度4～6 m 处设一层水平投影外挑宽度不小于6 m 的固定的安全网,每隔四层楼再设一道固定的安全网,并同时设一道随墙体逐层上升的安全网。

②施工现场应积极使用密目式安全网,架子外侧、楼层邻边井架等处用密目式安全网封闭栏杆,安全网放在杆件里侧。

③单层悬挑架一般只搭设一层脚手板为作业层,故须在紧贴脚手板下部挂一道平网作防护层,当在脚手板下挂平网有困难时,也可沿外挑斜立杆的密目网里侧斜挂一道平网,作为人员坠落的防护层。

④单层悬挑架包括防护栏杆及斜立杆部分,全部用密目网封严;多层悬挑架上搭设的脚手架,用密目网封严;架体外侧用密目网封严。

⑤密目网用于立网防护,水平防护时必须采用平网。不准用立网代替平网;当需采用平网进行防护时,严禁使用密目式安全立网代替平网使用。

⑥安全网搭设应牢固、严密,完整有效,易于拆卸。安全网的支撑架应具有足够的强度和稳定性。密目式安全立网搭设时每个开眼环扣应穿入系绳,系绳应绑扎在支撑架上,间距不得大于450 mm。相邻密目网间应紧密结合或重叠。当立网用于龙门架、物料提升架及井架的封闭防护时,四周边绳应与支撑架贴紧,边绳的断裂张力不得小于3 kN,系绳应绑在支撑架上,间距不得大于750 mm。

⑦用于电梯井、钢结构和框架结构及构筑物封闭防护的平网应符合下列规定:平网每个系结点上的边绳应与支撑架靠紧,边绳的断裂张力不得小于7 kN,系绳沿网边均匀分布,间距不得大于750 mm;钢结构厂房和框架结构及构筑物在作业层下部应搭设平网,落地式支撑架应采用脚手钢管,悬挑式平网支撑架应采用直径不小于9.3 mm 的钢丝绳;电梯井内平网网体与井壁的空隙不得大于25 mm。安全网拉结应牢固。

⑧安全网必须有产品生产许可证和质量合格证,不准使用无证不合格产品。不使用破损的安全网,若有破损、老化应及时更换。

6.4.2 高处作业安全技术

1.高处作业的概念

按照国标规定,凡在坠落高度基准面 2 m 以上(含 2 m),有可能坠落的高处进行的作业称为高处作业。

这里只说可能坠落的底面高度大于或等于 2 m,也就是不论在单层、多层或高层建筑物作业,即使是在平地,只要作业处的侧面有可能导致人员坠落的坑、井、洞或空间,其高度达到 2 m 及其以上,就属于高处作业。之所以将高低差距标准定为 2 m,因为一般情况下,当人在 2 m 以上的高度坠落时,就很可能会造成重伤、残废甚至死亡。

2.高处作业的等级

作业高度是指作业面所处的高度至最低着落点的垂直距离,高处作业根据作业高度不同可分为四个等级,不同等级的高处作业其坠落半径也不径相同,见表6-9。坠落半径是指在坠落高度基准面上,坠落着落点至经坠落点的垂线和坠落高度基准面的交点之间的距离。

表 6-9 高处作业等级划分

作业高度 h/m	高处作业等级	坠落半径 R/m
$2 \leqslant h < 5$	一级	3
$5 \leqslant h < 15$	二级	4
$15 \leqslant h < 30$	三级	5
$h \geqslant 30$	特级	6

3.高处作业安全技术的相关要求

(1)进行高处作业时,必须使用脚手架、平台、梯子、防护围栏、挡脚板、安全带和安全网等。作业前,应认真检查所用的安全设施是否牢固、可靠。

(2)从事高处作业人员应接受高处作业安全知识的教育;特殊高处作业人员应持证上岗,上岗前应依据有关规定进行专门的安全技术交底。采用新工艺、新技术、新材料和新设备的,应按规定对作业人员进行相关安全技术教育。

(3)高处作业人员应经过体检,合格后方可上岗。施工单位应为作业人员提供合格的安全帽、安全带等必备的个人安全防护用具,作业人员应按规定正确佩戴和使用。

(4)施工单位应按类别有针对性地将各类安全警示标志悬挂于施工现场各相应部位,夜间应设红灯示警。

(5)高处作业所用工具、材料等严禁投掷,上下立体交叉作业确有需要时,中间须设隔离设施。

(6)高处作业应设置可靠扶梯,作业人员应沿着扶梯上下,不得沿着立杆与栏杆攀登。

(7)雨雪天应采取防滑措施,当风速在 10.8 m/s 以上和雷电、暴雨、大雾等气候条件下,不得进行露天高处作业。

(8)高处作业的上下应设置联系信号或通信装置,并指定专人负责。

(9)高处作业前,工程项目部应组织有关部门对安全防护设施进行验收,经验收合格签字后方可作业。需要临时拆除或变动安全设施的,应经项目技术负责人审批签字,并组织有关部门验收,经验收合格签字后才可实施。

6.4.3 高处作业安全防护

1. 临边作业安全防护

在建筑工程施工中,当作业工作面的边缘没有维护设施或维护设施的高度低于 80 cm 时这类作业称为临边作业。在施工过程中,要求临边作业必须设置防护栏杆、挡脚板或拼设防护立网等安全防护措施。

(1)防护措施设置场合。

①楼板边、楼梯段边、屋面边、阳台边以及各类坑、沟、槽等边沿,即建筑施工中通常所说的"五临边",应采取相应的安全防护措施。

②分层施工的楼梯口,必须设防护栏杆;顶层楼梯口应随工程结构的进度安装正式栏杆或临时栏杆;楼梯休息平台上尚未堵砌的洞口边也应设防护栏杆。

③井架与施工用的电梯和脚手架与建筑物通道的两边,各种垂直运输接料平台等,除两侧设施防护栏杆外,平台口还应设置安全门或活动防护栏杆;地面通道上部应装设安全防护棚。双笼井架通道中间,应分隔封闭。

(2)防护措施设置要求。

①防护栏杆的材料应按规范标准的要求选择,选材时除需满足力学条件外,还应符合构造上的要求,应紧固而不动摇,能够承受突然冲击,阻挡人员在可能状态下的下跌和防止物料的坠落,还要有一定的耐久性。

②防护栏杆是由栏杆立柱和上下两道横杆组成,上杆离地高度为 1.0～1.2 m,称为扶手,下杆离地高度为 0.5～0.6 m,坡度大于 1:2.2 的屋面,防护栏杆应高于 1.5 m。

③防护栏杆必须自上而下用安全立网封闭。

④防护栏杆的横杆不应有悬臂,以免坠落时横杆头撞击伤人。

⑤栏杆的下部必须加设挡脚板,高度不小于 180 mm。

⑥除经设计计算外,横杆长度大于 2 m,必须加设栏杆立柱。

⑦栏杆柱的固定及其与横杆的连接,其整体构造应使防护栏杆在上杆任何部位都能经受任何方向的 1000 N 外力。当栏杆所处位置有发生人群拥挤、车辆冲击或物件碰撞等可能时,应加大横杆截面或加密柱距。栏杆柱的固定应符合下列要求:

A. 当在基坑四周固定时,可采用钢管打入地面 50～70 cm 深。钢管离边口的距离,不应小于 50 cm。当基坑周边采用板桩时,钢管可打在板桩外侧。

B. 当在混凝土楼面、屋面或墙面固定时,可用预埋件与钢管或钢筋焊牢。采用竹、木栏杆时,可在预埋件上焊接 30 cm 长的 L50×5 角钢,其上下各钻一孔,然后用 10 mm 螺栓与竹、木杆件拴牢。

C. 当在砖或砌块等砌体上固定时,可预先砌入规格相适应的 80×6 弯转扁钢作预埋铁的混凝土块,然后用上述方法固定。

2. 洞口作业安全防护

在施工现场的地面、楼面、屋面和墙面等处存在人或物料坠落的可能性,其坠落高度大于或等于 2 m 的开口处的高处作业称为洞口作业。通常所说的"四口"指的是楼梯口、电梯口、预留洞口、通道口。洞口作业即在这"四口"旁进行的作业。

在水平方向的楼面、屋面、平台等上面短边小于 25 cm(大于 2.5 cm)的称为孔,但也必须覆盖(应设坚实盖板并能防止挪动移位);短边尺寸等于或大于 25 cm 称为洞。在垂直于楼面、地面的垂直面上,则高度小于 75 cm 的称为孔,高度等于或大于 75 cm,宽度大于 45 cm 的均称为洞。

凡深度在 2 m 及 2 m 以上的桩孔、人孔、沟槽与管道等孔洞边沿上的高处作业都属于洞口作业范围。

(1)防护设施设置场合。

①各种板与墙的洞口,按其大小和性质分别设置牢固的盖板、防护栏杆、安全网或其他防坠落的防护设施。

②电梯井口,根据具体情况设高度不低于 1.2 m 防护栏或固定栅门与工具式栅门,电梯井内每隔两层或最多 10 m 设一道安全平网(安全平网上的建筑垃圾应及时清除),也可以按当地习惯,在井口设固定的格栅或采取砌筑坚实的矮墙等措施。

③钢管桩、钻孔桩等桩孔口,柱基、条基等上口,未填土的坑、槽口,以及天窗和化粪池等处,都应作为洞口,并采取符合规范的防护措施。

④施工现场与场地通道附近的各类洞口与深度在 2 m 以上的敞口等处设置防护设施与安全标志,夜间还应设红灯示警。

⑤物料提升机的上料口应设计安装有联锁装置的安全门,同时采用断绳保护装置或安全停靠装置;通道口走道板应平行于建筑物满铺并固定牢靠,两侧边应设置符合要求的防护栏杆和挡脚板,并用密目式安全网封闭两侧。

(2)防护措施设置要求。

洞口作业时应根据具体情况采取设置防护栏杆、加盖板、张挂安全网与装栅门等措施。

①楼板面的洞口可用竹、木等作盖板,盖住洞口。盖板必须能保持四周放置均衡,并有固定位置的措施。

②短边小于 25 cm(大于 2.5 cm)孔,应设坚实盖板并能防止其挪动移位。

③洞口大小在 25 cm×25 cm 到 50 cm×50 cm 的,应设置固定盖板,保持四周搁置均衡,并有固定其位置的措施。

④短边边长为 50～150 cm 的洞口,必须设置以扣件扣接钢管而成的网格,并在其上满铺竹笆或脚手板;也可采用贯穿于混凝土板内的钢筋构成防护网,钢筋网格间距不得大于 20 cm。

⑤1.5 m×1.5 m 以上的洞口,四周必须搭设围护架,并设双道防护栏杆,洞口中间支挂水平安全网,网的四周拴挂牢固、严密。

⑥墙面等处的竖向洞口,凡落地的洞口应加装开关式、工具式或固定式的防护门,门栅网格的间距不应大于 15 cm,也可采用防护栏杆,下设挡脚板。低于 80 cm 的竖向洞口,应加设 1.2 m 高的临时护栏。

⑦下边沿至楼板或底面低于 80 cm 的窗台等竖向的洞口,如侧边落差大于 2 m 应加设 1.2 m 高的临时护栏。

⑧洞口应按规定设置照明装置的安全标识。

3. 垂直防坠物防护

随着城镇建设的发展,新建和改造项目增多,使建筑物的密集程度增加,建筑施工场地越来越小,有时与周边居民或行人共用通道,高处作业对所建建(构)筑物下方的作业人员和路过人员的安全产生直接威胁,还有在下方有高压线路、房屋等情形存在。在编制施工组织设计时,应针对环境要求做相应的硬防护设施,防止上方施工坠物对下方人员和设施安全的影响。

硬防护设施,应根据下方的保护范围大小确定硬防护架的宽度;应经过必要的计算,设计其骨架的组合和悬吊绳(杆)的拉力。设在底层的硬防护棚架,应做成两层,两层之间的距离不应小于 700 mm,并应满铺 50 mm 厚木板,用于遮挡作业人员和过路人员的场区通道,上方还应该增加防雨措施。对于高层建筑,还应在首层硬防护上方每隔四层增加一道水平防护,临近操作层的下一层必须有一道水平防护;需通过车辆的防护通道,高度必须在 4.5 m 以上,并设置限高警示标志和不可停留标志。

建筑物一侧有道路时,也可搭设成门架式安全通道,即通道两侧为立杆支撑,通道上方设两层顶盖,两层顶盖之间距离不应小于 700 mm;与悬挂式硬防护的做法一样,靠建筑物一侧应设硬质隔离挡板,以免侧向掉物,造成对人员、车辆的安全损害。

不论悬挂式硬防护还是门架式安全通道的上方边缘,均设置高度不小于 1.2 m 的防护栏杆并满挂安全网,栏杆下部应有高度不低于 400 mm 的挡脚板。

习　题

1.土方开挖时,为确保安全施工,挖土作业应遵守哪些规定?

2.土方开挖时,为防止坠落事故,应采取哪些安全措施?

3.基坑降水时,应注意哪些方面的问题?

4.为什么要进行支护监测? 监测的内容和要求是什么?

5.各类脚手架搭设的安全技术问题。

6.脚手架投入使用时应注意哪些技术问题?

7.脚手架拆除应注意哪些方面的问题?

8.试述模板安装的安全技术与要求。

9.试述模板拆除的安全技术与要求。

10.高处作业的定义是什么? 高处作业如何分级?

11.何为临边和洞口作业? 它们的主要防护措施有哪些?

12.试述安全"三宝"的使用要求。

第7章

施工机械与用电管理

7.1 垂直运输机械

垂直运输机械在建筑施工中承担着施工现场垂直(有时包括水平)方向运输材料、机具、设备及人员的重要任务,垂直运输机械的安全技术是建筑工程安全管理中必不可少的重要环节。垂直运输机械的种类较多,一般常用的有塔式起重机、物料提升机、施工升降机等,它们都是起重吊装作业中不可缺少的施工机械。

7.1.1 塔式起重机

塔式起重机,又称塔吊或塔机。多层和高层建筑施工过程中,利用塔式起重机完成物料提升越来越广泛。塔式起重机的行走方式有行走式和固定式之分,旋转方式有下旋式和上旋式两种,起重臂也有活动臂杆变幅和小车变幅的不同。目前,最常用的是固定式上旋转小车变幅塔式起重机,该机稳定性好,作业幅度大,安全程度高。

塔式起重机机身高,稳定性能比较差,且其安装和拆除频繁,技术要求又较高,这就要求机械操作人员、安装和拆卸人员、机械管理人员必须全面地掌握塔式起重机的技术性能,从思想上引起高度重视,采取的措施、方法得当,正确掌握安装、拆除和操作的技能,保证塔式起重机的正常运行,确保安全生产。

1. 安全装置

(1)起重力矩限制器。起重力矩限制器的作用是防止塔式起重机超载,避免塔式起重机由于严重超载而引起塔式起重机的倾覆或折臂等恶性事故。安装力矩限制器后,当发生超重或作业半径过大而导致力矩超过塔吊的技术性能时,即可自动切断起升或变幅动力源,并发出报警信号,防止发生事故。

(2)起重量限制器。起重量限制器的作用是防止塔式起重机的吊物重量超过最大额定荷载,避免发生机械损坏事故。当荷载达到额定起重量的90%时,发出报警信号;当起重量超过额定起重量时,切断上升的电源,但可做下降运动。

(3)起升高度限制器。起升高度限制器是用来限制吊钩接触到起重臂头部或载重小车之前,或是下降到最低点(地面或地面以下若干米)以前,使起升机构自动断电并停止工作。

(4)幅度限位器。动臂式塔式起重机的幅度限制器是用来防止臂架在变幅时,变幅到仰角极限位置时切断变幅机构的电源,使其停止工作;同时还设有机械止挡,以防臂架因起幅中的惯性而后翻。

小车运行变幅式塔式起重机的幅度限制器用来防止运行小车超过最大或最小幅度的两个极限位置。小车变幅限位器一般安装在臂架小车运行轨道的前后两端,用行程开关达到控制。

(5)行走限制器。行走限制器是行走式塔式起重机的轨道两端距端头钢轨不小于 1 m 处所设的止挡缓冲装置。当安装在台车架上或底架上的行车开关碰到轨道两端的止挡块时,切断电源,防止塔式起重机出轨造成事故。

(6)回转限制器。回转限制器是安装在塔式起重机上限制其回转角度的装置。有些上回转的塔式起重机安装了回转不能超过 270°和 360°的限制器,防止电源线扭断,造成事故。

(7)吊钩保险装置。吊钩保险装置是安装在吊钩挂绳处的一种防止起重千斤绳由于角度过大或挂钩不妥时,或者工作时重物下降被阻碍,但吊钩仍继续下降而造成起吊千斤绳脱钩,吊物坠落事故的装置。吊钩保险一般采用机械卡环式,用弹簧来控制挡板,防止索具在开口处脱出。

(8)卷筒保险装置。卷筒保险装置主要用于防止传动机构发生故障时,造成钢丝绳不能在卷筒上顺排,以致越过卷筒端部凸缘,发生咬绳等事故。

(9)风速仪。风速仪能自动记录风速,当超过六级风速以上时自动报警,使操作司机及时采取必要的防范措施,如停止作业或放下吊物等。

(10)夹轨钳。夹轨钳装设在台车金属结构上,用以夹紧钢轨,防止塔式起重机在大风情况下被风吹动而行走造成塔式起重机出轨倾翻事故。

2.安装与拆卸管理

(1)特种设备(塔式起重机、井架、龙门架、施工升降机等)的安拆必须编制具有针对性的施工方案,内容应包括:工程概况、施工现场情况、安装前的准备工作及注意事项、安装与拆卸的具体顺序和方法、安装和指挥人员组织、安全技术要求及安全措施等。

(2)装拆塔式起重机的企业,必须具备装拆作业的资质,并安装拆塔式起重机资质的等级进行对应塔式起重机的装拆。

(3)进行塔式起重机装拆的施工企业,必须在施工前编制专项的装拆安全施工组织设计,明确装拆工艺要求,并经过企业技术主管领导的审批。

(4)施工企业必须建立塔式起重机的装拆专业班组,配有起重工(装拆工)、电工、起重指挥、塔式起重机操纵司机和维修钳工等,根据制定的安全作业措施,由专业队(组)在队(组)长统一指导下进行,并要有相关技术和安全人员在场监护。

(5)装拆前,必须向全体作业人员进行装拆方案和安全操作技术的书面和口头交底,并履行签字手续。

(6)装拆塔式起重机属特种作业,参加塔式起重机装拆的人员,必须经过专业培训考核,持特种作业操作证上岗操作。

(7)装拆人员必须严格按照塔式起重机的装拆方案和操作规程中的有关规定、程序进行装拆。

(8)装拆作业人员应严格遵守施工现场安全生产的有关制度,正确使用劳保用品。

(9)安装调试完毕,必须进行自检、试车及验收,按照检验项目和要求注明检验结果。检验项目包括特种设备主体结构组合、安全装置的检测、起重钢丝绳与卷筒、吊物平台篮或吊钩、制动器、减速器、电气线路、配重块、空载试验、额定载荷试验、110%的载荷试验、经调试后各部位运转情况、检验结果等。塔式起重机验收合格后,才能交付使用。

（10）使用前，必须制定特种设备管理制度，包括设备经理的岗位职责、起重机管理员的岗位职责、起重机安全管理制度、起重机驾驶员岗位职责、起重机械安全操作规程、起重机械事故应急措施及救援预案、起重机械安装与拆除安全操作规程等。

3. 安全使用与管理

（1）起重机司机属特种作业人员，必须经过专门培训，取得操作证。司机学习的机型应与实际操纵的机型一致。必须严格执行操作规程，上班前例行保养检查，空载运转检查行走、回转、起重、变幅等各机构的制动器、安全限位、防护装置等确认正常后，方可作业。

（2）指挥人员必须经过专门培训，取得指挥证。高塔作业应结合现场实际改用旗语或对讲机进行指挥。起重机的塔身上不得悬挂标语牌。

（3）旋臂式起重机的任何部位及被吊物边缘与 10 kV 以下架空线路边线的最小水平距离不得小于 2 m；塔式起重机活动范围应避开高压供电线路，相距应不小于 6 m。当塔吊与架空线路之间小于安全距离时，必须采取防护措施，并悬挂醒目的警告标志牌。

（4）起重机轨道应进行接地、接零保护。起重机的保护接零和接地线必须分开。起重机电缆不允许拖地行走，应装设具有张紧装置的电缆卷筒，并设置灵敏、可靠的卷线器。

（5）夜间施工时，应装设 36 V 彩色灯泡（或红色灯泡）警示。当起重机作业半径在架空线路上方经过时，线路的上方也应有防护措施。

（6）两台或两台以上塔式起重机靠近作业时，应保证两塔机之间的最小防碰安全距离满足表 7-1 的要求。

表 7-1　两塔式起重机之间的最小防碰安全距离

项目	最小防碰安全距离/m
两塔吊的任何部位的水平距离	5
两塔吊水平臂架的距离	6
高低位塔吊的垂直距离	2

（7）因施工场地作业条件的限制，不能满足塔式起重机作业安全管理的要求时，应同时采取有关组织措施和技术措施，如：对作业及行走路线进行规定，由专设的监护人员进行监督执行；采取设置限位装置、缩短臂杆、升高（下降）塔身等措施，防止误操作起重机而造成的超越规定的作业范围，发生碰撞事故。

7.1.2　物料提升机

物料提升机包括井式提升架（简称"井架"）、龙门式提升架（简称"龙门架"）、塔式提升架（简称"塔架"）和独杆升降台等。

物料提升机的共同特点是：

（1）提升设备采用卷扬机，卷扬机设于架体外。

（2）安全设备一般有防冒顶、防坐冲和停层等保险装置，只允许用于物料提升，不得载运人员。

（3）用于 10 层以下时，多采用缆风固定；用于超过 10 层的高层建筑施工时，必须采取附墙方式固定,成为无缆风高层物料提升架,并可在顶部设液压顶升构造,实现井架或塔架标准节的自升接高。

物料提升机的制造分两种,一种是由专业的单位生产,另一种是由施工单位自制或改制。

使用专业单位生产的物料提升机时,产品必须通过有关部门组织鉴定,产品的合格证、使用说明书、产品铭牌等必须齐全。产品铭牌必须注明产品型号、规格、额定起重量、最大提升高度、出厂编号、制造单位等。

由施工单位自制或改制的物料提升机必须符合《龙门架及井架物料提升机安全技术规范》(JGJ 88—2010)中规定:有设计计算书、制作图纸,并经企业技术负责人审核批准,同时必须编制使用说明书。使用说明书中应明确物料提升机的安装、拆卸工作程序及基础、附墙架、缆风绳的设计、设置等具体要求。

1.安全装置

(1)安全停靠装置。当吊篮运行到位时,安全停靠装置能可靠地将吊篮定位。此时起升钢丝绳不受力,该装置能承担吊篮自重、额定荷载及运卸料人员和装卸物料时的工作荷载。

(2)断绳保护装置。断绳保护装置就是当吊篮坠落情况发生时,装置动作,将吊篮卡在架体上,使吊篮不坠落,避免产生严重的事故。断绳保护装置能可靠地将下坠吊篮固定在架体上,使吊篮最大滑落行程在满载时不得超过1 m。

(3)吊篮安全门。吊篮的上下料口处装设安全门,此门为自动开启型,当吊篮落地或停层时,安全门能自动打开,而在吊篮升降运行中此门处于关闭状态,成为一个四边都封闭的"吊篮",以防止所运载的物料从吊篮中滚落。

(4)上极限限位器。上极限限位器是为防止司机误操作或机械、电气故障而引起吊篮上升高度失控造成事故而设置的安全装置。当吊篮上升达到极限位置时,限位器即行动作,切断电源,使吊篮只能下降,不能上升。

(5)下极限限位器。下极限限位器用于控制吊篮下降的最低极限位置。在吊篮下降到最低限定位置时,即吊篮下降至尚未碰到缓冲器之前,此限位器自动切断电源,并使吊篮在重新启动时只能上升,不能下降。

(6)缓冲器。缓冲器是设置在架体底部坑内,为缓解吊篮下坠或下极限限位器失灵时产生的冲击力的一种装置。该装置应能承受并吸收吊篮满载时和规定速度下所产生的相应冲击力。缓冲器可采用弹簧或弹性实体。

(7)超载限制器。超载限制器是为保证提升机在额定载重量之内安全使用而设置。当荷载达到额定荷载时,即发出报警信号、提醒司机和运料人员注意。当荷载超过额定荷载时,应能切断电源,使吊篮不能启动。

(8)通信装置。由于架体高度较高,吊篮停靠楼层数较多,司机不能清楚地看到楼层上人员需要或分辨不清哪层楼面发出信号时,必须装设通信装置。通信装置必须是一个闭路的双向电气通信系统,司机应能听到或看清每一站的需求联系人,并能与每一站人员通话。

2.安装与拆卸管理

(1)安装或拆卸物料提升机前,安拆单位必须依照产品使用说明书编制专项安装或拆卸施工方案,明确相应的安全技术措施,以指导施工。

(2)专项安装或拆卸施工技术方案必须经企业技术负责人审核批准。方案的编制人员必须参加对装拆人员的安全技术交底,并履行签字手续。装拆人员必须持证上岗。

(3)物料提升机安装或拆卸的过程中,必须指定监护人员进行监护,发现违反工作程序或专项施工方案要求的应立即指出,予以整改,并做好监护记录,留档存查。

(4)物料提升机采用租赁形式或由专业施工单位进行安装或拆卸时,其专项安装或拆卸施工方案及相应计算资料须经发包单位技术复审。总包单位对其安装或拆卸过程负有督促落实各项安全技术措施的义务。

(5)使用单位应根据物料提升机的类型,建立相关的管理制度、操作规程、检查维修制度,并将物料提升机的管理纳入设备管理范畴,不得对卷扬机和架体分开管理。

(6)安装架体时,应将基础地梁(或基础杆件)与基础(或预埋件)连接牢固。每安装两个标准节(一般不大于 8 m),应采取临时支撑或临时缆风绳固定,并进行初校正,在确认稳定时,方可继续作业。

(7)安装龙门架时,两边立柱应交替进行,每安装两节,除将单肢柱进行临时固定外,尚应将两立柱在横向连成一体。

(8)利用建筑物内井道做架体时,各楼层进料口处的停靠门必须与司机操作处装设的层站标志灯进行联锁。阴暗处应装照明。

(9)架体各节点的螺栓必须紧固,螺栓应符合孔径要求,严禁扩孔和开孔,更不得漏装或以铅丝代替。

(10)缆风绳应选用直径不小于 9.3 mm 的圆股钢丝绳。高度在 20 m(含 20 m)以下时,缆风绳不少于 1 组(4～8 根)。高度在 20～30 m 时,缆风绳不少于 2 组。高架必须按要求设置附墙架,间距不大于 9 m。

(11)缆风绳应在架体四角有横向缀件的同一水平面上对称设置,缆风绳与地面的夹角不应大于 60°,其下端应与地锚可靠连接。

(12)卷扬机应安装在平整坚实的位置上,宜远离危险作业区,视线良好。因施工条件限制,卷扬机安装位置距施工作业区较近时,其操作棚的顶部应按《龙门架及井架物料提升机安全技术规范》(JGJ 88—2010)中防护棚的要求架设。

(13)固定卷扬机的锚杆应牢固可靠,不得以树木、电杆代替锚桩。

(14)当钢丝绳在卷筒中间位置时,架体底部的导向滑轮应与卷筒轴心垂直,否则应设置辅助导向滑轮,并用地梁、地锚、钢丝绳拴牢。

(15)钢丝绳在提升运动中应被架起,使其不拖于地面或被水浸泡。钢丝绳必须穿越主要干道时,应挖沟槽并加保护措施,严禁在钢丝绳穿行的区域内堆放物料。

(16)在拆除缆风绳或附墙架前,应先设置临时缆风绳或支撑,确保架体的自由高度不大于两个标准节(一般不大于 8 m)。

(17)拆除龙门架的天梁前,应先分别对两立柱采取稳固措施,保证单柱的稳定。

(18)拆除作业宜在白天进行。夜间作业应有良好的照明。因故中断作业时,应采取临时稳固措施。严禁从高处向下抛掷物件。

3.安全使用与管理

(1)物料提升机安装后,应由主管部门组织有关人员按规范和设计的要求进行检查验收,确定合格后发给使用证,方可交付使用。

(2)司机应经专门培训,人员要相对稳定,每班开机前,应对卷扬机、钢丝绳、地锚、缆风绳进行检查,并进行空车运行,确认安全装置安全可靠后方能投入工作。

(3)每月进行一次定期检查,由有关部门和人员参加,检查内容包括:金属结构有无开焊、锈蚀、永久变形,扣件、螺栓连接的紧固情况,提升机构磨损情况及钢丝绳的完好性,安全防护装置有无缺少、失灵和损坏,缆风绳、地锚、附墙架等有无松动,电气设备的接地或接零情况,断绳保护装置的灵敏度试验等。

(4)严禁人员攀登、穿越提升机架体和乘坐吊篮上下。

(5)物料在吊篮内应均匀分布,不得超出吊篮,严禁超载使用。

(6)设置灵敏可靠的联系信号装置,司机在通信联络信号不明时不得开机,作业中不论任何人发出紧急停车信号,均应立即执行。

(7)装设摇臂把杆的提升机,吊篮与摇臂把杆不得同时使用。

(8)提升机在工作状态下,不得进行保养、维修、排除故障等工作,若要进行则应切断电源并在醒目处挂"有人检修、禁止合闸"的标志牌,必要时应设专人监护。

(9)作业结束时,司机应降下吊篮,切断电源,锁好控制电箱门,防止其他无证人员擅自启动提升机。

7.1.3 施工升降机

施工升降机是高层建筑施工中运送施工人员上下及建筑材料和工具设备必备的重要垂直运输设施。

施工升降机又称为施工电梯,是一种使工作笼(吊笼)沿导轨作垂直(或倾斜)运动的机械,经常附着在建筑物的外侧,所以亦称外用电梯。其构造示意图如图7-1所示。

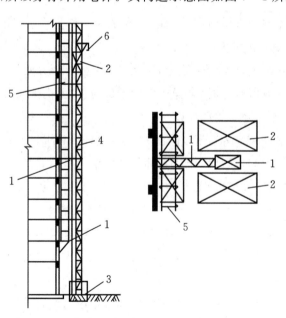

1—附着装置;2—梯笼;3—缓冲机构;4—塔架;5—脚手架;6—小吊杆。

图7-1 施工升降机示意图

1. 安全装置

（1）限速器。

为防止吊笼坠落，施工升降机装有限速器，一般采用单向限速器，沿吊笼下降方向起限速作用；也有双向限速器，可以沿吊笼的升降两个方向起限速作用。

（2）缓冲弹簧。

缓冲弹簧的作用是当吊笼发生坠落事故时，保证吊笼和配重下降着地时呈柔性接触，减轻吊笼和配重着地时的冲击。一般情况下，每个吊笼对应的底架上装有两个圆锥卷弹簧，也有采用四个圆柱螺旋弹簧的。

（3）上、下限位器。

上、下限位器是为防止吊笼上、下时超过需停位置，因司机误操作或电气故障等原因继续上行或下降引发事故而设置的装置，该装置安装在吊轨架和吊笼上。

（4）上、下极限限位器。

上、下极限限位器是在上、下限位器不起作用时，当吊笼运行超过限位开关和越程（限位开关与极限限位开关之间所规定的安全距离）后，能及时切断电源使吊笼停车。极限限位器安装在导轨器或吊笼上。

（5）安全钩。

安全钩是安装在吊笼上部的重要也是最后一道安全装置，它能使吊笼上行到导轨架顶部的时候，安全钩钩住导轨架，保证吊笼不发生倾翻坠落事故。

（6）急停开关。

当吊笼在运行过程中发生各种原因的紧急情况时，司机能在任何时候按下急停开关，使吊笼停止运行。

（7）门联锁装置。

施工升降机的吊笼门、底笼门均装有电气联锁开关，这样能有效地防止因吊笼或底笼门未关闭就启动运行而造成人员坠落和物料滚落等事故，只有当吊笼门和底笼门完全关闭时才能启动行运升降机。

（8）通信装置。

由于司机的操作室位于吊笼内，无法知道各楼层的需求情况和分辨不清哪个层面发出信号，因此必须安装一个闭路的双向电气通信装置，使司机能听到或看到每一层的需求信号。

2. 安装与拆卸管理

（1）安装与拆除作业必须是经当地建设行政主管部门认可、持有相应安拆资质证书的专业单位实施。专业单位根据现场工作条件及设备情况编制安拆施工方案。对作业人员进行分工和技术交底，确定指挥人员，划定安全警戒区域并设监护人员。

（2）安装与拆除作业的人员应由专业队伍中取得市级有关部门核发的资格证书的人员担任。参与安装与拆卸的人员，必须熟悉施工电梯的机械性能、结构特点，并具备熟练的操作技术和排除一般故障的能力，必须有强烈的安全意识。

（3）作业人员应明确分工，专人负责，统一指挥，严禁酒后作业。工作时须佩戴安全帽、安全带，穿防滑鞋，不得穿过于宽松的衣服，应穿工作服。

（4）选定合适的安装位置，以保证电梯能最大限度地发挥其运送能力并满足现场的具体情况。应尽量使施工电梯离建筑物的距离达到最小允许值，以利于整机的稳定。

（5）基础所在位置的地质情况必须达到生产厂家要求的承载力，同时还要考虑建筑物附着点处所能承受的最大作用力,应在建筑物上留好附着预留孔。

(6)安装过程中利用起重设备吊装各个部件(标准节、吊笼、附着架等),安装安全装置(限位碰块、极限碰块、限位开关、防坠器等),其间用经纬仪不断调整架体垂直度,以满足规范相关要求。

(7)安装完毕后,应反复试验,校验其动作的准确性和可靠度。

(8)将所有的滚轮、背轮间隙调整好,保证吊笼运行平稳。

(9)当所有安装工作结束后,应检查各紧固件有无松动,是否达到了规定的拧紧力矩,然后进行载荷试验及吊笼坠落试验,并将安全器正确复位。

(10)雷雨天、雪天及风速超过 10 m/s 的恶劣天气不能进行安装与拆卸作业。

(11)按照安全部门的规定,防坠器必须由具有相应资质的检测部门每两年检测一次。

(12)升降机每次安装后,施工企业应当组织有关职能部门和专业人员对升降机进行必要的试验和验收。确认合格后应当向当地建设行政主管部门认定的检测机构申报,经专业检测机构检测合格后,才能正式投入使用。验收的内容包括:基础的制作,架体的垂直度,附墙距离,顶端的自由高度,电气及安全装置的灵敏度检查测试,并做空载及额定荷载的试验运行进行验证。如实记录检查测试结果和对不符合规定问题的改正结果,确认电梯各项指标均符合要求。

(13)施工升降机的拆卸是一项重要的工作,必须由专业人员完成。拆卸前,必须对施工升降机进行一次全面的安全检查,进行吊笼模拟断绳试验。各项检查合格后,方可按照架设的逆过程(即先安装的后拆,后安装的先拆)进行施工升降机的拆卸。

3.安全使用与管理

(1)施工企业必须建立各类健全的施工升降机管理制度,落实专职机构和专职管理人员,明确各级安全使用和管理责任制。

(2)驾驶升降机的司机应经有关行政主管部门培训合格的专职人员,严禁无证操作。

(3)司机应做好日常检查工作,即在电梯每班首次运行时,应分别作空载和满载试运行,将梯笼升高离地面设计高度处停车,检查制动器的灵敏性和可靠性,确认正常后方可投入使用。

(4)建立和执行定期检查和维修保养制度,每周或每旬对升降机进行全面检查,对查出的隐患按"三定"原则落实整改。整改后须经有关人员复查确认符合安全要求后,方能使用。

(5)梯笼乘人、载物时,应尽量使荷载均匀分布,严禁超载使用。每个吊笼顶平台上的作业人员、配备工具及待安装的部件总重不得超过 650 kg。

(6)升降机运行至最上层和最下层时,严禁以碰撞上、下限位开关来实现停车。

(7)司机因故离开吊笼及下班时,应将吊笼降至地面,切断总电源并锁上电箱门,以防止其他无证人员擅自开动吊笼。

(8)风力达 6 级以上,应停止使用升降机,并将吊笼降至地面。

(9)各停靠层的运料通道两侧必须有良好的防护。楼层门应处于常闭状态,其高度应符合规范要求,任何人不得擅自打开或将头伸出门外,当楼层门未关闭时,司机不得开动电梯。

(10)应确保通信装置的完好,司机应当在确认信号后方能开动升降机。作业中无论任何人在任何楼层发出紧急停车信号,司机都应当立即执行。

(11)升降机应按规定单独安装接地保护和避雷装置。

(12)严禁在升降机运行状态下进行维修保养工作。若需维修,必须切断电源并在醒目处挂上"有人检修,禁止合闸"的标志牌,并有专人监护。

7.1.4 起重吊装安全技术

起重吊装包括结构吊装和设备吊装,起重吊装作业属高处危险作业,作业条件多变,专业性强,施工技术也比较复杂。因此,应从施工作业各方面采取相应安全技术措施,以保证起重吊装作业的安全。

1.施工方案

施工前应根据工程实际编制专项施工方案。专项施工方案的内容包括现场环境、工程概况、施工工艺、起重机械的选型依据、起重拔杆的设计计算、地锚设计、钢丝绳及索具的设计选用、地耐力及道路的要求、构件堆放就位图以及吊装过程中的各种安全防护措施及应急救援预案等。

专项施工方案必须针对工程状况和现场实际,具有指导性,并经上级技术部门审批确认符合要求。超规模的起重吊装作业,应组织专家对专项施工方案进行论证。

2.起重机械

(1)起重机械按施工方案要求选型,运到现场重新组装后,应进行试运转和验收,确认符合要求并有记录、签字。

(2)起重机械应按规定安装荷载限制器及行程限位装置,荷载限制器、行程限位装置应灵敏可靠。安全装置应按说明书规定进行检查,符合要求后方可使用。

(3)起重拔杆的选用应符合作业工艺要求,拔杆的规格尺寸通过设计计算确定,其设计计算应按照有关规范标准进行并经上级技术部门审批。

(4)拔杆选用的材料、截面以及组装形式,必须按设计图纸要求进行,组装后应经有关部门检验确认符合要求,并应由责任人签字。

(5)拔杆与钢丝绳、滑轮、卷扬机等组合好后,应先进行检查、试吊,确认符合设计要求,并做好试吊记录。

3.钢丝绳与地锚

(1)钢丝绳的结构形式、规格、强度等要符合机型要求。钢丝绳在卷筒上要连接牢固并按顺序整齐排列,当钢丝绳全部放出时,筒上至少要留三圈以上。起重钢丝绳的磨损、断丝按《起重机械安全规程》(GB 6067—2010)的要求,定期检查、报废。

(2)拔杆滑轮及地面导向滑轮的选用,应与钢丝绳的直径相适应,滑轮直径与钢丝绳直径的比值不应小于15;各组滑轮必须用钢丝绳牢靠固定,滑轮出现翼缘破损等缺陷时应及时更换。

(3)缆风绳使用的钢丝绳,其安全系数 K 应大于或等于3.5,规格应符合施工方案要求。缆风绳应与地锚牢固连接。

(4)地锚的埋设方法应经计算确定,地锚的位置及埋深应符合施工方案要求和拔杆作业时的实际角度。移动拔杆时,必须使用经过设计计算的正式地锚,不准随意拴在电线杆、树木和构件上。

4.吊点与索具

(1)根据重物的外形、重心及工艺要求选择吊点,并在方案中进行规定。吊点一般应与重物的重心在同一垂直线上,当采用几个吊点起吊时,应使各吊点的合力作用点在重物重心的位置之上,使重物在吊装过程中始终保持稳定位置。

(2)当构件无吊鼻需用钢丝绳捆绑时,必须对棱角处采取保护措施,防止切断钢丝。

(3)当索具采用编结连接时,编结长度不应小于15倍的绳径,且不应小于300 mm;当采用绳夹连接时,绳夹规格应与钢丝绳相匹配,绳夹数量、间距应符合规范要求。

(4)吊索规格应互相匹配,机械性能应符合设计要求。钢丝绳做吊索时,其安全系数 K 应在

6～8 之间。

5. 作业人员

(1)起重机司机属特种作业人员,应经正式培训考核并取得合格证书。合格证书或培训内容必须与司机所驾驶起重机类型相符。

(2)起重机作业应设专职信号指挥和司索人员,一人不得同时兼顾信号指挥和司索作业。吊装作业若在高处,必须专门设置信号传递人员,以确保司机清晰、准确地看到和听到指挥信号。

(3)作业前应按规定进行技术交底,并应有交底记录。

6. 作业环境

(1)起重机作业区路面的地耐力应符合该机的说明书要求,并应对相应的地耐力报告结果进行审查。作业道应路平整坚实,一般情况下纵向坡度不大于 3‰,横向坡度不大于 1‰。起重机行驶或停放时,应与沟渠、基坑保持 5 m 以上距离,且不得停放在斜坡上。

(2)起重机与架空线路安全距离应符合规范要求。

7. 起重吊装

(1)当多台起重机同时起吊一个构件时,必须随时掌握起重机起升的同步性,单机负载不得超过该机额定起重量的 80%。

(2)不得起吊埋于地下、粘在地面及其他物体上的重物。

(3)起重机作业时,任何人不应停留在起重臂下方,被吊物不应从人的正上方通过。

(4)起重机不能采用吊具运载人员;当吊运易散落物件时,应使用专用吊笼。

(5)起重机首次起吊或重物重量变换后首次起吊时,应先将重物吊离地面 200～300 mm 后停住,检查起重机的工作状态,在确认起重机稳定、制动可靠、重物吊挂平衡牢固后,方可继续起升。

8. 高处作业

(1)起重吊装在高处作业时,应按规定设置安全措施,防止高处坠落。屋架吊装以前,应预先在下弦挂设安全网,吊装完毕后,即将安全网铺设固定。

(2)吊装作业人员在高空移动和作业时,必须系牢安全带。安全带悬挂点应可靠,并应高挂低用。

(3)作业人员上下应有专用爬梯或斜道,不允许攀爬脚手架或建筑物。爬梯的制作和设置应符合高处作业规范关于攀登作业的规定。

(4)应按规定设置高处作业平台,作业平台应有搭设方案,临边应设置防护栏杆和封挂密目网。平台强度、护栏高度应符合规范要求。

9. 构件码放

(1)构件码放荷载应在作业面承载能力允许范围内平稳堆放,底部按设计位置设置垫木。

(2)大型构件码放应有保证稳定的措施。如屋架、大梁等,除在底部设垫木外,还应在两侧加设支撑,或将几榀大梁用方木、铁丝连成一体,提高其稳定性,侧向支撑沿梁长度方向不得少于 3 道。墙板堆放架应经设计计算确定,并确保地面满足抗倾覆要求。

(3)构件码放高度应在规定允许范围内。楼板堆放高度一般不应超过 1.6 m,柱子叠放不超过 2 层,梁不超过 3 层,大型屋面板、多孔板为 6～8 层,钢屋架不超过 3 层。各层的支承垫木应在同一垂直线上,各堆放构件之间应留不小于 0.7 m 宽的通道。

10. 警戒监护

(1)起重吊装作业前,应根据施工组织设计要求划定危险作业区域(警戒区),设置醒目的警示标志,防止无关人员进入。

（2）除设置标志外,还应视现场作业环境专门设置监护人员,防止高处作业或交叉作业时造成的落物伤人。

7.2　常用施工机具

建筑施工中除了必须用的大型垂直运输机械外,还会用到很多施工机具,包括木工的平刨、圆盘锯,钢筋加工的机械,搅拌机,打桩机等。这些常用的施工机具在使用中存在一些安全隐患,必须加强对施工机具的安全管理,确保施工生产所使用的施工机具符合安全生产的要求。

7.2.1　木工机具

木工机具种类繁多,这里仅介绍平刨和圆盘锯的安全技术,使用其他施工机具时,可参照类似情况考虑。

1. 平刨

木工刨床是专门用来加工木料表面（如表面的整直、修光、刨平等）的机具。木工刨床分平刨床和压刨床两种。平刨床又分手压平刨床和直角平刨床;压刨床分单面压刨床、双面压刨床和四面刨床三种。目前平刨床使用最为广泛。

（1）可能存在的安全隐患。

①由于木质不均匀,其节疤或倒丝纹的硬度超过周围木质的几倍,刨削过程中碰到节疤时,其切削力也相应增加几倍,使得两手推压木料原有的平衡突然被打破,木料弹出或翻倒,若操作人员的两手仍按原来的方式施力,可能伸进刨口,手指被切去。

②加工的木料过短,木料长度小于 250 mm。

③传动部位无防护罩。

④操作人员违章操作或操作方法不正确。

（2）安全措施与要求。

①平刨进入施工现场前,必然经过建筑安全管理部门验收,确认符合要求时,发给准用证或有验收手续方能使用。设备上必须挂合格牌。

②必须使用圆柱形刀轴,绝对禁止使用方轴。刨刀刃口伸出量不能超过外径 1.1 mm,刨口开口量不得超过规定值。

③手压平刨必须有安全防护装置（护手安全装置及传动部位防护罩）,操作前应检查各机械部件及安全防护装置是否松动或失灵,并检查刨刃锋利程度,经试车 1～3 min 后,才能进行正式工作,如刨刃已钝,应及时调换。

④刨削工件最短长度不得小于刨口开口量的 4 倍,在刨较短、较薄的木料时,应用推板去推压木料;长度不足 400 mm 或薄而窄的小料不得用手压刨。吃刀深度一般为 1～2 mm。

⑤刨削前,必须仔细检查木料有无节疤和铁钉,若有则需用冲头冲进去。操作时左手压住木料,右手均匀推进,不要猛推猛拉,切勿将手指按于木料侧面;刨料时,先刨大面当作标准面,然后再刨小面。两人同时操作时,须待料推过刨刃 150 mm 以外,下手方可接着操作。

⑥刨削过程中如感到木料振动太大,送料推力较大时,说明刨刀刃口已经磨损,必须停机更换锋利的刨刀。

⑦开机后切勿立即送料刨削,一定要等到刀轴运转平稳后方可进行刨削。操作人员衣袖要扎紧,不能戴手套。

⑧施工现场应设置木工平刨作业区,并搭设防护棚。若作业区位于塔吊作业范围之内,应搭

设双层防坠棚,在施工组织设计中予以策划和标识。同时,木工棚内须落实消防措施、安全操作规程及其责任人。

⑨机械运转时,不得进行维修,更不得移动或拆除护手装置。

2.圆盘锯

圆盘锯又叫圆锯机,是应用很广的木工机具,由床身、工作台和锯轴组成。

(1)可能存在的安全隐患。

①圆锯片在装上锯床之前未校正中心,使得圆锯片在锯切木材时仅有一部分锯齿参加工作,工作锯齿因受力较大而变钝,容易引起木材的飞掷。

②圆锯片有裂缝、凹凸、歪斜等缺陷,锯齿折断使得圆锯片在工作时发生撞击,引起木材飞掷及圆锯本身破裂等。

③传动皮带防护不严密。

④护手安全装置残损。

(2)安全措施与要求。

①圆盘锯进入施工现场前,必须经过建筑安全管理部门验收,确认符合要求,发给准用证或有验收手续方能使用。设备上必须挂合格牌。

②操作前,应检查机械是否完好,电器开关等是否良好,熔丝是否符合规格,并检查锯片是否有断、裂现象,并装好防护罩,运转正常后方能投入使用。

③锯片必须平整,不准安装倒顺开关,锯口要适当,锯片要与主动轴匹配、紧牢,不得有连续断齿,裂纹长度不得超过20 mm,有裂纹时应在其末端冲上裂孔,以阻止其裂纹进一步发展。锯片上方必须安装安全防护罩、挡板、松口刀,皮带传动处应有防护罩。

④操作时,操作人员应戴安全防护眼镜;操作人员站在锯片左侧的位置,不应与锯片站在同一直线上,以防止木料弹出伤人。

⑤木料锯到接近端头时,应由下手拉料进锯,上手不得用手直接送料,应用木板推送。锯料时,不准将木料左右搬动或高抬;送料时不宜用力过猛,遇木节要减慢进锯速度,以防木节弹出伤人。

⑥锯短料时,应使用推棍,不准直接用手推进,进料速度不得过快,下手接料必须使用刨钩。剖短料时,料长不得小于锯片直径的1.5倍,料高不得大于锯片直径的1/3。截料时,截面高度不准大于锯片直径的1/3。

⑦锯线走偏时,应逐渐纠正,不准猛扳。锯片运转时间过长,温度过高时,应用水冷却,直径600 mm以上的锯片应喷水冷却。

⑧木料卡住锯片时,应立即停车处理。

⑨操作用电应符合规范要求,采用三级配电二级保护,三相五线保护接零系统,并定期进行检查,设置漏电保护器并确保有效。

⑩操作开关必须采用单向按钮开关;无人操作时须断开电源。

7.2.2 钢筋加工机械

1.钢筋加工机械的种类

钢筋工程包括:钢筋基本加工(除锈、调直、切断、弯曲),钢筋冷加工,钢筋焊接、绑扎和安装等工序。在工业发达国家的现代化生产中,钢筋加工则由自动生产线连续完成。钢筋机械主要包括电动除锈机、机械调直机、钢筋切断机、钢筋弯曲机、钢筋冷加工机具(冷拉机具、拔丝机)、对焊机等。

2.安全措施与要求

(1)钢筋除锈机。

①使用电动除锈机前,要检查钢丝刷固定螺丝有无松动,检查封闭式防护罩装置及排尘设备的完好情况,防止发生机械伤害。

②使用移动式除锈机,要注意检查电气设备的绝缘及接地是否良好。

③操作人员要将袖口扎紧,戴好口罩、手套等防护用品,特别要戴好安全保护眼镜,防止圆盘钢丝刷上的钢丝甩出伤人。

④送料时,操作人员要侧身操作,严禁除锈机的正前方站人;长料除锈时需两人互相配合。

(2)钢筋调直机。

直径小于12 mm的盘状钢筋使用前,必须经过放圈、调直工序;局部曲折的直条钢筋,也需调直后使用。这种工作一般利用卷扬机完成。工作量较大时,采用带有剪切机构的自动矫直机,不仅生产率高、体积小、劳动条件好,而且能够同时完成钢筋的清刷、矫直和剪切等工序,还能矫直高强度钢筋。钢筋调直机使用时应注意:

①用机械冷拉调直钢筋时,必须将钢筋卡紧,防止断折和脱扣;机械的前方必须设置铁板加以防护。

②机械开动后,人员应站在两侧1.5 m以外,不准靠近钢筋行走,预防钢筋断折或脱扣弹出伤人。

(3)钢筋切断机。

钢筋的切断方法视钢筋直径大小而定,直径20 mm以下的钢筋用手动机床切断,大直径的钢筋则必须用专用机械——钢筋切断机来切断。

钢筋切断机有固定刀片和活动刀片,后者装在滑块上,靠偏心轮轴的转动获得往复运动,装在机床内部的曲轴连杆机构,推动活动刀片切断钢筋。这种切断机生产率约为每分钟切断30根,直径40 mm以下的钢筋均可切断。切割直径12 mm以下的钢筋时,每次可切5根。机械切断操作的安全要求如下:

①切断机切断钢筋时,断料的长度不得小于1 m;一次切断的根数,必须符合机械的性能,严禁超量切割。

②切断直径12 mm以上的钢筋时,需两人配合操作。人与钢筋要保持一定的距离,并应当稳住钢筋。

③断料时,料要握紧,在活动刀片向后退时将钢筋送进刀口,防止钢筋末端摆动或钢筋蹦出伤人。

④不要在活动刀片向前推进时向刀口送料,这样不能断准尺寸,还会发生机械或人身安全事故。

(4)钢筋弯曲机。

①机械正式操作前,应检查机械各部件,并进行空载试运转正常后,方能正式操作。

②操作时,注意力要集中,要熟悉工作盘旋转的方向,钢筋放置要与挡架、工作盘旋转方向相配合,不能放反。

③操作时,钢筋必须放在插头的中下部,严禁弯曲超截面尺寸的钢筋,回转方向必须准确,手与插头的距离不得小于200 mm。

④机械运行过程中,严禁更换芯轴、销子和变换角度等,不准加油和清扫。

⑤转盘换向必须待停机后再进行。

(5)钢筋对焊机。

钢筋对焊的原理是利用对焊机产生的强电流,使钢筋两端在接触时产生热量,待钢筋端部出现熔融状态时,通过对焊机加压顶锻,将钢筋连接成一体。钢筋对焊适用于焊接直径 10～40 mm 的Ⅰ、Ⅱ、Ⅲ级钢筋。焊机操作的安全要求如下:

①焊工必须经过专门安全技术和防火知识培训,经考核合格,持证者方准独立操作;徒工操作必须有师傅带领指导,不准独立操作。

②焊工施焊时,必须穿戴白色工作服、工作帽、绝缘鞋、手套、面罩等,并要时刻预防电弧光伤害;要及时通知周围无关人员离开作业区,以防伤害眼睛。

③钢筋焊接工作房应采用防火材料搭建,焊接机械四周严禁堆放易燃物品,以免引起火灾。工作棚内应备有灭火器材。

④遇六级以上大风天气时,应停止高处作业;雨、雪天应停止露天作业;雨雪后,应先清除操作地点的积水或积雪,否则不能进行作业。

⑤进行大量焊接生产时,焊接变压器不得超负荷,变压器温度不得超过 60 ℃;为此,要特别注意遵守焊机暂载率规定,以免过分发热而损坏。

⑥焊接过程中,如焊机有不正常响声,变压器绝缘电阻过小,导线破裂、漏电等,应立即停止使用,进行检修。

⑦焊机断路器的接触点、电极(铜头)等要定期检修,冷却水管应保持畅通,不得漏水和超过规定温度。

7.2.3 搅拌机

1.搅拌机的分类

搅拌机是用于拌制砂浆及混凝土的施工机械,在建筑施工中应用非常广泛。它以电为动力,机械传动方式有齿轮传动和皮带传动,以齿轮传动为主。搅拌机种类较多,根据用途不同分为砂浆搅拌机和混凝土搅拌机(也可用于拌制砂浆)两类;根据工作原理分为自落式和强制式两类。

2.搅拌机安全措施

(1)可能存在的安全隐患。

①临时施工用电不符合规范要求,缺少漏电保护或保护失效。

②机械设备在安装、防护装置上存在问题。

③施工人员违反操作规程。

(2)安全措施与要求。

①搅拌机使用前,必须经过建筑安全管理部门验收,确认符合要求,发给准用证或有验收手续方能使用。设备应挂上合格牌。搅拌机安全操作规程应悬挂在墙上,明确设备责任人,定期进行安全检查、设备维修和保养。

②安装场地应平整、夯实,机械安装要平稳、牢固。

③各类搅拌机(除反转出料搅拌机外)均为单向旋转进行搅拌,接电源时应注意搅拌筒转向要与搅拌筒上的箭头方向一致。

④开机前,先检查电气设备的绝缘和接地(采用保护接地时)是否良好,传动部位皮带轮的保护罩是否完整。

⑤工作时,先启动机械进行试运转,待机械运转正常后再加料搅拌,要边加料边加水;遇中途停机、停电时,应立即将料卸出,不允许中途停机后再重载启动。

⑥砂浆搅拌机加料时,不准用脚踩或用铁锹、木棒在筒口往下拨、刮拌合料,工具不能碰撞搅

拌叶,更不能在转动时把工具伸进料斗里扒浆。搅拌机料斗下方不准站人;停机时,起斗必须挂上安全钩。

⑦常温施工时,机械应安放在防雨棚内。若机械设置在塔吊运转作业范围内,必须搭设双层安全防坠棚。

⑧操作手柄应有保险装置,料斗应有保险挂钩。严禁非操作人员开动机械。

⑨作业后,要进行全面冲洗,筒内料要出净,料斗降落到坑内最低处。

7.2.4 手持电动工具

建筑施工中,手持电动工具常用于木材的锯割、钻孔、刨光和磨光加工及混凝土浇筑过程中的振捣作业等。

1.电动工具的分类

电动工具按其触电保护分为Ⅰ、Ⅱ、Ⅲ类。

Ⅰ类工具在防止触电的保护方面不仅依靠基本绝缘,而且它还包含一个附加的安全预防措施,使可触及的可导电零件在基本绝缘损坏的事故中不成为带电体。

Ⅱ类工具在防止触电的保护方面不仅依靠基本绝缘,而且它还提供双重绝缘或加强绝缘的附加安全预防措施和没有保护接地或依赖安装条件的措施。

Ⅲ类工具在防止触电保护方面依靠由安全特低电压供电和在工具内部不会产生比安全特低电压高的高压。其电压一般为36 V。

2.安全措施与要求

手持电动工具的安全隐患主要存在于电器方面,易发生触电事故。其相关安全措施与要求如下:

(1)手持电动工具使用前,必须经过建筑安全管理部门验收,确定符合要求,发给准用证或有验收手续方能使用。设备应挂上合格牌。

(2)一般场所选用Ⅱ类手持式电动工具时,应装设额定动作电流不大于15 mA,额定漏电动作时间小于0.1 s的漏电保护器。采用Ⅰ类(额定动作电流不大于30 mA)手持电动工具时,还必须做保护接零,并按规定穿戴绝缘用品或站在绝缘垫上。

(3)手持电动工具的负荷线必须采用耐气候型的橡皮护套铜芯软电缆,并不得有接头。电源进线长度应控制在标准范围,以符合不同的使用要求。

(4)手持电动工具的外壳、手柄、负荷线、插头、开关等必须完好无损,使用前必须做空载试验,运转正常才可投入使用。

(5)电动工具使用中不得任意调换插头,更不能将导线直接插入插座内。当电动工具不用或需调换工作头时,应及时拔下插头,但不能拉着电源线拔插头。在插插头时,开关应在断开位置,以防突然启动。

(6)使用电动工具过程中要经常检查,如发现绝缘损坏、电源线或电缆护套破裂、接地线脱落、插头插座开裂、接触不良及断续运转等故障时,应立即修理,否则不得使用。

(7)电动工具不适宜在含有易燃、易爆或腐蚀性气体及潮湿等的特殊环境中使用,并应存放于干燥、清洁和没有腐蚀性气体的环境中。对于非金属壳体的电机、电器,存放和使用时应避免与汽油等溶剂接触。

(8)长期搁置未用的电动工具,使用前必须用500 V兆欧表测定绕阻与机壳之间的绝缘电阻值,应不得小于7 MΩ,否则须进行干燥处理。

7.2.5 其他机具

1. 打桩机械

桩基础是建筑物及构筑物的基础形式之一,当天然地基的强度不能满足设计要求时,往往采用桩基础。桩基础通常是由若干根单桩组成,在单桩的顶部用承台连接成一个整体,构成桩基础。桩的施工机械种类繁多,配套设施也较多,施工安全问题主要涉及用电、机械、安全操作、空中坠物等诸多因素。

桩基工程施工所用的机械主要是打桩机械(简称桩机)。桩机一般由桩锤、桩架及动力装置组成。桩锤的作用是对桩施加冲击,将桩打入土中;桩架的作用是将桩吊到打桩位置,并在打入过程中引导桩的方向,保证桩沿着所要求的方向冲击;动力装置及辅助设备的作用是驱动桩锤,辅助打桩施工。这里简单介绍桩机的施工安全措施与要求。

(1)桩机械使用前,必须经过建筑安全管理部门验收,确认符合要求,发给准用证或有验收手续方能使用。设备应挂上合格牌。打桩安全操作规程应上牌,并认真遵守,明确责任人。具体操作人员应经培训教育和考核合格,持证并经安全技术交底后,方能上岗作业。

(2)打桩作业要有施工方案,桩机使用前应全面检查机械及相关部件,并进行空载试运转,严禁设备带"病"工作。

(3)各种桩机的行驶道路必须平整坚实,以保证移动桩机时的安全。

(4)临时施工用电应符合规范要求,启动电压下降一般不超过额定电压的10%,否则要加大导线截面。

(5)雨天施工时,电机应有防雨措施;遇到大风、大雾和大雨时,应停止施工。

(6)设备应定期进行安全检查和维修保养。

(7)打桩机应设有超高限位装置。高处检修时,不得向下乱丢物料。

2. 翻斗车

(1)施工现场用于运料的翻斗车,在行驶前,应检查锁紧装置,并将料斗锁牢,不得在行驶时掉斗。行驶时,应从一挡起步,不得用离合器处于半结合状态来控制车速。上坡时,当路面不良或坡度较大,应提前换入抵挡行驶;下坡时严禁空挡滑行;转弯时应减速并换入抵挡。翻斗制动时,应逐渐踏下制动踏板,并应避免紧急制动。停车时,应选择合适地点,不得在坡道上停车。冬季应采取防止车轮与地面冻结的措施。

(2)在坑沟边缘卸料时,应设置安全挡块,车辆接近坑边时,应减速行驶,不得剧烈冲撞挡块。

(3)严禁料斗内载人,料斗不得在卸料情况下行驶或进行平地作业。

(4)内燃机运转或料斗内载荷时,严禁在车底下进行任何作业。

(5)操作人员离机时,应将内燃机熄火,并摘挡拉紧手制动器。

(6)作业后,应对车辆进行清洗,清除砂土及混凝土等黏结在料斗和车架上的脏物。

3. 潜水泵

(1)潜水泵外壳必须做保护接零(接地),开关箱中装设漏电保护设施(15 mA×0.1 s),工作地点周围30 m水面以内不得有人、畜进入。

(2)潜水泵的保护装置应稳固灵敏。泵应放在坚固的篮筐里放入水中,或将泵的四周设立坚固的防护围网,泵应直立于水中,水深不得小于0.5 m,不得在含泥沙的混水中使用。泵放入水中或提出水面时,应先切断电源,严禁拉拽电缆或出水管。

4. 气瓶

(1)焊接设备的各种气瓶均应有不同的安全色标。一般情况下,氧气瓶为天蓝色瓶配黑字,乙炔瓶为白色瓶配红字,氢气瓶为绿色瓶配红字,液化石油气瓶为银灰色瓶配红字。

（2）不同种类的气瓶,瓶与瓶之间的间距不小于 5 m,气瓶与明火距离不小于 10 m。当不满足安全距离要求时应用非燃烧体或难燃烧体砌成的墙进行隔离防护。

（3）乙炔瓶使用或存放时只能直立,不能平放。乙炔瓶瓶体温度不能过超过 40 ℃

（4）施工现场的各种气瓶应集中存放在具有隔离措施的场所,存放环境应符合安全要求,存放处应有安全规定和标志。班组使用过程中的零散存放,不能存放在住宿区和靠近油料和火源的地方。存放区应配备灭火器材。氧气瓶与其他易燃气瓶（如乙炔瓶等）、油脂和其他易燃易爆物品应分别存放,且不得同车运输。

（5）使用和运输应随时检查气瓶防震圈的完好情况,为保护瓶阀应装好气瓶防护帽。

（6）禁止敲击、碰撞气瓶,以免损伤和损坏气瓶。

（7）夏季要防止阳光暴晒;冬天瓶阀冻结时,宜用热水或其他安全的方式解冻,不准用明火烘烤,以免气瓶材质的机械特性变坏和气瓶内压增高。

（8）瓶内气体不能用尽,必须留有剩余压力。可燃气体和助燃气体的余压宜留 0.49 MPa（5 Kgf/cm²）左右,其他气体气瓶的余压可低一些。

（9）不得用电磁起重机搬运气瓶,以免没电时气瓶从高空坠落而致气瓶损坏和爆炸。

（10）盛装易起聚合反应气体的气瓶不得置于有放射性射线的场所。

7.3　施工用电安全管理

随着国家基础设施建设的迅速发展,建设规模的不断扩大,施工现场的用电设备种类随之增多,使用范围也随之扩大。为了规范建设工程安全施工用电管理,提高安全用电管理水平,减少伤亡事故,保障人员生命财产安全,贯彻"安全第一,预防为主,综合治理"的方针,实现安全生产管理的标准化,必须制定施工安全用电管理的方法和措施,以求达到提高安全用电管理水平的目的。

7.3.1　施工用电方案

1.施工用电方案设计的基本原则

为保证施工现场临时用电的安全,要求施工用电设备数量在 5 台以下或设备总容量在 50 kW 以下时,制定符合规范要求的安全用电和电气防火措施;施工用电设备数量在 5 台以上或设备容量在 50 kW 及以上时,编制用电施工组织设计（施工用电方案）,并由主管部门审核后实施。制订施工用电方案的基本原则如下:

（1）采用三级配电系统。

①一级配电设施（总配电箱）起到总切断、总保护、平衡用电设备相序和计量的作用。应配置具备熔断并起切断作用的总隔离开关;在隔离开关的下面应配置漏电保护装置,经过漏电保护后支开用电回路,也可在回路开关上加装漏电保护功能;根据用电设备容量,配置相应的互感器、电流表、电压表、电度计量表、零线接线排和地线接线排等。

②二级配电设施（分配电箱）起到分配电总切断的作用。应配置总隔离开关、各用电设备前端的二级回路开关、零线接线排和地线接线排等。

③三级配电设施（开关箱）起到施工用电系统末端控制的作用。也就是单台用电设备的总控制,即一机一闸控制,应配置隔离开关、漏电保护开关和接零、接地装置。

（2）采用 TN－S 接零保护系统。

"T"表示电力系统中有一点（中性点）接地,"N"表示电气装置的外露可导电部分与电力系统的接地点(中性点)直接连接,"S"表示中性线和保护线是分开的。TN－S 系统是指电源系统有一直接接地点,负荷设备的外漏导电部分通过保护导体连接到此接地点的系统,即采取接零保护的系统,见图 7－2。TN－S 系统把工作零线 N 和专用保护接地线 PE 严格分开,系统正常运行时,专用保护线上没有电流,只是工作零线上有不平衡电流。PE 线对地没有电压,所以电气设备金属外壳接零保护是接在专用的保护线 PE 上,安全可靠。

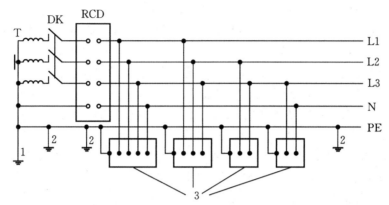

1—工作接地;2—PE 线重复接地;3—电气设备金属外壳;L1、L2、L3—相线;
N—工作零线;PE—保护零线;DK—总电源隔离开关;RCD—总漏电保护器;T—变压器。

图 7－2 专用变压器供电 TN－S 接零保护系统示意图

(3)采用二级漏电保护系统。

①总配电漏电保护可以起到线路漏电保护与设备故障保护的作用。

②二级漏电保护可以直接断开单台故障设备的电源。

2．施工用电方案设计的内容

施工用电方案设计的主要内容包括用电设计的原则,配电设计,用电设施管理和批准,施工用电工程的施工、验收和检查等。安全技术档案的建立、管理和内容等视作用电设计的延伸。具体设计内容包括:

(1)统计用电设备容量,进行负荷计算。

(2)确定电源进线、变电所或配电室、配电装置、用电设备位置及线路走向。

(3)选择变压器,设计配电系统。

(4)设计配电线路,选择导线或电缆。

(5)设计配电装置,选择电气元件。

(6)设计接地装置。

(7)绘制临时用电工程图纸,主要包括施工现场用电总平面图、配电装置布置图、配电系统接线图、接地装置设计图等。

(8)设计防雷装置,确定防护措施。

(9)制定安全用电措施和电气防火措施,施工现场安全用电管理责任制,临时用电工程的施工、验收和检查制度等。

3．施工现场临时用电的一般规定

考虑到用电事故的发生概率与用电的设计,设备的数量、种类、分布及负荷的大小有关,施工现场临时用电一般应符合以下要求:

(1)各施工现场必须设置一名电气安全负责人,电气安全负责人应由技术好、责任心强的电气技术人员或工人担任,责任是负责该现场日常安全用电管理。

(2)施工用电应定期检测。施工现场的一切电气线路、用电设备的安装和维护必须由持证电工负责,并严格执行施工组织设计的规定。

(3)施工现场视工程量大小和工期长短,必须配备足够的(不少于2名)持有关劳动安全监察部门核发电工证的电工。定期对施工现场电工和用电人员进行安全用电教育培训和技术交底。

(4)施工现场使用的大型机电设备,进场前应通知主管部门鉴定合格后才允许运进施工现场安装使用,严禁不符合安全要求的机电设备进入施工现场。

(5)一切移动式电动机具(如潜水泵、振动器、切割机、手持电动机具等)机身必须写上编号,检测绝缘电阻、检查电缆外绝缘层、开关、插头及机身是否完整无损,并列表报主管部门检查合格后才允许使用。

(6)施工现场严禁使用明火电炉(包括电工室和办公室)、多用插座及分火灯头,220 V的施工照明灯具必须使用护套线。

(7)施工现场应设专人负责临时用电的安全技术档案管理工作,定期经项目负责人检验签字。临时用电安全技术档案应包括的内容有:临时用电施工组织设计、临时用电安全技术交底、临时用电安全检测记录、电工维修工作记录等。

7.3.2 施工现场临时用电设施及防护技术

1.外电防护

在建工程不得在高(低)压线路下方施工、搭设作业棚和生活设施、堆放构件和材料等。在架空线路一侧施工时,在建工程(含脚手架)的外缘应与架空线路边线之间保持安全操作距离,最小安全操作距离如表7-2所示。

表7-2 最小安全距离

外电线路电压/KV	1	1~10	35~110	150~220	330~500
最小安全距离/m	4	6	8	10	15

注:①上下脚手架的斜道不宜设在有外电线路的一侧。②起重机的任何部位或被吊物边缘与10 KV以下的架空线路边缘的最小距离不得小于2 m。③施工现场开挖非热管道沟槽的边缘与埋地外电缆沟槽之间的距离不得小于0.5 m。④施工现场不能满足规定的最小距离时,必须按现行行业规范规定搭设防护设施并设置警告标志。在架空线路一侧或上方搭设或拆除防护屏障等设施时,必须停电后作业,并设监护人员。

2.配电线路

(1)架空线路宜采用木杆或混凝土杆。混凝土杆不得露筋,不得有环向裂纹和扭曲;木杆不得腐朽,其梢径不得小于130 mm。

(2)架空线路必须采用绝缘铜线或铝线,且必须经横担和绝缘子架设在专用电杆上。架空导线截面应满足计算负荷、线路末端电压偏移(不大于5%)和机械强度要求。严禁将架空线路架设在树木或脚手架上。

(3)架空线路相序排列应符合下列规定:在同一横担架设时,面向负荷侧,从左起为L1、N、L2、L3;与保护零线在同一横担架设时,面向负荷侧,从左起为L1、N、L2、L3、PE;动力线、照明线在两个横担架设时,面向负荷侧,上层横担从左起为L1、L2、L3,下层横担从左起为L1、(L2、L3)、N、PE;架空敷设挡距不应大于35 m,线间距离不应小于0.3 m。横担间最小垂直距离:高压与低压直线杆为1.2 m,分支或转角杆为1.0 m;低压与低压直线杆为0.6 m,分支或转角杆为0.3 m。

（4）施工用电电缆线路应采用埋地或架空敷设，不得沿地面明设；埋地敷设深度不应小于0.6 m，并应在电缆上下各均匀铺设不少于50 mm的细沙后再铺设砖等硬质保护层；电缆线路穿越建筑物、道路等易受损伤的场所时，应另加防护套管；架空敷设时，应沿墙或电杆做绝缘固定，电缆最大弧垂处距地面不得小于2.5 m。在建工程内的电缆线路应采用电缆埋地穿管引入，沿工程竖井、垂直孔洞等逐层固定，电缆水平敷设高度不应小于1.8 m。

（5）架空线敷设高度应满足下列要求：距施工现场地面不小于4 m；距机动车道不小于6 m；距铁路轨道不小于7.5 m；距暂设工程和地面堆放物顶端不小于2.5 m；距交叉电力线路0.4 kV线路不小于1.2 m，10 kV线路不小于2.5 m。

（6）照明线路的每一个单项回路上，灯具和插座数量不宜超过25个，并应装设熔断电流为15 A及以下的熔断保护器。

3.接地与防雷措施

人身触电事故一般分为两种情况：一是人体直接触及或过分靠近电气设备的带电部分；二是人体碰触平时不带电、却因绝缘损坏而带电的金属外壳或金属架构。针对这两种人身触电情况，必须从电气设备本身采取措施和从工作中采取妥善的保证人身安全的技术措施和组织措施。如搭设防护栏、栅栏等属于从电气设备本身采取的防止直接触电的安全技术措施。

（1）保护接地和保护接零。

电气设备的保护接地和保护接零是防止人身触电及绝缘损坏的电气设备所引起的触电事故而采取的技术措施。接地和接零保护方式是否合理，关系到人身安全，影响到供电系统的正常运行。因此，正确地运用接地和接零保护是电气安全技术中的重要内容。

其中保护零线应符合下列规定：保护零线应自专用变压器、发电机中性点处，或配电室、总配电箱进线处的中性线（N线）上引出；保护零线的统一标志为绿/黄双色绝缘导线，任何情况下不得使用绿/黄双色线作负荷线；保护零线（PE线）必须与工作零线（N线）相隔离，严禁保护零线与工作零线混接、混用；保护零线上不得装设控制开关或熔断器；保护零线的截面不应小于对应工作零线截面；与电气设备相连接的保护零线应采用截面不小于2.5 mm^{2}的多股绝缘铜线。保护零线的重复接地点不得少于三处，应分别设置在配电室或总配电箱处，以及配电线路的中间处和末端处。

（2）基本保护系统。

施工用电应采用中性点直接接地的380/220 V三相五线制低压电力系统，其保护方式应符合下列规定：施工现场由专用变压器供电时，应将变压器低压侧中性点直接接地，并采用TN-S接零保护系统；施工现场由专用发电机供电时，必须将发电机的中性点直接接地，并采用TN-S接零保护系统，且应独立设置；当施工现场直接由市电（电力部门变压器）等非专用变压器供电时，其基本接地、接零方式应与原有市电供电系统保持一致。在同一供电系统中，不得一部分设备做保护接零，另一部分设备做保护接地。

（3）接地电阻。

接地电阻包括接地线电阻、接地体本身的电阻及流散电阻。由于接地线和接地体本身的电阻很小（因导线较短，接地良好），可忽略不计，因此，一般认为接地电阻就是散流电阻，它的数值等于对地电压与接地电流之比。接地电阻可用冲击接地电阻、直接接地电阻和工频接地电阻，在用电设备保护中一般采用工频接地电阻。

电力变压器或发电机的工作接地电阻值不应大于4 Ω。在TN-S接零保护系统中，重复接地应与保护零线连接，每处重复接地电阻值不应大于10 Ω。

(4)施工现场的防雷保护。

多层与高层建筑施工应充分重视防雷保护。多层与高层建筑施工时,其四周的起重机、门式架、井字架、脚手架等突出建筑物很多,材料堆积也较多,万一遭受雷击,不但对施工人员造成生命危险,而且容易引起火灾,造成严重事故。因此,多层与高层建筑施工期间,应注意采取以下防雷措施:

①建筑物四周、起重机的最上端必须装设避雷针,并应将起重机钢架连接于接地装置上。接地装置应尽可能利用永久性接地系统。如果是水平移动的塔式起重机,其地下钢轨必须可靠地接到接地系统上。起重机上装设的避雷针,应能保护整个起重机及其电力设备。

②沿建筑物四角和四边竖起的木、竹架子上,做数根避雷针并接到接地系统上,针长最小应高出木、竹架子 3.5 m,避雷针之间的间距以 24 m 为宜。对于钢脚手架,应注意连接可靠并要可靠接地。如施工阶段的建筑物当中有突出高点,应如上述加装避雷针。雨期施工时,应随脚手架的接高加高避雷针。

③建筑工地的井字架、门式架等垂直运输架上,应将一侧的中间立杆接高,高出顶墙 2 m,作为接闪器,并在该立杆下端设置接地线,同时应将卷扬机的金属外壳可靠接地。

④施工时,应按照正式设计图纸的要求先做完接地设备,同时注意跨步电压的问题。

⑤随时将每层楼的金属门窗(钢门窗、铝合金门窗)与现浇混凝土框架(剪力墙)的主筋可靠连接。在开始架设结构骨架时,应按图纸规定,随时将混凝土柱的主筋与接地装置连接,以防施工期间遭到雷击而破坏。

⑥随时将金属管道、电缆外皮在进入建筑物的进口处与接地设备连接,并应把电气设备的铁架及外壳连接在接地系统上。

⑦防雷装置的避雷针(接闪器)可采用直径为 20 的钢筋,长度为 1～2 m;当利用金属构架做引下线时,应保证构架之间的电气连接;防雷装置的冲击接地电阻值不得大于 30 Ω。

4.配电箱及开关箱

(1)施工现场应设总配电箱(或配电室),总配电箱以下设分配电箱,分配电箱以下设开关箱,开关箱以下是用电设备。开关箱应实行"一机一闸"制,不得设置分路开关。

(2)施工用电配电箱、开关箱中应装设电源隔离开关、短路保护器、过载保护器,其额定值和动作整定值应与其负荷相适应。总配电箱、开关箱中还应装设漏电保护器。

(3)漏电保护器的额定漏电动作参数选择应符合下列规定:

①总配电箱内的漏电保护器,其额定漏电动作电流应大于 30 mA,额定漏电动作时间应大于 0.1 s,但其额定漏电动作电流 I 与额定漏电动作时间 t 的乘积不应大于 30 mA·s,即 $I \cdot t \leqslant$ 30 mA·s。

②开关箱(末级)内的漏电保护器,其额定漏电动作电流不应大于 30 mA,额定漏电动作时间不应大于 0.1 s;使用于潮湿场所时,其额定漏电动作电流不应大于 15 mA,额定漏电动作时间不应大于 0.1 s。

(4)施工用电动力配电与照明配电宜分箱设置,当合置在同一箱内时,动力配电与照明配电应分路设置。

(5)施工用电配电箱、开关箱应采用铁板(厚度为 1.2～2.0 mm)或阻燃绝缘材料制作,不得使用木质配电箱、木质开关箱及木质电器安装板。

(6)施工用电配电箱、开关箱应装设在干燥、通风、无外来物体撞击的地方,其周围应有足够两人同时工作的空间和通道。

（7）施工用电移动式配电箱、开关箱应装设在坚固的支架上，严禁在地面上拖拉。

（8）加强对配电箱、开关箱的管理，防止误操作造成危害；所有配电箱、开关箱应在其箱门处标注编号、名称、用途和分路情况。

5. 现场照明

（1）施工照明的室外灯具距地面不得低于 3 m，室内灯具距地面不得低于 2.4 m。

（2）一般场所，照明电压应为 220 V；隧道，人防工程，高温、有导电粉尘和狭窄场所，照明电压不应大于 36 V；潮湿和易触及照明线路场所，照明电压不应大于 24 V；特别潮湿、导电良好的地面、锅炉或金属容器内，照明电压不应大于 12 V。

（3）施工用电照明器具的形式和防护等级应与环境条件相适应。

（4）手持灯具应使用 36 V 以下电源供电；灯体与手柄应坚固、绝缘良好并耐热和耐潮湿。

（5）施工照明使用 220 V 碘钨灯应固定安装，其高度不应低于 3 m，距易燃物不得小于 500 mm，并不得直接照射易燃物，不得将 220 V 碘钨灯用作移动照明。

（6）需要夜间或暗处施工的场所，必须配置应急照明电源。夜间可能影响行人、车辆、飞机等安全通行的施工部位或设施、设备，必须设置红色警戒照明。

6. 配电室与配电装置

（1）闸具、熔断器参数应与设备容量匹配。手动开关电器只允许用于直接控制照明电路和容量不大于 5.5 kW 的动力电路，容量大于 5.5 kW 的动力电路应采用自动开关电器或降压启动装置控制。各种开关的额定值应与其控制用电设备的额定值相适应。更换熔断器的熔体时，严禁使用不符合原规格的熔体代替。

（2）配电室应靠近电源，并设在无灰尘、无蒸汽、无腐蚀介质及无振动的地方。成列的配电屏（盘）和控制屏（台）两端应与重复接地线及保护零线进行电气连接。

（3）配电屏（盘）周围的通道宽度应符合规定。配电室和控制室应能自然通风，并应采取防止雨雪和动物出入的措施。

（4）配电室的建筑物和构筑物的耐火等级应不低于三级，室内配备砂箱和绝缘灭火器；配电屏（盘）应装设有功、无功电度表，并分路装设电流、电压表；配电屏（盘）应装设短路、过负荷保护装置和漏电保护器；电流表与计费电度表不得共用一组电流互感器；配电屏（盘）上的各配电线路应编号，并标明用途标记；配电屏（盘）或配电线路维修时，应悬挂停电标志牌。停电、送电必须由专人负责。

（5）电压为 400/230 V 的自备发电机组及其控制室、配电室、修理室等，在保证电气安全距离和满足防火要求的情况下可合并设置；发电机组的排烟管道必须伸出室外；发电机组及其控制室、配电室内严禁存放储油桶；发电机组电源应与外电线路电源联锁，严禁并列运行；发电机组应采用三相四线制中性点直接接地系统，并须独立设置，其接地电阻不得大于 4 Ω。

7.3.3 安全用电知识

（1）进入施工现场时，不要接触电线、供配电线路以及工地外围的供电线路；遇到地面有电线或电缆时，不要用脚踩踏，以免意外触电。

（2）看到"当心触电""禁止合闸""止步，高压危险"等标志牌时，要特别留意，以免触电。

（3）不要擅自触摸、乱动各种配电箱、开关箱、电气设备等，以免触电。

（4）不能用潮湿的手去扳开关或触摸电气设备的金属外壳。

（5）衣物或其他杂物不能挂在电线上。

（6）施工现场的生活照明应尽量使用荧光灯。使用灯泡时，不能紧挨着衣物、蚊帐、纸张、木屑等易燃物品,以免发生火灾。施工中使用手持行灯时,要用36 V以下的安全电压。

(7)使用电动工具以前要检查工具外壳、导线绝缘皮等,如有破损应立即请专职电工检修。

(8)电动工具的线不够长时,要使用电源拖板。

(9)使用振捣器、打夯机时,不要拖拽电缆,要有专人收放。操作者要戴绝缘手套、穿绝缘靴等防护用品。

(10)使用电焊机时要先检查拖把线的绝缘情况;电焊时要戴绝缘手套、穿绝缘靴等防护用品,不要直接用手去碰触正在焊接的工件。

(11)使用电锯等电动机械时,要有防护装置。

(12)电动机械的电缆不能随地拖放,如果无法架空只能放在地面时,要加盖板保护,防止电缆受到外界的损伤。

(13)开关箱周围不能堆放杂物。拉合闸刀时,旁边要有人监护。收工后,要锁好开关箱。

(14)使用电器时,如遇跳闸或熔丝熔断时,不要自行更换或合闸,要由专职电工进行检修。

习　题

1.简述塔式起重机、物料提升机及施工升降机安装和拆除的有关要求。

2.塔式起重机、物料提升机及施工升降机的安全使用有哪些要求?

3.起重吊装作业中,哪些人员应经正式专业培训、考试合格并取得特种作业人员操作证后持证上岗?

4.起重吊装常见的安全事故有哪些? 能据此编制相应的安全作业措施吗?

5.搅拌机的安全使用注意事项有哪些?

6.钢筋焊接机械的安全使用注意事项有哪些?

7.简述打桩机械的安全要求与安全事故的预防措施。

8.手持电动工具分为哪几类?

9.简述手持电动工具的安全隐患、安全要求与安全事故的预防措施。

10.施工用电方案设计应包括哪些内容?

11.什么是保护接地? 什么是保护接零?

12.施工用电的接地电阻是如何规定的?

13.何谓"三级配电两级保护"和"一漏一箱"?

14.进入施工现场应从哪些方面预防触电?

第8章

安全文明施工

8.1 施工现场场容管理

施工现场安全文明施工是指在建设工程施工过程中以一定的组织机构为依托,建立文明施工管理系统,采取相应措施,在保证施工安全的前提下,保持施工现场良好的作业环境、卫生环境和工作秩序,避免对作业人员身心健康及周围环境产生不良影响的活动过程。

为保证安全文明施工,须对施工现场加强管理。施工现场管理的基本任务是根据生产管理的普遍规律和施工的特殊规律,以每一个具体工程(建筑物或构筑物)和相应的施工现场为对象,正确地处理好施工过程中的劳动力、劳动对象和劳动手段的相互关系及其在空间布置上和时间安排上的各种矛盾,做到人尽其才、物尽其用,又快、又好、又省、又安全地完成施工任务,为社会提供更多、更好的建筑产品。

8.1.1 文明施工

文明施工主要是指工程建设实施阶段中,有序、规范、标准、整洁、科学地进行建设施工生产活动。

实现文明施工主要包括以下几个方面的工作:规范施工现场的场容,保持作业环境的整洁卫生;科学组织施工,使生产有序进行;减少施工对周围居民和环境的影响;保证职工的安全和身体健康;而且还要做好现场材料、机械、安全、技术、保卫、消防和生活卫生等方面的管理工作。

1.文明施工的意义

(1)文明施工能促进建筑企业综合管理水平的提高。保持良好的作业环境和秩序,对促进安全生产、加快施工进度、保证工程质量、降低工程成本、提高经济和社会效益有较大作用。文明施工涉及人、财、物各个方面,贯穿于施工全过程之中,一个工地的文明施工水平是该工地乃至所在建筑企业在工程项目施工现场的综合管理水平的体现。

(2)文明施工是适应现代化施工的客观要求。现代化施工需要采用先进的技术、工艺、材料、设备和科学的施工方案,需要严密组织、严格要求、标准化管理和高素质的职工。文明施工能适应现代化施工的要求,是实现优质、高效、低耗、安全、清洁、卫生的有效手段。

(3)文明施工有利于员工的身心健康,有利于培养和提高施工队伍的整体素质。文明施工可以提高职工队伍的文化、技术和思想素质,培养尊重科学、遵守纪律、团结协作的大生产意识,促进建筑企业精神文明建设,从而可以促进施工队伍整体素质的提高。

(4)文明施工代表建筑企业的形象。良好的施工环境与施工秩序,可以得到社会的支持和信赖,提高建筑企业的知名度和市场竞争力。

2.文明施工专项方案

工程开工前,施工单位须将文明施工纳入施工组织设计,编制文明施工专项方案,制定相应的文明施工措施,并确保文明施工措施费的投入。

文明施工专项方案应由工程项目技术负责人组织人员编制,送施工单位技术部门的专业技术人员审核,报施工单位技术负责人审批,经项目总监理工程师(建设单位项目负责人)审查同意后执行。文明施工专项方案一般包括以下内容:

(1)施工现场平面布置图,包括:临时设施,现场交通,现场作业区,施工设备机具,安全通道,消防设施及通道的布置、成品、半成品、原材料的堆放等。大型工程平面布置因施工其变动较大,可按基础、主体、装修三阶段进行施工平面图设计。

(2)施工现场围挡的设计。

(3)临时建筑物、构筑物、道路场地硬地化等单体的设计。

(4)现场污水排放、现场给水(含消防用水)系统设计。

(5)粉尘、噪声控制措施。

(6)现场卫生及安全保卫措施。

(7)施工区域内及周边地上建筑物、构造物及地下管网的保护措施。

(8)制定并实施防高处坠落、物体打击、机械伤害、坍塌、触电、中毒、防台风、防雷、防汛、防火灾等应急救援预案(包括应急网络)。

3.文明施工的组织和制度管理

(1)组织管理。

文明施工是施工企业、建设单位、监理单位、材料供应单位等参建各方的共同目标和共同责任,建筑施工企业是文明施工的主体,也是主要责任者。

施工现场应成立以项目经理为第一责任人的文明施工管理组织。分包单位应服从总包单位的文明施工管理组织的统一管理,并接受监督检查。

(2)制度管理。

各项施工现场管理制度应包含文明施工的规定。具体包括个人岗位责任制、经济责任制、安全检查制度、持证上岗制度、奖惩制度、竞赛制度和各项专业管理制度等。

加强和落实现场文明检查、考核及奖惩管理,以促进施工文明管理工作提高。检查范围和内容应全面周到,包括生产区、生活区、场容场貌、环境文明及制度落实等内容。检查发现的问题应采取整改措施。

4.文明施工的基本要求

(1)施工现场主出入口必须醒目,并在明显的位置设"五牌一图"(工程概况牌、消防保卫牌、安全生产牌、文明施工牌、管理人员名单及监督电话牌、施工现场总平面图)。工程概况牌要标明工程规模、性质、用途、发包人、设计人、承包人、监理单位名称和开、竣工日期、施工许可证批准文号等。

(2)工地内要设立"两栏一报"(宣传栏、读报栏、黑板报),针对施工现场情况,并适当更换内容,确实起到鼓舞士气,表扬先进的作用。

(3)建立文明施工责任制,划分区域,明确管理负责人,实行挂牌制,施工现场的管理人员在施工现场应当佩戴证明其身份的证卡。

(4)应当做好施工现场安全保卫工作,采取必要的防盗措施,在现场周边设立围护设施。

(5)施工现场场地平整,道路坚实畅通,有排水措施;在适当位置设置花草等绿化植物,美化环境;基础、地下管道施工完后要及时回填平整、清除积土;现场施工临时水电要有专人管理,不得有长流水、长明灯。

(6)施工区域与宿舍区域严格分隔,并有门卫值班;场容场貌整齐、有序,材料区域堆放整齐,在施工区域和危险区域设置醒目安全警示标志。

（7）施工现场的临时设施，包括生产、生活、办公用房、仓库、料具场、管道，以及照明、动力线路，要严格按施工组织设计确定的施工平面图布置、搭设或埋设整齐，并符合卫生、通风、照明等要求。职工的膳食、饮水供应等应当符合卫生要求。

（8）施工现场的各种安全设施和劳动保护器具，必须定期进行检查和维护，及时消除隐患，保证其安全有效。有严格的成品保护措施，严禁损坏污染成品。

（9）应当严格依照《中华人民共和国消防条例》的规定，在施工现场建立和执行防火管理制度，设置符合消防要求的消防设施，并保持完好的备用状态。在容易发生火灾的地区施工，或者储存、使用易燃易爆器材时，应当采取特殊的消防安全措施。

（10）严格遵守各地政府及有关部门制定的与施工现场场容有关的法规。

8.1.2 施工现场场容管理

施工现场按照功能可划分为施工作业区、辅助作业区、材料堆放区和办公生活区。施工现场的办公生活区应当与作业区分开设置，并保持安全距离。办公生活区通常应当设置于在建建筑物坠落半径之外，与作业区之间设置防护措施，进行明显的划分隔离，以免人员误入危险区域；若办公生活区必须设置在建筑物坠落半径之内，应采取可靠的防砸措施。功能区的规划设置还应考虑交通、水电、消防、卫生、环保等因素。

1. 施工现场场容管理的意义和内容

（1）场容管理的意义。

施工现场的场容管理，实际上是根据施工组织设计的施工总平面图，对施工现场进行的管理，它是保持良好的施工现场秩序，保证交通道路和水电畅通，实现文明施工的前提。场容管理的好坏，不仅关系到工程质量的优劣、人工材料消耗的多少，而且还关系到生命财产的安全，因此，场容管理体现了建筑工地管理水平和施工人员的精神状态。

（2）场容管理的内容。

施工现场场容管理的主要内容有：

①严格按照施工总平面图的规定建设各项临时设施，堆放大宗材料、成品、半成品及生产设备。

②审批各参建单位需用场地的申请，根据不同时间和不同需要，结合实际情况，在总平面图设计的基础上进行合理调整。

③贯彻当地政府关于场容管理有关条例，实行场容管理责任制度，做到场容整齐、清洁、卫生、安全，保持交通畅通，防止污染。

（3）常见的场容问题。

开工之初，一般工地场容管理较好，随着工程铺开，由于控制不严，未按施工程序办事，场容逐渐乱起来，常见的场容问题有：

①随意弃土与取土，形成坑洼和堵塞道路。

②临时设施搭设杂乱无章。

③全场排水无统一规划，洗刷机械和混凝土养护排出的污水遍地流淌，道路积水，泥浆飞溅。

④材料进场，不按规定场地堆放，某些材料、构件过早进场，造成场地拥塞，特别是预制构件不分层和不分类堆放，随地乱摆，大量损坏。

⑤施工余料残料清理不及时，日积月累，废物成堆。

⑥拆下的模板、支撑等周转材料任意堆放，甚至用来垫路铺沟，被埋入土中。

⑦管沟长期不回填,到处深沟壁垒,影响交通,危及安全。

⑧管道损坏,阀门不严,水流不断。

⑨乱接电源,乱拉电线。

2. 施工现场场容管理的原则和方法

(1)实行场容管理责任制度。

按专业分工种实行场容管理责任制,把场容管理的目标进行分解,落实到有关专业和工种,是实行场容管理责任制的基本任务。例如,土方施工必须按指定地点堆土,谁挖土,谁负责;现场混凝土搅拌站,水泥库,砂石堆场的场容,由混凝土搅拌站人员管理;搅拌站前的道路清理,污水排放,由使用混凝土的单位负责;砌筑、抹灰用的砂浆搅拌机,水泥、砖、砂堆场和落地灰、余料的清理,由瓦工、抹灰工负责;模板、支撑及配件,钢木门窗的清理码放,由木工负责;钢筋及其半成品,余料的堆放,由钢筋工负责;脚手杆、跳板、扣件等的清理堆放,由架子工负责;水暖管材及配件的清理、归堆、码放由管道工负责。

为了明确场容管理的责任,可以通过施工任务或承包合同落实到责任者。

(2)进行动态管理。

施工现场的情况是随着工程进展不断变化的,为了适应这种变化,不可避免地要经常对现场平面布置进行调整,但必须在总平面图的控制下,严格按照场容管理的各项规定,进行动态管理。

(3)勤于检查,及时整改。

场容管理检查工作要从工程施工开始直至竣工交验为止。检查结果要与各工种的施工任务书的结算结合起来,凡是责任区内场容不符合规定的,不予结算,责令限期整改。

3. 施工现场场容要求

(1)现场围挡。

①市区主要路段和市容景观道路及机场、码头、车站广场的工地应设置高度不小于2.5 m的封闭围挡;一般路段的工地应设置高度不小于1.8 m的封闭围挡。

②围挡须沿施工现场四周边连续设置,不得留有缺口,做到坚固、平直、整洁、美观。

③围挡应采用砌体、金属板材等硬质材料,禁止使用彩条布、竹笆、石棉瓦、安全网等易变形材料。

④围挡应根据施工场地地质、周围环境、气象、材料等进行设计,确保围挡的稳定性、安全性。围挡禁止用于挡土、承重,禁止依靠围挡堆放物料、器具等。

⑤砌筑围墙厚度不得小于180 mm,应砌筑基础大放脚和墙柱,基础大放脚埋地深度不小于500 mm(在混凝土或沥青路上有坚实基础的除外),墙柱间距不大于4 m,墙顶应做压顶。墙面应采用砂浆抹光抹平、涂料刷白。

⑥板材围挡底里侧应砌筑300 mm高、不小于180 mm厚砖墙护脚,外立压型钢板或镀锌钢板通过钢立柱与地面可靠固定,并刷上与周围环境协调的油漆和图案。围挡应横不留隙、竖不留缝,底部用直角扣牢。

⑦雨后、大风后以及春融季节应当检查围挡的稳定性,发现问题及时处理。

(2)封闭管理。

①施工现场应有一个以上的固定出入口,出入口应设置大门,大门高度一般不得低于2 m。

②大门处应设门卫室,实行人员出入登记制度、门卫人员职守管理制度及交接班制度,并应配备门卫职守人员,禁止无关人员进入施工现场。

③施工现场人员均应佩戴证明其身份的证卡,管理人员和施工作业人员应戴(穿)分颜色区

别的安全帽(工作服)。

④施工现场出入口应标有企业名称或标识,并应设置车辆冲洗设施。

(3)施工场地。

①施工现场的场地应当平整,清除障碍物,无坑洼和凹凸不平,雨季不积水,暖季应适当绿化。

②施工现场应有防止扬尘的措施。经常洒水,对粉尘源进行覆盖遮挡。

③施工现场应设置排水设施,且排水通畅无积水。设置排水沟及沉淀池,不应有跑、冒、滴、漏等现象,现场废水不得直接排入市政污水管网和河流。

④施工现场应有防止泥浆、污水、废水污染环境的措施。

⑤施工现场应设置专门的吸烟处,严禁随意吸烟。

⑥现场存放的油料、化学溶剂等应设有专门的库房,地面应进行防渗漏处理。禁止将有毒、有害废弃物作土方回填。

⑦施工现场应设置密闭式垃圾站,建筑垃圾、生活垃圾应分类存放,并及时清运出场;建筑物内外的零散碎料和垃圾渣土应及时清理。清运必须采用相应容器或管道运输,严禁凌空抛掷;现场严禁焚烧各类垃圾及有毒有害物质。

⑧楼梯踏步、休息平台、阳台等处不得堆放料具和杂物。

⑨施工机械应按照施工总平面图规定的位置和线路布置,不得侵占场内外道路,保持车容机貌整洁,及时清理油污和施工造成的污染。

(4)道路。

①施工现场的主要道路及材料加工区地面应进行硬化处理。硬化材料可以采用混凝土、预制块或用石屑、焦渣、砂头等压实整平,保证不沉陷,不扬尘,防止泥土带入市政道路。

②施工现场道路应畅通,应当有循环干道,满足运输、消防要求。

③路面应平整坚实,中间起拱,两侧设排水设施,主干道宽度不宜小于3.5 m,载重汽车转弯半径不宜小于15 m,如因条件限制,应当采取措施。

④道路的布置要与现场的材料、构件、仓库等料场、吊车位置相协调、配合;应尽可能利用永久性道路,或先建好永久性道路的路基,在土建工程结束之前再铺路面。

(5)安全警示标志。

安全警示标志是指提醒人们注意的各种标牌、文字、符号以及灯光等。一般来说,安全警示标志包括安全色和安全标志。安全色分为红、黄、蓝、绿四种颜色,分别表示禁止、警告、指令和提示。

安全标志分禁止标志(共40种)、警告标志(共39种)、指令标志(共16种)和提示标志(共8种)。安全警示标志的图形、尺寸、颜色、文字说明和制作材料等,均应符合国家标准规定。

根据国家有关规定,施工现场入口处、施工起重机械、临时用电设施、脚手架、出入通道口、楼梯口、电梯井口、孔洞口、桥梁口、隧道口、基坑边沿、爆破物及有害危险气体和液体存放处等属于危险部位,应当设置明显的安全警示标志。

8.1.3 临时设施

临时设施是指施工期间临时搭建、租赁的各种设施。临时设施的种类主要有办公设施、生活设施、生产设施、辅助设施,包括道路、现场排水设施、围墙、大门、供水处、吸烟处等。

1.临时设施的选址

办公生活临时设施的选址,首先,应考虑与作业区相隔离,保持安全距离;其次,位置的周边环境必须具有安全性,例如不得设置在高压线下,也不得设置在沟边、崖边、河流边、强风口处、高墙下以及滑坡、泥石流等灾害地质带上和山洪可能冲击到的区域。

安全距离是指在施工坠落半径和高压线防电距离之外。建筑物高度 2~5 m,坠落半径为 2 m;建筑物高度 30 m,坠落半径为 5 m,如因条件限制,办公和生活区设置在坠落半径区域内,必须有防护措施。1 kV 以下裸露输电线的安全距离为 4 m,330~550 kV 的安全距离为 15 m。

(1)临时设施布置在工地现场以外时,按照生产的需要选择适当的位置,行政管理的办公室等应靠近工地或是工地现场出入口。

(2)临时设施布置在工地现场以内时,一般布置在现场的四周或集中于一侧。

(3)临时设施如混凝土搅拌站、钢筋加工厂、木材加工厂等,应全面分析比较确定位置。

2.临时设施搭设的一般要求

(1)施工现场的办公区、生活区和施工区须分开设置,并采取有效隔离防护措施,保持安全距离;办公区、生活区的选址应符合安全性要求。尚未竣工的建筑物内禁止用于办公或设置员工宿舍。

(2)施工现场临时用房应进行必要的结构计算,符合安全使用要求,所用材料应满足卫生、环保和消防要求。宜采用轻钢结构拼装活动板房,或使用砌体材料砌筑,搭建层数不得超过两层。严禁使用竹棚、油毡、石棉瓦等柔性材料搭建。装配式活动房屋应具有产品合格证,应符合国家和本省的相关规定要求。

(3)临时用房应具备良好的防潮、防台风、通风、采光、保温、隔热等性能。墙壁应抹光抹平刷白,顶棚应抹灰刷白或吊顶,办公室、宿舍、食堂等窗地面积比不应小于 1:8,厕所、淋浴间窗地面积比不应小于 1:10。

(4)临建设施内应按《施工现场临时用电安全技术规范》(JGJ 46—2012)要求架设用电线路,配线必须采用绝缘导线或电缆,应根据配线类型采用瓷瓶、瓷(塑料)夹、嵌绝缘槽、穿管或钢索敷设,过墙处应穿管保护,非埋地明敷干线距地面高度不得小于 2.5 m,低于 2.5 m 的必须采取穿管保护措施。室内配线必须有漏电保护、短路保护和过载保护,用电应做到"三级配电两级保护",未使用安全电压的灯具距地高度应不低于 2.4 m。

(5)生活区和施工区应设置饮水桶(或饮水器),供应符合卫生要求的饮用水,饮水器具应定期消毒。饮水桶(或饮水器)应加盖、上锁、有标志,并由专人负责管理。

3.临时设施的搭设和使用管理

(1)办公室。

办公室应建立卫生值日制度,保持卫生整洁、明亮美观,文件、图纸、用品、图表摆放整齐。办公用房的防火等级应符合规范要求。

(2)职工宿舍。

①宿舍应当通风、干燥,防止雨水、污水流入;应设置可开启式窗户,并设置外开门。

②宿舍内应保证有必要的生活空间,室内净高不得小于 2.5 m,通道宽度不得小于 0.9 m,每间宿舍居住人员不应超过 16 人,人均面积不应小于 2.5 m²;宿舍内的单人铺不得超过两层,严禁使用通铺,床铺应高于地面 0.3 m,人均床铺面积不得小于 1.9 m×0.9 m,床铺间距不得小于 0.3 m。

③宿舍内应设置生活用品专柜,有条件的宿舍宜设置生活用品储藏室;室内严禁存放施工材料、施工机具和其他杂物。

④宿舍在炎热季节应有防暑降温和防蚊虫叮咬措施,设有盖垃圾桶,不乱泼、乱倒,保持卫生

清洁;寒冷地区冬季宿舍应有保暖措施、防煤气中毒措施,火炉应当统一设置、管理。

⑤宿舍周围应当搞好环境卫生,应设置垃圾桶、鞋柜或鞋架,生活区内应为作业人员提供晾晒衣物的场地;房屋外应道路平整,排水沟涵畅通,晚间有充足的照明。

⑥应当制定宿舍管理使用责任制,轮流负责卫生和使用管理或安排专人管理。严禁私拉乱接电线,严禁使用电炉、电饭锅等大功率设备和使用明火。防火等级应符合规范要求。

(3)食堂。

①食堂应当选择在通风、干燥的位置,防止雨水、污水流入。应当保持环境卫生,远离厕所、垃圾站、有毒有害场所等污染源的地方,装修材料必须符合环保、消防要求。

②食堂应设置独立的制作间、储藏间;配备必要的排风设施和冷藏设施,安装纱门纱窗,室内不得有蚊蝇,门下方应设不低于 0.2 m 的防鼠挡板。

③食堂制作间灶台及其周边应贴瓷砖,瓷砖的高度不宜小于 1.5 m;地面应做硬化和防滑处理,按规定设置污水排放设施。

④制作间的刀、盆、案板等炊具必须生熟分开,食品必须有遮盖,遮盖物品应有正反面标识,炊具宜存放在封闭的橱柜内;应有存放各种佐料和副食的密闭器皿,并应有标识,粮食存放台距墙和地面应大于 0.2 m。

⑤食堂的燃气罐应单独设置存放间,存放间应通风良好并严禁存放其他物品。

⑥食堂外应设置密闭式垃圾桶,并应及时清运,保持清洁。

⑦应当制定并在食堂张挂食堂卫生责任制,责任落实到人,加强管理。

(4)厕所。

①施工现场应保持卫生,不准随地大小便。应设置水冲式或移动式厕所,厕所地面应硬化,门窗齐全。蹲坑间宜设置搁板,搁板高度不宜低于 0.9 m。

②厕所大小应根据施工现场作业人员的数量设置。高层建筑施工超过 8 层以后,每隔四层宜设置临时厕所。

③厕所应设置三级化粪池,化粪池必须进行抗渗处理,污水通过化粪池后方可接入市政污水管线。卫生应有专人负责清扫、消毒,化粪池应及时清掏。

④厕所应设置洗手盆,厕所的进出口处应设有明显标志。

(5)淋浴间。

①施工现场应设置男女淋浴间与更衣间,淋浴间地面应做防滑处理,淋浴喷头数量应按不少于住宿人员数量的 5% 设置,排水、通风良好,寒冷季节应供应热水。更衣间应与淋浴间隔离,设置挂衣架、橱柜等。

②淋浴间照明器具应采用防水灯头、防水开关,并设置漏电保护装置。

③淋浴室应专人管理,经常清理,保持清洁。

8.1.4　料具管理

施工现场的料具管理,属于生产领域物资使用过程的管理,是施工建筑企业物资管理的基本环节,同时也是安全生产、文明施工的重要内容。

1. 料具管理的概念及分类

料具是材料和工具的总称。材料是劳动对象,是指人们为了获得某些物质财富在生产过程中以劳动作用其上的一些物品。按其在施工中的作用,材料可分为主要材料、辅助材料、周转材料等。工具是劳动资料,也称劳动手段,是指人们用以改变或影响劳动对象的一切物质资料。

料具管理是指为满足施工所需而对各种料具进行计划、供应、保管、使用、监督和调节等的总称。它包括流通(供应)和消费两个过程。

(1)现场材料管理。

建筑工程施工现场是建筑材料(包括形成工程实体的主要材料、结构件以及有助于工程形成的其他材料)的消耗场所,现场材料管理在施工生产不同阶段有不同的管理内容。

①施工准备阶段的现场材料管理工作的主要内容是:了解工程概况,调查现场条件,计算材料用量,编制材料计划,确定供料时间和存放位置。

根据施工预算,提出材料需用量计划及构、配件加工计划,做到品种、规格、数量准确。

根据施工组织设计确定的施工平面图,布置堆料场地、搭设仓库。堆料场地要平整、不积水,构件存放地点要夯实。仓库要符合防雨、防潮、防盗、防火要求。木料场必须有足够的防火设施。料场和仓库附近道路畅通,有回旋余地,便于进料和出料,雨季有排水措施。

根据施工组织设计确定的施工进度,考虑材料供应的间隔期,安排各种材料的进场次序和时间,组织材料分批分期进场,做到既能尽量少占用堆料场地和仓库,又能在确保生产正常进行的情况下,留有适当的储备。

②施工阶段的现场材料管理工作的主要内容是:进场材料验收、现场材料保管和使用。

材料管理人员应全面检查、验收入场材料,应特别注意规格、质量、数量等方面,还要妥善保管,减少损耗。严格按施工平面图计划的位置存放。

③施工收尾阶段的现场材料管理工作的主要内容是:保证施工材料的顺利转移,对施工中产生的建筑垃圾及时过筛、挑拣复用,随时处理不能利用的建筑垃圾。

(2)工具管理。

①工具的分类。

按工具的价值和使用期限分为固定资产工具、低值易耗工具、消耗性工具。

按工具的使用范围分为专用工具、通用工具。

按工具的使用方式分为个人使用工具、班组共用工具。

②工具管理方法。

大型工具和机械一般采用租赁办法,就是将大型工具集中一个部门经营管理,对基层施工单位实行内部租赁,并独立核算。基层施工单位在使用前要提出计划,主管部门经平衡后,双方签订租赁合同,明确双方权利、义务和经济责任,规定奖罚界限。这样就可以适应大型工具专业性强,安全要求高的特点,使大型工具能够得到专业、经常的养护,确保安全生产。

小型生产工具和机械则可以采取"定包"办法,小型工具是指不同工种班组配备使用的低值易耗工具和消耗工具。这部分工具对班组实行定包,特别是一些劳保用品,要发放到每个工人,并监督工人正确使用,让工人养成一个良好的习惯。

周转材料、模板、脚手架料管理则可以按照现场材料的管理办法进行管理。

2.料具管理的一般要求

(1)施工现场外临时存放施工材料,必须经有关部门批准,并应按规定办理临时占地手续。

(2)建设工程现场施工材料(包括料具和构配件)必须严格按照平面图确定的场地码放,并设立标志牌。材料码放整齐,不得妨碍交通和影响市容,堆放散料时应进行围挡,围挡高度不得低于0.5 m。

(3)施工现场各种料具应分规格码放整齐、稳固。预制圆孔板、大楼板、外墙板等大型构件和大模板存放时,场地应平整夯实,有排水措施,并设1.2 m高的围栏进行防护。

(4)施工现场的材料保管,应依据材料性能采取必要的防雨、防潮、防晒、防冻、防火、防爆、防损坏、防锈蚀等措施。贵重物品、易燃、易爆和有毒物品应及时入库,专库专管,加设明显标志,并建立严格的领退料手续。

(5)施工中使用的易燃、易爆材料,严禁在结构内部存放,并严格以当日的需求量发放。

(6)施工现场应有用料计划,按计划进料,使材料不积压、减少退料。同时做到钢材、木材等料具合理使用,长料不短用,优材不劣用。

(7)材料进出现场应有查验制度和必要手续。现场用料应实行限额领料,领退料手续齐全。

(8)施工现场剩余料具(包括容器)应及时回收,堆放整齐并及时清退。水泥库内外散落灰必须及时清用,水泥袋认真打包、回收。

(9)保证施工现场清洁卫生。搅拌机四周、拌料处及施工现场内无废弃砂浆和混凝土;运输道路和操作面落地料及时清用;砂浆、混凝土倒运时,应用容器或铺垫板;浇筑混凝土时,应采取防撒落措施;砖、砂、石和其他散料应随用随清,不留料底;工人操作应做到活完料净脚下清。

(10)施工现场应设垃圾站,及时集中分拣、回收、利用、清运。垃圾清运出现场必须到批准的消纳场地倾倒,严禁乱倒乱卸。

3. 施工现场料具存放要求

(1)大堆材料的存放要求。

①机砖码放应成丁(每丁为200块)、成行,高度不超过1.5 m;加气混凝土块、空心砖等轻质砌块应成垛、成行,堆码高度不超过1.8 m;耐火砖不得淋雨受潮;各种水泥方砖及平面瓦不得平放。

②砂、石、灰、陶粒等存放成堆,场地平整,不得混杂;色石渣要下垫上盖,分档存放。

(2)水泥的存放要求。

①库内存放:水泥库要具备有效的防雨、防水、防潮措施;分品种型号堆码整齐,离墙不少于10 cm,严禁靠墙;垛底架空垫高,保持通风防潮,垛高不超过10袋;抄底使用,先进先出,库门上锁,专人管理。

②露天存放:临时露天存放必须具备可靠的盖、垫措施,下垫高度不低于30 cm,做到防水、防雨、防潮、防风。

③散灰存放:应存放在固定容器(散灰罐)内,没有固定容器时应设封闭的专库存放,并具备可靠的防雨、防水、防潮等措施。

④袋装粉煤灰、白灰粉应存放在料棚内,或码放整齐后搭盖以防雨淋。

(3)钢材及金属材料的存放要求。

①材料须按规格、品种、型号、长度分别挂牌堆放,底垫不小于20 cm。

②有色金属、薄钢板、小口径薄赔管应存放在仓库或料棚内,不得露天存放。

③码放要整齐,做到一头齐、一条线。盘条要靠码整齐,成品半成品及剩余料应分类码放,不得混堆。

(4)油漆涂料及化工材料的存放要求。

①按品种、规格,存放在干燥、通风、阴凉的仓库内,严格与火源、电源隔离,温度应保持在5 ℃至30 ℃之间。

②保持包装完整及密封,码放位置要平稳牢固,防止倾斜与碰撞;应先进先发,严格控制保存期;油漆应每月倒置一次,以防沉淀。

③应有严格的防火、防水、措施,对于剧毒品、危险品(电石、氧气等),须设专库存放,并有明显标志。

（5）其他轻质装修材料的存放要求。

①应分类码放整齐，底垫木不低于 10 cm，分层码放时高度不超过 1.8 m。

②应具备防水、防风措施，应进行围挡、上盖；石膏制品应存放在库房或料棚内，竖立码放。

（6）周转料具的存放要求。

①应随拆、随整、随保养，码放整齐；各种扣件、配件集中堆放，并设围挡。

②钢支撑、钢跳板分层填倒码放成方，高度不超过 1.8 m。

③组合钢模板应扣放（或顶层扣放）；大模板应对面立放，倾斜角不小于 70°，大模板需要搭插放架时，插放架的两个侧面必须做剪刀撑；清扫模板或刷隔离剂时，必须将模板支撑牢固，两模板之间有不少于 60 cm 的走道。

8.2 治安与环境管理

施工现场治安管理工作的内容，主要是在企业和项目的领导下，充分发挥保卫部门的职能作用，广泛组织全体员工积极参与，依靠员工的力量，运用政治的、经济的、行政的、教育的、文化的和在公安机关配合下的法律手段，预防和惩罚违法犯罪行为，逐步限制和消除产生违法犯罪的土壤和条件，建立良好稳定的施工秩序，确保工程建设的顺利进行，安全文明施工。

环境保护是按照法律法规、各级主管部门和建筑企业的要求，保护和改善作业现场的环境，控制各种污染源对环境的污染和危害，使社会的经济发展与人类的生存环境相协调。以环境保护为目的的环境管理是施工项目管理的重要部分。建设工程项目环境管理的目的是保护生态环境，控制作业现场的各种粉尘、废水、废气、固体废弃物以及噪声、振动对环境的污染和危害，考虑能源节约和避免资源的浪费。

8.2.1 治安管理

治安管理就是为了维护施工现场正常的工作秩序，保障各项工作的顺利进行，保护企业财产和施工人员人身、财产的安全，预防和打击犯罪行为。

1.治安保卫工作的任务

施工企业对施工现场治安保卫工作实行统一管理。企业有关部门负责监督、检查、指导施工现场落实治安保卫责任制，进行业务指导。施工现场治安保卫工作的主要任务：

（1）贯彻方针，学习教育。

认真贯彻执行国家、地方和行业治安保卫工作的法律、法规和规章。施工企业要结合施工现场特点，对施工现场有关人员开展社会主义法制教育、敌情教育、保密教育和防盗、防火、防破坏、防治安灾害事故教育等治安保卫工作的宣传，增强施工人员的法制观念和治安意识，提高警惕，动员和依靠群众积极同违法犯罪行为做斗争。

每月对职工进行一次治安教育，每季度召开一次治保会，定期组织保卫检查。根据法律、法规规定，协助公安机关对犯罪分子、劳动教养所外执行人员进行监督、考察和教育。

（2）制定制度，落实措施。

制定和完善各项工作制度，落实各项具体措施，以维护施工现场的治安秩序。

①治安保卫人员管理。

施工企业要加强治安保卫队伍建设，提高治安保卫人员和值班守卫人员的素质，保持治安保卫人员的相对稳定。积极和当地公安机关结合，搞好企业治安保卫队伍建设。由施工企业提出申请，经公安机关批准，可以建立经济民警、专职治安保卫组织，为施工现场治安保卫工作提供可靠的人员保证。

施工现场聘用的专职、兼职保卫人员,要身体健康,品行良好,具有相应的法律知识和安全保卫知识;施工现场任命的保卫组织负责人,应当具有安全保卫工作经验和一定的组织管理、指挥能力;重要岗位保卫人员应当按照公安机关制定的保卫人员上岗标准,经过培训,取得上岗合格证书,方可从事保卫工作;有违法犯罪记录的人员,不得从事保卫工作。

已聘用、任命的保卫人员、保卫组织负责人,不符合条件的,施工企业应当安排对其进行培训,限期达到规定条件;经培训仍不符合条件的,施工企业应当及时另行聘用或任命符合条件的人员担任保卫人员、保卫组织负责人。

②治安保卫制度管理。

施工企业应当制定和完善各项治安保卫工作制度,建立一个治安保卫管理体系。根据国家有关规定,结合施工现场实际,建立以下有关制度:

A.门卫、值班、巡逻制度;

B.现金、票证、物资、产品、商品、重要设备和仪器、文物等安全管理制度;

C.易燃易爆物品、放射性物质、剧毒物品的生产、使用、运输、保管等安全管理制度;

D.机密文件、图纸、资料的安全管理和保密制度;

E.施工现场内部公共场所和集体宿舍的治安管理制度;

F.治安保卫工作的检查、监督制度的考核、评比、奖惩制度;

G.施工现场需要建立的其他治安保卫制度。

③治安保卫机构管理。

施工现场的治安保卫工作,贯彻"依靠群众,预防为主,确保重点,打击犯罪,保障安全"的方针,坚持"谁主管,谁负责"的原则,实行综合治理,建立并落实治安保卫责任制,纳入生产经营的目标管理之中,治安保卫工作要因地制宜、自主管理;治安保卫工作应当纳入单位领导责任制。

治安保卫机构与其他机构合建的,治安保卫工作应当保持相对独立。现场应当设立专、兼职治安保卫人员。新建、改建、扩建的建设项目,建设施工现场应当同步规划防盗、防火、防破坏、防治安灾害事故等技术预防设施。重点建设项目的设计会审、竣工验收应当通知公安机关派人参加。重点建设项目的工程承包合同,应有工程治安保卫条款,明确建设施工现场的职责,落实工程治安保卫工作的经费和措施。

④重点部位防范管理。

加强重点防范部位、贵重物品、危险物品等的安全管理。施工企业应当按照地方人民政府的有关规定正确划定施工现场的要害部门、部位;制定和落实要害部门、部位的各项治安保卫制度和措施,经常进行安全检查,消除隐患,堵塞漏洞;要害部门、部位的职工应当严格按照规定条件配备,经培训合格后方可上岗工作;要害部门、部位应当安装报警装置和其他技术防范装置。

⑤经费与设施管理。

施工企业要为保卫组织配备必要的装备,并安排必要的业务经费;为施工现场配备安全技术防范设施和器材。

(3)积极配合,组织活动。

施工现场保卫组织是在施工企业领导和公安机关的监督、指导下,依照法律、法规规定的职责和权限,进行治安保卫工作。应积极配合当地公安机关组织的各项活动,加强治安信息工作,发现可疑情况、不安定事端及时报告公安、企业保卫部门;发生事故或案件,要保护刑事、治安案件和治安灾害事故现场,抢救受伤人员和物资,并及时向公安、企业保卫部门报告,协助公安机关、企业保卫部门做好侦破和处理工作;参加当地公安机关组织的治安联防、综合治理活动,协助公安机关查破刑事案件和查处治安案件、治安灾害事故。

(4)其他治安保卫工作。

做好法律、法规和规章规定的其他治安保卫工作,办理人民政府及其公安机关交办的其他治安保卫事项。

施工现场治安保卫工作还有:内部各施工队伍的治安管理;调解、疏导施工现场内部纠纷,消除、化解不安定因素,维护施工现场的内部稳定;提高警惕,对职责范围内的地区巡视、勤检查,组织安全检查,及时发现和消除治安隐患;对公安机关指出的治安隐患和提出的改进建议,在规定的期限内解决,并将结果报告公安机关;对暂时难以解决的治安隐患,采取相应的安全措施;防止发生偷窃或治安灾害事故的发生。

2.治安保卫工作的落实

做好施工现场治安保卫工作,应从以下方面着手落实:

(1)实行双向承诺,明确责权,规范治安承诺。

①总承包企业的项目经理部配合当地派出所向施工现场的所有施工队伍公开承诺检查、防范等各项工作内容、各项责任追究及赔偿办法。

②所有施工队伍向派出所承诺,依照施工现场治安保卫条例落实防范措施的内容,互签治安承诺服务责任书,健全警企主要责任人联系议事、赔偿责任金管理等制度,从而使双方各司其职,风险共担,责任共负。

通过签订双向治安承诺责任书,明确项目经理部和施工队伍的权利义务关系,促进管防措施的落实。项目经理部应将治安承诺责任书悬挂在施工现场门口,实行公开挂牌保护。

(2)专业保安驻厂,阵地前移,落实治安承诺。

驻场专业保安的任务是协助公司从门卫值班、安全教育到调查、处理纠纷和各类案件的防范等,主要做到"两建一查一提高"。

①"两建":建立一套行之有效的安全管理制度;建立内保自治队伍,并负责相关培训工作。

②"一查":驻场专业保安与内部干部每天对各环节安全生产情况进行一次检查,对施工现场内部及周边各类纠纷及时调查、处理,做到"三个及时,稳妥调处",即工地内部发生纠纷,责任区专业保安与内保干部及时赶到、及时调查、及时处理,不让纠纷久拖不决,不使纠纷扩大升级,保证不影响施工现场的正常生产经营。

③"一提高":聘请政法部门的领导和专家到场讲课,提高职工的法律意识。

(3)构筑防范网络,固本强基,拓展治安承诺。

扎实的防范工作是治安的基础平台。要牢固树立"管理就是服务"的思想,加强对施工现场安全防范工作的检查,指导、督促各项防范措施落实。

①通过认真分析施工现场的治安环境,建立由点到线、由线到面的立体防控体系,做到人防、物防和技防相结合,增大防范力度,提高防范效益。

②重点狠抓不同施工队伍的"单位互防",即由项目部组织施工现场成立联合巡逻队开展护场安全保卫工作,重点加强对要害部位、重要机械和原材料生产的安全保卫和夜间巡逻。

(4)加强内保建设,群防群治,夯实治安承诺。

治安保卫工作的实践告诉我们,要提高施工现场治安控制力,就必须加强以内保组织为核心的群防群治建设。

①加强内保组织建设。施工现场要建立保卫科,配齐、配强一名专职保卫科长,选取治安积极分子作为兼职内保员。保卫科定期召开会议研究解决工作中遇到的新情况、新问题,找出薄弱

环节,有针对性地开展工作。

②加强规范化建设。保卫科要做到"八有",即有房子、有牌子、有章、有办公用品、有档案、有台账、有规章制度、有治安信息队伍。保卫科长与责任区民警合署办公,每月到派出所参加例会,总结汇报上月工作情况,接受新的工作部署和安排。

③发挥职能作用。内保组织要认真履行法制宣传、安全防范、调解纠纷和落实帮教等方面的职责,积极协助派出所做好预防和管理工作。

3. 现场治安管理制度

(1)项目部由安全负责人挂帅,成立由管理人员、工地门卫以及工人代表参加的治安保卫工作领导小组,对工地的治安保卫工作全面负责。

(2)及时对进场职工进行登记造册,主动到公安外来人口管理部门申请领取暂住证,门卫值班人员必须坚持日夜巡逻,积极配合公安部门做好本工地的治安联防工作。

(3)集体宿舍应做到定人定位,不得男女混居,杜绝聚众斗殴、赌博、嫖娼等违法事件发生,不准留宿身份不明的人员,来客留住工地必须经工地负责人同意,并登记备案,保证集体宿舍的安全。

(4)施工现场人员组成复杂,流动性较大,给施工现场管理工作带来诸多不利的因素,考虑到治安和安全等问题,必须对暂住人员制定切实可行的管理制度,严格管理。

(5)成立治保组织或者配备专(兼)职治保人员,协助做好暂住人员管理工作。

(6)做好防火防盗等安全保卫工作,资金、危险品、贵重物品等必须妥善保管。

(7)经常对职工进行法律法制知识及道德教育,使广大职工知法、懂法,从而减少或消除违法案件的发生。

(8)严肃各项纪律制度,加强社会治安、综合治理工作,健全门卫制度和各项综合管理制度,增强门卫的责任心。门卫必须坚持对外来人员进行询问登记,身份不明者不准进入工地。

(9)夜间值班人员必须流动巡查,发现可疑情况,立即报告项目部进行处理。

(10)当班门卫一定要坚持岗位,不得在班中睡觉或做其他事情。

(11)发现违法乱纪行为,应及时予以劝阻和制止,对严重违法犯罪分子,应将其扭送或报告公安部门处理。

(12)夜间值班人员要做好夜间火情防范工作,一旦发现火情,立即发出警报,严重火情要及时报警。

(13)搞好警民联系,共同协作搞好社会治安工作。

(14)及时调解职工之间的矛盾和纠纷,防止矛盾激化,对严重违反治安管理制度人员进行严肃处理,确保全工程无刑事案件、无群体斗殴、无集体上访事件发生,以求一方平安,保证工程施工正常进行。

(15)生活办公区要设有职工学习娱乐室。室内应备有电视机、各种杂志、书报和其他娱乐工具,丰富职工业余文化生活;学习娱乐场所应干净整洁,布置美观,由专人负责管理,严禁进行不健康的娱乐活动。

8.2.2 环境管理

1. 环境管理的特点与意义

(1)建设工程项目环境管理的特点。

①复杂性。建筑产品的固定性和生产的流动性,决定了环境管理的复杂性。建筑产品生产过程中生产人员、工具和设备总是在不断流动的,外加建筑产品受不同外部环境影响的因素多,

使环境管理很复杂,稍有考虑不周就会出现问题。

②多样性。建筑产品生产过程的多样性和生产的单件性,决定了环境管理的多样性。每一个建筑产品都要根据其特定要求进行施工,因此,对于每个建设工程项目都要根据其实际情况,制订健康安全管理计划,不可相互套用。

③协调性。建筑产品不能像其他许多工业产品一样可以分解为若干部分同时生产,而必须在同一固定场地按严格程序连续生产,上一道程序不完成,下一道程序不能进行,上一道工序生产的结果往往会被下一道工序所掩盖,而且每一道程序由不同的人员和单位来完成。因此,在环境管理中要求各单位和各专业人员横向配合和协调,共同注意产品生产过程接口部分的环境管理的协调性。

④不符合性。产品的委托性决定了环境管理的不符合性。建筑产品在建造前就确定了买主,按建设单位特定的要求委托进行生产建造。而建设工程市场在供大于求的情况下,业主经常会压低标价,造成产品的生产单位对健康安全管理的费用投入减少,使得不符合环境管理有关规定的现象时有发生。这就要建设单位和生产组织都必须重视对环保费用的投入,不可不符合环境管理的要求。

⑤持续性。产品生产的阶段性决定了环境管理的持续性。建设工程项目从立项到投产使用要经历五个阶段,即设计前的准备阶段(包括项目的可行性研究和立项)、设计阶段、施工阶段、使用前的准备阶段(包括竣工验收和试运行)、保修阶段。这五个阶段都要十分重视项目的安全和环境问题,持续不断地对项目各个阶段可能出现的安全和环境问题实施管理。否则,一旦在某个阶段出现环境问题就会造成投资的巨大浪费,甚至造成工程项目建设的失败。

⑥经济性。产品的时代性和社会性决定了环境管理的经济性。建设工程产品是时代政治、经济、文化、风俗的历史记录,表现了不同时代的艺术风格和科学文化水平,反映一定社会的、道德的、文化的、美学的艺术效果,成为可供人们观赏和旅游的景观。建设工程产品是否适应可持续发展的要求,工程的规划、设计、施工质量的好坏,受益和受害不仅仅是使用者,也是整个社会。因此,除了考虑各类建设工程的使用功能相互协调外,还应考虑各类工程产品的时代性和社会性要求,其涉及的环境因素多种多样,应逐一加以评价和分析。

另外,建设工程不仅应考虑建造成本,还应考虑其寿命期内的使用成本。环境管理注重包括工程使用期内的成本,如能耗、水耗、维护、保养、改建更新的费用,并通过比较分析,判定工程是否符合经济要求,一般采用生命周期法可作为对其进行管理的参考。因此,环境管理的经济性体现在环境管理要求节约资源,并以减少资源消耗来降低环境污染,环境与资源二者是完全一致的。

(2)建设工程项目环境管理的意义。

①保护和改善施工环境是保证人们身体健康和社会文明的需要。采取专项措施防止粉尘、噪声和水污染,保护好作业现场及其周围的环境,是保证职工和相关人员身体健康、体现社会总体文明的一项利国利民的重要工作。

②保护和改善施工现场环境是消除对外干扰,保证施工顺利进行的需要。随着人们的法制观念和自我保护意识的增强,尤其在城市中,施工扰民问题反映突出,应及时采取防治措施,减少对环境的污染和对市民的干扰,也是施工生产顺利进行的基本条件。

③保护和改善施工环境是现代化大生产的客观要求。现代化施工广泛应用新设备、新技术、新的生产工艺,对环境质量要求很高,如果粉尘、振动超标就可能损坏设备、影响功能发挥,使设备难以发挥作用。

④保护和改善施工环境是节约能源、保护人类生存环境、保证社会和建筑企业可持续发展的需要。人类社会即将面临环境污染和能源危机的挑战，为了保护子孙后代赖以生存的环境条件，每个公民和建筑企业都有责任和义务来保护环境。良好的环境和生存条件，也是建筑企业发展的基础和动力。

2.环境管理方案的落实

建筑企业应根据环境管理体系运行的要求，结合环境管理方案，对所有可能对环境产生影响的人员进行相应的培训，主要内容有：

(1)符合环境方针与程序和符合环境管理体系要求的重要性。

(2)个人工作对环境可能产生的影响。

(3)在实现环境保护要求方面的作用与职责。

(4)违反规定的运行程序和规定产生的不良后果。

建筑企业要组织有关人员，通过定期或不定期的安全文明施工大检查来落实环境管理方案的执行情况，对环境管理体系的运行实施监督检查。

对项目安全文明施工大检查中发现的环境管理的不符合项，由主管部门开出不符合报告，项目技术部门根据不符合项分析产生的原因，制定纠正措施，交由专业工程师负责落实实施。

对环境管理过程进行培训、检查、审核等所有工作都应进行记录。

3.污染的防治

施工现场的环境保护从各类污染的防治着手。

(1)大气污染的防治。

大气污染物的种类有数千种，已发现有危害作用的有100多种，其中大部分是有机物。大气污染物通常以气体状态和粒子状态存在于空气中。

施工现场空气污染的防治措施主要针对粒子状态污染物和气体状态污染物进行治理。

①施工现场的主要道路必须进行硬化处理，应指定专人定期洒水清扫，形成制度，防止道路扬尘；土方应集中堆放；裸露的场地和集中堆放的土方应采取覆盖、固化或绿化等措施。

②拆除建筑物、构筑物时，应采用隔离、洒水等措施，并应在规定期限内将废弃物清理完毕。

③施工现场土方作业应采取防止扬尘措施。

④从事土方、渣土和施工垃圾运输应采用密闭式运输车辆或采取覆盖措施；施工现场出入口处应采取保证车辆清洁的措施。车辆开出工地要做到不带泥沙，基本做到不洒土、不扬尘，减少对周围环境污染。

⑤施工现场的材料和大模板等存放场地必须平整坚实。对于水泥和其他易飞扬的细颗粒建筑材料的运输、储存要注意遮盖、密封，应密闭存放或采取覆盖等措施；现场砂石等材料砌池堆放整齐并加以覆盖，定期洒水，运输和卸运时防止遗洒。

⑥大城市市区的建设工程已普及预拌混凝土和砂浆；施工现场混凝土、砂浆搅拌场所应采取封闭、降尘措施控制工地粉尘污染。

⑦施工现场垃圾渣土要及时清理出现场。建筑物内施工垃圾的清运，必须采用相应容器或管道运输，严禁凌空抛掷。严禁利用电梯井或在楼层上向下抛洒建筑垃圾。

⑧施工现场应设置密闭式垃圾站，施工垃圾、生活垃圾应分类存放，并应及时洒水降尘和清运出场。

⑨城区、旅游景点、疗养区、重点文物保护地及人口密集区的施工现场应使用清洁能源。如工地茶炉应尽量采用电热水器；若只能使用烧煤茶炉和锅炉时，应选用消烟除尘型茶炉和锅炉；

大灶应选用消烟节能回风炉灶,使烟尘降至允许排放范围为止。

⑩施工现场的机械设备、车辆的尾气排放应符合国家环保排放标准的要求。

⑪施工现场严禁焚烧油毡、橡胶、塑料、皮革、树叶、枯草、各种包装物等各类废弃物以及其他会产生有毒、有害烟尘和恶臭气体的物质。

⑫建筑物外围立面采用密目安全网,降低楼层内风的流速,阻挡灰尘进入施工现场周围的环境。

(2)噪声污染的防治。

噪声是指对人的生活和工作造成不良影响的声音,是影响与危害非常广泛的环境污染问题。噪声可以干扰人的睡眠与工作、影响人的心理状态与情绪,造成人的听力损失,甚至引起许多疾病。此外噪声对人们的对话干扰也是相当大的。

建筑施工噪声是噪声的一种,如打桩机、推土机、混凝土搅拌机等发出的声音都属于施工噪声。建筑施工噪声具有普遍性和突发性。

对于建筑施工噪声污染的防治,应从生产技术和管理法规两方面入手采取有效的措施。

①从生产技术方面控制噪声。

噪声控制技术可从声源控制、传播途径、接收者防护等方面来考虑。

A.声源控制。

从声源上降低噪声,这是防止噪声污染的最根本的措施。施工现场应采用先进施工机械、改进施工工艺、维护施工设备,从声源上降低噪声;现场应按照《建筑施工场界环境噪声排放标准》(GB 12523—2011)制订降噪措施。

B.传播途径的控制。

在传播途径上控制噪声方法主要有以下几种:

吸声:利用吸声材料(大多由多孔材料制成)或由吸声结构形成的共振结构(金属或木质薄板钻孔制成的空腔体)吸收声能,降低噪声。

隔声:应用隔声结构,阻碍噪声向空间传播,将接收者与噪声声源分隔。隔声结构包括隔声室、隔声罩、隔声屏障、隔声墙等。工程施工时的外脚手架采用全封闭密目绿色安全网进行全部封闭,使其外观整洁,并且有效地减少噪音,减少对周围环境及居民的影响;施工现场的强噪声机械(如搅拌机、电锯、电刨、砂轮机等)要设置封闭的机械棚,以减少强噪声的扩散。

消声:利用消声器阻止传播。允许气流通过的消声降噪是防治空气动力性噪声的主要装置。如对空气压缩机、内燃机产生的噪声等。

减振降噪:对来自振动引起的噪声,通过降低机械振动减小噪声。如将阻尼材料涂在振动源上,或改变振动源与其他刚性结构的连接方式等。

C.接收者的防护。

让处于噪声环境下的人员使用耳塞、耳罩等防护用品,减少相关人员在噪声环境中的暴露时间,以减轻噪声对人体的危害。

②从管理与法规方面控制噪声。

A.对强噪声作业控制,调整制定合理的作业时间。

为有效的控制施工单位夜晚连续作业(连续搅拌混凝土、支模板、浇筑混凝土等),应该严格控制作业时间。当施工单位在居民稠密区进行强噪声作业时,晚间作业不超过22时,早晨作业不早于6时,在特殊情况下应该缩短施工作业时间。另外,昼间可以将施工作业时间与居民的休息时间错开,中午避免进行高噪音的施工作业。

根据国家标准《建筑施工场界环境噪声排放标准》(GB 12523—2011)的要求,建筑施工过程中场界环境噪声昼间不得超过 70 dB(A),夜间不得超过 55 dB(A)。施工现场因工艺等特殊条件,确需在夜间超噪声标准施工的,施工单位应尽量采取降低噪声措施,向工地所在地的环保部门申请,经环保部门批准、备案后方可施工,且应做好周边居民工作,公示施工期限,求得群众谅解。

B.加强对施工现场的噪声监测。

为了及时了解施工现场的噪音情况,掌握噪声值,应加强对施工现场环境噪声的长期监测。采用专人监测、专人管理的原则,严格按照《建筑施工场界环境噪声排放标准》(GB 12523—2011)进行测量,根据测量结果填写施工场地噪声记录表,凡超过标准的,要及时对施工现场噪声超标的有关因素进行调整,力争达到施工噪声不扰民的目的。

C.完善法规内容,提高法规的可操作性。

我国的现行法规体系中,虽然规定了建筑施工场界环境噪声排放限值,以及一些防治与治理原则,但实施起来仍然有一定难度。可将经济补偿的内容纳入相关规定中,为处理施工噪声扰民诉讼案件提供经济赔偿依据。这无疑也会促进建筑施工有关各方积极采取噪声污染防治措施。

D.加大环保观念的宣传与教育。

加大在建筑业内外、全社会的环境保护宣传力度,提高作业人员、管理人员、社会居民、执法人员与部门的环境保护意识。全社会共同努力营造城市良性生态环境。

(3)水污染的防治。

水污染物的主要来源有:工业污染源(各种工业废水向自然水体的排放)、生活污染源(食物废渣、食油、粪便、合成洗涤剂、杀虫剂、病原微生物等)、农业污染源(化肥、农药等)。

施工现场废水和固体废物随水流流入水体部分,包括泥浆、水泥、油漆、各种油类,混凝土外加剂、重金属、酸碱盐、非金属无机毒物等,造成施工现场的水污染。施工现场水污染物的防治措施包括:

①施工现场应统一规划排水管线,建立污水、雨水排水系统,设置排水沟及沉淀池,施工污水经沉淀后方可排入市政污水管网或河流。

②禁止将有毒有害废弃物作土方回填,以免污染地下水和环境。

③施工现场搅拌站、混凝土泵的废水,现制水磨石的污水,电石(碳化钙)的污水必须经沉淀池沉淀合格后再排放,最好将沉淀水用于工地洒水降尘或采取措施回收利用;沉淀池要经常清理。

④施工现场的临时食堂,污水排放时可设置简易有效的隔油池,定期清理,防止污染;不得将食物加工废料、食物残渣等废弃物到入下水道。

⑤中心城市施工现场的临时厕所可采用水冲式厕所,并有防蝇、灭蛆措施,化粪池应采取防渗漏措施。防止污染水体和环境。现场厕所所产生的污水经过分解、沉淀后通过施工现场内的管线排入化粪池,与市政排污管网相接。

⑥食堂、盥洗室、淋浴间的下水管线应设置过滤网,并应与市政污水管线连接,保证排水通畅。

⑦现场存放油料和化学溶剂等物品应设有库房,地面进行防渗处理。如采用防渗混凝土地面、铺油毡等措施。使用时,要采取防止油料跑、冒、滴、漏的措施,以免污染水体;废弃的油料和化学溶剂应集中处理,不得随意倾倒。

(4)固体废物污染的防治。

固体废物是生产、建设、日常生活和其他活动中产生的固态、半固态废弃物质。固体废物是一个极其复杂的废物体系,按照其化学组成可分为有机废物和无机废物;按照其对环境和人类健康的危害程度可以分为一般废物和危险废物。

施工工地上常见的固体废物有:建筑渣土,包括砖瓦、碎石、渣土、混凝土碎块、废钢铁、碎玻璃、废屑、废弃装饰材料等;废弃的散装建筑材料,包括散装水泥、石灰等;生活垃圾,包括炊厨废物、丢弃食品、废纸、生活用具、玻璃、陶瓷碎片、废电池、废旧日用品、废塑料制品、煤灰渣、废交通工具等;设备、材料等的废弃包装材料及粪便等。

固体废物处理的基本思想是采取资源化、减量化和无害化的处理,对固体废物产生的全过程进行控制。建筑工地固体废物的主要处理方法有:

①回收利用。回收利用是对固体废物进行资源化、减量化的重要手段之一。对建筑渣土可视其情况加以利用。废钢可按需要用作金属原材料。对废电池等废弃物应分散回收,集中处理。

②减量化处理。减量化是对已经产生的固体废物进行分选、破碎、压实浓缩、脱水等减少其最终处置量,减低处理成本,减少对环境的污染。在减量化处理的过程中,也包括和其他处理技术相关的工艺方法,如焚烧、热解、堆肥等。

③焚烧技术。焚烧用于不适合再利用且不宜直接予以填埋处置的废物,尤其是对于受到病菌、病毒污染的物品,可以用焚烧进行无害化处理。焚烧处理应使用符合环境要求的处理装置,注意避免对大气的二次污染。

④稳定和固化技术。利用水泥、沥青等胶结材料,将松散的废物包裹起来,减小废物的毒性和可迁移性,使得污染减少。

⑤填埋。填埋是固体废物处理的最终技术,经过无害化、减量化处理的废物残渣集中到填埋场进行处置。填埋场应利用天然或人工屏障,尽量使需处置的废物与周围的生态环境隔离,并注意废物的稳定性和长期安全性。

(5)施工照明污染的防治。

随着城市建设的加快,人们的生活环境中出现了新的一种环境污染——光污染。光污染的危害日益严重,已成为危害人类的第五大污染。

光污染是一种新型的环境污染,泛指影响自然环境,对人类正常生活、工作、休息和娱乐带来不利影响、损害人们观察物体的能力,引起人体不适和损害人体健康的各种光。光污染具有极大的危害性,包括危害人体健康、生态破坏、增加交通事故、妨碍天文观测、给人们生活带来麻烦、浪费能源等。必须采取相应的措施积极预防,包括建立相关法律法规、加强建设规划和管理手段。国际上一般把光污染分为三类,即白亮污染、人工白昼、彩光污染。

由于光污染不能通过分解、转化、稀释来消除,因此只能加强预防,以防为主,防治结合。这就需要弄清形成光污染的原因和条件,提出相应的防护措施和方法,并制定必要的法律和法规。

建筑工程施工照明污染也是光污染。减少施工照明污染的措施主要有:

①根据施工现场情况照明强度要求选用合理的灯具,"越亮越好"并不科学,也减少不必要的浪费。

②建筑工程尽量多采用高品质、遮光性能好的荧光灯。其工作频率在20 kHZ以上,使荧光灯的闪烁度大幅度下降,改善视觉环境,有利于人体健康。少采用黑光灯、激光灯、探照灯、空中玫瑰灯等不利光源,这样即满足照明要求又不刺眼。

③施工现场应采取遮蔽措施,限制电焊眩光、夜间施工照明光、具有强反光性建筑材料的反射光等污染光源外泄,使夜间照明只照射施工区域而不影响周围居民休息。

④施工现场大型照明灯应采用俯视角度,不应将直射光线射入空中。利用挡光、遮光板,或

利用减光方法将投光灯产生的溢散光和干扰光降到最低的限度。

⑤加强个人防护措施,对紫外线和红外线等这类看不见的辐射源,必须采取必要的防护措施。如电焊工要佩戴防护眼镜和防护面罩。光污染的防护镜有反射型防护镜、吸收型防护镜、反射-吸收型防护镜、光电型防护镜、变色微晶玻璃型防护镜等,可依据防护对象选择相应的防护镜。

⑥对有红外线和紫外线污染以及应用激光的场所制订相应的卫生标准并采取必要的安全防护措施,注意张贴警告标志,禁止无关人员进入禁区内。

8.2.3 环境卫生与防疫

建筑工程施工现场条件差,人员流动性强,做好环境卫生与防疫工作非常重要。为防止或最大限度地减少疾病事故和传染病的流行,应搞好环境卫生与卫生防疫工作。

1.施工区卫生管理

为创造舒适的工作环境,养成良好的文明施工作风,保证职工身体健康,施工区域和生活区域应有明确划分,把施工区和生活区分成若干片,分片包干,建立责任区,从道路交通、消防器材、材料堆放到垃圾、厕所、厨房、宿舍、火炉、吸烟等都有专人负责,做到责任落实到人(名单上墙),使文明施工、环境卫生工作保持经常化、制度化。

施工区卫生管理措施如下:

(1)施工现场要天天打扫,保持整洁卫生,场地平整,各类物品堆放整齐,道路平坦畅通,无堆放物、散落物,做到无积水、无黑臭、无垃圾,有排水措施。生活垃圾与建筑垃圾要分别定点堆放,严禁混放,并应及时清运。

(2)施工现场严禁大小便,发现有随地大小便现象时要对责任区负责人进行处罚。施工区、生活区有明确划分,设置标志牌,标牌上注明责任人姓名和管理范围。

(3)卫生区的平面图应按比例绘制,并注明责任区编号和负责人姓名。

(4)施工现场的零散材料和垃圾要及时清理,垃圾临时堆放不得超过3天,如违反本条规定要处罚工地负责人。

(5)楼内清理出的垃圾,要用容器或小推车,用塔式起重机或提升设备运下,严禁高空抛撒。

(6)施工现场的厕所,做到有顶、门窗齐全并有纱,坚持天天打扫,每周撒白灰或打药一两次,消灭蝇蛆,便坑须加盖。

(7)为了广大职工身体健康,施工现场必须设置保温桶(冬季)和开水(水杯自备),公用杯子必须采取消毒措施,茶水桶必须有盖并加锁。

(8)施工现场的卫生要定期进行检查,发现问题,限期改正。

2.生活区卫生管理

(1)办公室卫生管理。

①办公室的卫生由办公室全体人员轮流值班,负责打扫,排出值班表。

②值班人员负责打扫卫生、打水,做好来访记录,整理文具。文具应摆放整齐,做到窗明地净,无蝇、无鼠。

③值班人员冬季负责取暖炉的炭火,落地炉灰及时清扫,炉灰按指定地点堆放,定期清理外运,防止发生火灾。

④未经许可禁止使用电炉及其他电加热器具。

(2)宿舍卫生管理。

①职工宿舍要有卫生管理制度,实行室长负责制,规定一周内每天卫生值日名单并张贴上

墙,做到天天有人打扫,保持室内窗明地净、通风良好。

②宿舍内各类物品应堆放整齐,不到处乱放,做到整齐、美观。

③宿舍内保持清洁卫生,清扫出的垃圾在指定的垃圾站堆放,并及时清理。

④生活废水应有污水池,二楼以上也要有水源及水池,做到卫生区内无污水、无污物,废水不得乱倒、乱流。

⑤夏季宿舍应有消暑和防蚊虫叮咬措施。冬季取暖炉的防煤气中毒设施必须齐全、有效,建立验收合格证制度,经验收合格发证后方准使用。

⑥未经许可禁止使用电炉及其他用电加热器具。

3.食堂卫生管理

为加强建筑工地食堂管理,严防肠道传染病的发生,杜绝食物中毒,把住病从口入关,各单位要加强对食堂的治理整顿。

根据《中华人民共和国食品卫生法》规定,依照食堂规模的大小、入伙人数的多少,应当有相应的食品原料处理、加工、贮存等场所及必要的上、下水等卫生设施。要做到防尘、防蝇,与污染源(污水沟、厕所、垃圾箱等)应保持30 m以上的距离。食堂内外每天做到清洗打扫,并保持内外环境的整洁。

(1)食品卫生。

①采购运输。

采购外地食品应向供货单位索取县级以上食品卫生监督机构开具的检验合格证或检验单,必要时可请当地食品卫生监督机构进行复验。

采购食品使用的车辆、容器要清洁卫生,做到生熟分开,防尘、防蝇、防雨、防晒。

不得采购、制售腐败变质、霉变、生虫、有异味或《中华人民共和国食品卫生法》规定禁止生产经营的食品。

②贮存保管。

根据《中华人民共和国食品卫生法》的规定,食品不得接触有毒物、不洁物。建筑工程使用的防冻盐(亚硝酸钠)等有毒有害物质,各施工单位要设专人专库存放,严禁亚硝酸盐和食盐同仓共贮,要建立健全管理制度。

贮存食品要隔墙、离地,注意做到通风、防潮、防虫、防鼠。食堂内必须设置合格的密封熟食间,有条件的单位应设冷藏设备。主副食品、原料、半成品、成品要分开存放。

盛放酱油、盐等副食调料要做到容器物见本色,加盖存放,清洁卫生。

禁止用铝制品、非食用性塑料制品盛放熟菜。

③制售过程。

制作食品的原料要新鲜、卫生,做到不用、不卖腐败变质的食品,各种食品要烧熟煮透,以免食物中毒。

制售过程及刀、墩、案板、盆、碗及其他盛器、筐、水池、抹布和冰箱等工具要严格做到生熟分开,售饭时要用工具销售直接入口食品。

未经卫生监督管理部门批准,工地食堂禁止供应生吃凉拌菜,以防肠道传染疾病。剩饭、剩菜要回锅彻底加热再食用,一旦发现变质,不得食用。

共用食具要洗净消毒,防止交叉污染。有上下水洗手和餐具洗涤设备。

盛放丢弃食物的桶(缸)必须有盖,并及时清运。

（2）炊管人员卫生。

①凡在岗位上的炊管人员，必须持有所在地区卫生防疫部门办理的健康证和岗位培训合格证，并且每年进行一次体检。

②凡患有痢疾、肝炎、伤寒、活动性肺结核、渗出性皮肤病以及其他有碍食品卫生的疾病，不得参加接触直接入口食品的制售及食品洗涤工作。

③民工炊管人员无健康证的不准上岗，否则予以经济处罚，责令关闭食堂，并追究有关领导的责任。

④炊管人员操作时必须穿戴好工作服、帽子，做到"三白"（白衣、白帽、白口罩），并保持清洁、整齐，做到文明操作，不赤背、不光脚，禁止随地吐痰。

⑤炊管人员必须做好个人卫生，要坚持做到"四勤"（勤理发、勤洗澡、勤换衣、勤剪指甲）。

（3）集体食堂发放卫生许可证验收标准。

①新建、改建、扩建的集体食堂，在选址和设计时应符合卫生要求，远离有毒有害场所，30 m内不得有露天坑式厕所、暴露垃圾堆（站）和粪堆畜圈等污染源。

②需有与进餐人数相适应的餐厅、制作间和原料库等辅助用房。餐厅和制作间（含库房）建筑面积比例一般应为1∶1.5。其地面和墙裙的建筑材料，要用具有防鼠、防潮和便于洗刷的水泥等。有条件的食堂，制作间灶台及其周围要镶嵌白瓷砖，炉灶应有通风排烟设备。

③制作间应分为主食间、副食间、烧火间，有条件的可开设生料间、择菜间、炒菜间、冷荤间、面点间。做到生与熟，原料与成品、半成品，食品与杂物、毒物（亚硝酸盐、农药、化肥等）严格分开。冷荤间应具备"五专"（专人、专室、专容器用具、专消毒、专冷藏）。

④主、副食应分开存放。易腐食品应有冷藏设备（冷藏库或冰箱）。

⑤食品加工机械、用具、炊具、容器应有防蝇、防尘设备。用具、容器和食用苫布（棉被）要有生、熟及反、正面标记，防止食品污染。

⑥采购运输要有专用食品容器及专用车。

⑦食堂应有相应的更衣、消毒、盥洗、采光、照明、通风和防蝇、防尘设备，以及通畅的上下水管道。

⑧餐厅设有洗碗池、残渣桶和洗手设备。

⑨公用餐具应有专用洗刷、消毒和存放设备。

⑩食堂炊管人员（包括合同工、临时工）必须按有关规定进行健康检查和卫生知识培训，并取得健康合格证和培训证。

⑪具有健全的卫生管理制度。单位领导要负责食堂管理工作，并将提高食品卫生质量、预防食物中毒，列入岗位责任制的考核评奖条件中。

⑫集体食堂的经常性食品卫生检查工作，各单位要根据《中华人民共和国食品安全法》有关规定和本地颁发的《餐饮业和集体用餐配送单位卫生规范和要求》及《建筑工地食堂基本卫生要求》进行管理检查。

（4）职工饮水卫生规定。

施工现场应供应开水，饮水器具要卫生。夏季要确保施工现场的凉开水或清凉饮料供应，暑伏天可增加绿豆汤，防止中暑脱水现象发生。

4.厕所卫生管理

（1）施工现场要按规定设置厕所。厕所的设置要在食堂30 m以外，屋顶墙壁要严密，门窗齐全有效，便槽内必须铺设瓷砖。

(2)厕所要有专人管理,应有化粪池,严禁将粪便直接排入下水道或河流沟渠中,露天粪池必须加盖。

(3)厕所设专人天天冲洗打扫,做到无积垢、垃圾及明显臭味,并应有洗手水源;市区工地厕所要有水冲设施,保持厕所清洁卫生。

(4)厕所按规定采取冲水或加盖措施,定期打药或撒白灰粉,消灭蝇蛆。

8.3 消防安全管理

消防安全是指控制能引起火灾、爆炸的因素,消除能导致人员伤亡或引起设备、财产破坏和损失的条件,为人们生产、经营、工作、生活活动创造一个不发生或少发生火灾的安全环境。

消防安全管理是指单位管理者和主管部门遵循经营管理活动规律和火灾发生的客观规律,依照有关规定,运用管理方法,通过管理职能合理有效地组合,利用各种资源以保证消防安全所进行的一系列活动。其主要目的是保护单位员工免遭火灾危害,保护财产不受火灾损失,促进单位改善消防安全环境,保障单位经营、建设的顺利发展。

8.3.1 消防安全职责

1.加强消防安全管理的必要性

加强施工现场消防安全管理的必要性主要体现在下列方面:

(1)可燃性临时建筑物多。在建设工程中,因受现场条件限制,仓库、食堂等临时性的易燃建筑物毗邻。

(2)施工现场可燃材料多。除了传统的油毡、木料、油漆等可燃性建材之外,还有许多施工人员不太熟悉的可燃材料,如聚苯乙烯泡沫塑料板、聚氨酯软质海绵、玻璃钢等。

(3)建筑施工手段的现代化、机械化,使施工离不开电源。卷扬机、起重机、搅拌机、对焊机、电焊机、聚光灯塔等大功率电气设备,其电源线的敷设大多是临时性的,电气绝缘层容易磨损,电气负荷容易超载,而且这些电气设备多是露天设置的,易使绝缘老化、漏电或遭受雷击,造成火灾。

(4)施工过程交叉作业多。施工工序相互交叉,火灾隐患不易被发现。

(5)装修过程险情多。在装修阶段或者工程竣工后的维护过程,因场地狭小、操作不便,建筑物的隐蔽部位较多,如果用火、用电、喷涂油漆等,不加小心就会酿成火灾。

(6)施工人员流动性较大。农民工多,安全文化程度不一,故安全意识薄弱。

2.施工现场的消防安全组织

建立消防安全组织,明确各级消防安全管理职责,是确保施工现场消防安全的重要前提。施工现场消防安全组织包括:

(1)消防安全领导小组,负责施工现场的消防安全领导工作。

(2)消防安全保卫组(部),负责施工现场的日常消防安全管理工作。

(3)义务消防队,负责施工现场的日常消防安全检查、消防器材维护和初期火灾扑救工作。

3.消防安全组织人员的职责

(1)消防安全负责人。

项目消防安全负责人是工地防火安全的第一责任人,由项目经理担任,对项目工程生产经营过程中的消防工作负全面领导责任。应履行以下职责:

①贯彻落实消防方针、政策、法规和各项规章制度,结合项目工程特点及施工全过程的情况,制定本项目各消防管理办法或提出要求,并监督实施。

②根据工程特点确定消防工作管理体制和人员,并确定各业务承包人的消防保卫责任和考

核指标,支持、指导消防人员工作。

③组织落实施工组织设计中的消防措施,组织并监督项目施工中消防技术交底和设备、设施验收制度的实施。

④领导、组织施工现场定期的消防检查,发现消防工作中的问题,制定措施,及时解决。对上级提出的消防与管理方面的问题,要定时、定人、定措施予以整改。

⑤发生事故,要做好现场保护与抢救工作,及时上报,组织、配合事故调查,认真落实制定的整改措施,吸取事故教训。

⑥对外包队伍加强消防安全管理,并对其进行评定。

⑦参加消防检查,对施工中存在的不安全因素,从技术方面提出整改意见和方法并予以清除。

⑧参加并配合火灾及重大未遂事故的调查,从技术上分析事故原因,提出防范措施、意见。

(2)消防安全管理人。

施工现场应确定一名主要领导为消防安全管理人,具体负责施工现场的消防安全工作。应履行以下职责:

①制定并落实消防安全责任制和防火安全管理制度,组织编制火灾的应急预案和落实防火、灭火方案以及火灾发生时应急预案的实施。

②拟订项目经理部及义务消防队的消防工作计划。

③配备灭火器材,落实定期维护、保养措施,改善防火条件,开展消防安全检查和火灾隐患整改工作,及时消除火险隐患。

④管理本工地的义务消防队和灭火训练,组织灭火和应急疏散预案的实施和演练。

⑤组织开展员工消防知识、技能的宣传教育和培训,使职工懂得安全动火、用电和其他防火、灭火常识,增强职工消防意识和自防自救能力。

⑥组织火灾自救,保护火灾现场,协助火灾原因调查。

(3)消防安全管理人员。

施工现场应配备专、兼职消防安全管理人员(如消防干部、消防主管等),负责施工现场的日常消防安全管理工作。应履行以下职责:

①认真贯彻消防工作方针,协助消防安全管理人制定防火安全方案和措施,并督促落实。

②定期进行防火安全检查,及时消除各种火险隐患,纠正违反消防法规、规章的行为,并向消防安全管理人报告,提出对违章人员的处理意见。

③指导防火工作,落实防火组织、防火制度和灭火准备,对职工进行防火宣传教育。

④组织参加本业务系统召集的会议,参加施工组织设计的审查工作,按时填报各种报表。

⑤对重大火险隐患及时提出消除措施的建议,填发火险隐患通知书,并报消防监督机关备案。

⑥组织义务消防队的业务学习和训练。

⑦发生火灾事故,立即报警和向上级报告,同时要积极组织扑救,保护火灾现场,配合事故的调查。

(4)工长。

①认真执行上级有关消防安全生产规定,对所管辖班组的消防安全生产负直接领导责任。

②认真执行消防安全技术措施及安全操作规程,针对生产任务的特点,向班组进行书面消防安全技术交底,履行签字手续,并经常检查规程、措施、交底的执行情况,随时纠正现场及作业中

的违章、违规行为。

③经常检查所管辖班组作业环境及各种设备的消防安全状况,发现问题及时纠正、解决。

④定期组织所管辖班组学习消防规章制度,开展消防安全教育活动,接受安全部门或人员的消防安全监督检查,及时解决提出的不安全问题。

⑤对分管工程项目应用的符合审批手续的新材料、新工艺、新技术,要组织作业工人进行消防安全技术培训;若在施工中发现问题,必须立即停止使用,并上报有关部门或领导。

(5)班组长。

①对本班组的消防工作负全面责任。认真贯彻执行各项消防规章制度及安全操作规程,认真落实消防安全技术交底,合理安排班组人员工作。

②熟悉本班组的火险危险性,遵守岗位防火责任制,定期检查班组作业现场消防状况,发现问题及时解决。

③经常组织班组人员学习消防知识,监督班组人员正确使用个人劳动保护用品。对新调入的职工或变更工种的职工,在上岗位之前进行防火安全教育。

④熟悉本班组消防器材的分布位置,加强管理,明确分工,发现问题及时反映,保证初期火灾的扑救。

⑤发生火灾事故,立即报警和向上级报告,组织本班组义务消防人员和职工扑救,保护火灾现场,积极协助有关部门调查火灾原因,查明责任者并提出改进意见。

(6)班组工人。

①认真学习和掌握消防知识,严格遵守各项防火规章制度。

②认真执行消防安全技术交底,不违章作业,服从指挥、管理;随时随地注意消防安全,积极主动地做好消防安全工作。对不利于消防安全的作业要积极提出意见,并有权拒绝违章指挥。

③发扬团结友爱精神,在消防安全生产方面做到相互帮助、互相监督,对新工人要积极传授消防保卫知识,维护一切消防设施和防护用具,做到正确使用,不损坏,不私自拆改、挪用。

④发现有险情立即向领导反映,避免事故发生。发现火灾应立即向有关部门报告火警,不谎报。

⑤发生火灾事故时,有参加、组织灭火工作的义务,并保护好现场,主动协助领导查清起火原因。

8.3.2 消防设施管理

1.施工现场的平面布置

(1)防火间距要求。

施工现场的平面布局应以施工工程为中心,明确划分出用火作业区、禁火作业区(易燃、可燃材料的堆放场地等)、仓库区、现场生活区和办公区等区域。应设立明显的标志,将火灾危险性大的区域布置在施工现场常年主导风向的下风侧或侧风向,各区域之间的防火间距应符合消防技术规范和有关地方法规的要求。

①禁火作业区距离生活区应不小于 15 m,距离其他区域应不小于 25 m。

②易燃、可燃材料的仓库距离修建的建筑物和其他区域应不小于 20 m。

③易燃废品的集中场地距离修建的建筑物和其他区域应不小于 30 m。

④防火间距内,不应堆放易燃、可燃材料。

⑤临时设施最小防火间距,要符合建筑设计防火相关规范和关于工棚临时宿舍和卫生设施的有关规定。

（2）现场道路要求。

①施工现场的道路，夜间要有足够的照明设备。

②施工现场必须建立消防车通道，其宽度应不小于 3.5 m，禁止占用场内通道堆放材料，在工程施工的任何阶段都必须通行无阻。施工现场的消防水源处，还要设有消防车能驶入的道路，如果不可能修建通道时，应在水源（池）一边铺砌停车和回车空地。

③临时性建筑物、仓库以及正在修建的建（构）筑物的道路旁，都应该配置适当种类和一定数量的灭火器，并布置在明显和便于取用的地点。

（3）临时设施要求。

临时宿舍、作业工棚等临时生活设施的规划和搭建，必须符合下列要求：

①临时生活设施应尽可能搭建在距离正在修建的建筑物 20 m 以外的地区。

②临时宿舍与厨房、锅炉房、变电所和汽车库之间的防火距离不应小于 15 m。

③临时宿舍等生活设施，距离铁路的中心线以及小量易燃品贮藏室的间距不应小于 30 m。

④临时宿舍距离火灾危险性大的生产场所不得小于 30 m。

⑤临时生活设施禁止搭设在高压架空电线的下面，距离高压架空电线的水平距离不应小于 6 m。

⑥为贮存大量的易燃物品、油料、炸药等所修建的临时仓库，与永久工程或临时宿舍之间的防火间距应根据所贮存的数量，按照有关规定来确定。

⑦在独立的场地上修建成批的临时宿舍时，应当分组布置，每组最多不超过两幢，组与组之间的防火距离，在城市市区不小于 20 m，在农村不小于 10 m。作为临时宿舍的简易楼房的层高应当控制在两层以内，且每层应当设置两个安全通道。

⑧生产工棚包括仓库，无论有无用火作业或取暖设备，室内最低高度一般不应小于 2.8 m，其门的宽度要大于 1.2 m，并且要双扇向外。

（4）消防用水要求。

①施工现场要设有足够的消防水源（给水管道或蓄水池），对有消防给水管道设计的工程，应在施工时先敷设好室外消防给水管道。

②现场应设消防水管网，配备消火栓。进水干管直径不小于 100 mm。较大工程要分区设置消火栓；施工现场消火栓处，日夜要设明显标志，配备足够水带，周围 3 m 内不准存放任何物品。

2. 消防设施与器材的布置

根据灭火的需要，建筑施工现场必须配置相应种类、数量的消防器材、设备、设施，如消防水池（缸）、消防梯、沙箱（池）、消火栓、消防桶、消防锹、消防钩（安全钩）及灭火器等。

（1）消防设施与器材的配备。

①一般临时设施区域内，每 100 m² 配备 2 个 10 L 灭火器。

②大型临时设施总面积超过 1200 m²，应备有专供消防用的积水桶（池）、黄沙池等器材、设施，上述设施周围不得堆放物品，并留有消防车道。

③临时木工间、油漆间，木、机具间等每 25 m² 配备一只种类合适的灭火器，油库、危险品仓库应配备足够数量、种类合适的灭火器。

④仓库或堆料场内，应根据灭火对象的特征，分组布置酸碱、泡沫、清水、二氧化碳等灭火器，每组灭火器不应少于 4 个，每组灭火器之间的距离不应大于 30 m。

⑤高度 24 m 以上高层建筑施工现场，应设置具有足够扬程的高压水泵或其他防火设备和设施。

⑥施工现场的临时消火栓应分设于明显且便于使用的地点,并保证消火栓的充实水柱能达到工程的任何部位。

⑦室外消火栓应沿消防车道或堆料场内交通道路的边缘设置,消火栓之间的距离不应大于50 m。

⑧采用低压给水系统,管道内的压力在消防用水量达到最大时不低于0.1 MPa;采用高压给水系统,管道内的压力应保证两支水枪同时布置在堆场内最远和最高处的要求,水枪充实水柱不小于13 m,每支水枪的流量不应小于5 L/s。

(2)消防设施与器材的日常管理。

①各种消防梯经常保持完整、完好。

②水枪要经常检查,保持开关灵活,水流畅通,附件齐全、无锈蚀。

③水带冲水防骤然折弯,不被油脂污染,用后清洗晒干,收藏时单层卷起,竖直放在架上。

④各种管接头和阀盖应接装灵便,松紧适度,无渗漏,不得与酸碱等化学品混放,使用时不得撞压。

⑤消火栓按室内外(地上、地下)的不同要求定期进行检查和及时加注润滑液,消火栓上应经常清理。

⑥工地设有火灾探测和自动报警灭火系统时,应设专人管理,保持处于完好状态。

⑦消防水池与建筑物之间的距离一般不得小于10 m,在水池的周围留有消防车道。

⑧在冬季或寒冷地区,应对消防水池、消火栓和灭火器等做好防冻工作。

3.焊接机具与燃器具的安全管理

施工现场的焊接机具和燃器具,特别是用于电焊气焊和气割的设备,以及喷灯,是最易引发火灾的设备,必须加强防火安全管理。

(1)电焊设备。

①每台电焊机均需设专用断路开关,并有与电焊机相匹配的过流保护装置,装在防火防雨的闸箱内。现场使用的电焊机,应设有防雨、防潮、防晒的机棚,并装设相应消防器材。

②每台电焊机应设独立的接地、接零线,其接点用螺丝压紧。电焊机的接线柱、接线孔等应装在绝缘板上,并有防护罩保护。

③超过3台以上的电焊机要固定地点集中管理,统一编号。室内焊接时,电焊机的位置、线路敷设和操作地点的选择应符合防火安全要求,作业前必须进行检查。

④电焊钳应具有良好的绝缘和隔热能力。电焊钳握柄必须绝缘良好,握柄与导线连接牢靠,接触良好。

⑤电焊机导线应具有良好的绝缘,使用防水型的橡胶皮护套多股铜芯软电缆。不得将电焊机导线放在高温物体附近,不得搭在氧气瓶、乙炔瓶、乙炔发生器、煤气、液化气等易燃、易爆设备和带有热源的物品上;长度不宜大于30 m,当需要加长时,应相应增加导线的截面。

⑥当长期停用的电焊恢复使用时,其绝缘电阻不得小于0.5 MΩ,接线部分不得有腐蚀和受潮现象。

(2)气焊、割设备。

①氧气瓶与乙炔瓶是气焊和气割工艺的主要设备,属于易燃、易爆的压力容器。乙炔瓶必须配备专用的乙炔减压器和回火防止器,氧气瓶要安装高、低气压表,不得接近热源,瓶阀及其附件不得沾油脂。

②乙炔瓶、氧气瓶与气焊操作地点(含一切明火)的距离不应小于10 m,焊、割作业时,两者

的距离不应小于 5 m,存放时的距离不小于 2 m。

③氧气瓶、乙炔瓶应立放固定,严禁倒放,夏季不得在日光下暴晒,不得放置在高压线下面,禁止在氧气瓶、乙炔瓶的垂直上方进行焊接。

④气焊工在操作前,必须对其设备进行检查,禁止使用保险装置失灵或导管有缺陷的设备。检查漏气时,要用肥皂水,禁止用明火试漏。

⑤冬季施工完毕后,要及时将乙炔瓶和氧气瓶送回存放处,并采取一定的防冻措施,以免冻结。如果冻结,严禁敲击和用明火烘烤,应用热水或蒸汽加热解冻。

⑥瓶内气体不得用尽,必须留有 0.1~0.2 MPa 的余压。

⑦储运时,瓶阀应戴安全帽,瓶体要有防震圈,应轻装轻卸,搬运时严禁滚动、撞击。

(3)喷灯。

①喷灯加油要选择好安全地点,并认真检查喷灯是否有漏油或渗油的地方,发现漏油或渗油,应禁止使用。

②喷灯在使用过程中需要添油时,应首先把灯的火焰熄灭,然后慢慢地旋松加油防火盖放气,待放尽气和灯体冷却以后再添油。严禁带火加油。

③喷灯连续使用时间不宜过长,发现灯体发烫时,应停止使用,进行冷却,防止气体膨胀,发生爆炸引起火灾。

④喷灯使用一段时间后应进行检查和保养。煤油和汽油喷灯,应有明显的标志,煤油喷灯严禁使用汽油燃料。

⑤使用后的喷灯,应冷却后将余气放掉才能存放在安全地点,不应与废棉纱、手套、绳子等可燃物混放在一起。

8.3.3 施工防火与灭火

消防工作坚持"以防为主,防消结合"的方针。"以防为主"就是要把预防火灾的工作放在首要的地位,如开展防火安全教育,提高人民群众对火灾的警惕性,健全防火组织,严密防火制度,进行防火检查,消除火灾隐患,贯彻建筑防火措施等;"防消结合"就是在积极做好预防工作的同时,在组织上、思想上、物质上和技术上做好灭火的准备。一旦发生火灾,就能迅速地赶赴现场,及时有效地将火灾扑灭。"防"和"消"是相辅相成的两个方面,缺一不可,这两方面的工作都要积极做好。

1.施工现场防火的一般要求

(1)各单位在编制施工组织设计时,施工总平面图、施工方法和施工技术均要符合消防安全要求。

(2)施工现场应明确划分用火作业、易燃可燃材料堆场、仓库、易燃废品集中站和生活区等区域。

(3)施工现场夜间应有照明设备;保持消防车通道畅通无阻,并要安排力量加强值班巡逻。

(4)施工作业期间需搭设临时性建筑物,必须经施工企业技术负责人批准,施工结束应及时拆除,但不得在高压架空下面搭设临时性建筑物或堆放可燃物品。

(5)施工现场应配备足够的消防器材,指定专人维护、管理、定期更新,保证完整好用。

(6)在土建施工时,应先将消防器材和设施配备好,有条件的,应敷设好室外消防水管和消防栓。

(7)施工现场的动火作业,必须执行审批制度。操作前必须办理用火申请手续,经本单位领导同意和消防保卫或安全技术部门检查批准,领取用火许可证后方可进行操作。

2.特殊工种防火要求

在建筑工程施工现场,多工种配合和立体交叉混合作业时,各工种都应当注意防火安全。

（1）焊割作业。

电气焊是利用电能或化学能转变为热能从而对金属进行加热的熔接方法。焊接或切割的基本特点是高温、高压、易燃、易爆。

①电气焊作业前，应进行消防安全技术交底，要明确作业任务，认真了解作业环境，确定动火的危险区域，并设置明显标志。

②危险区内的一切易燃、易爆物品必须移走，对不能移走的可燃物，要采取可靠有效的防护措施。

③严禁在有可燃蒸气、气体、粉尘或禁止明火的危险性场所焊割。必须进行焊割作业时，应在工艺安排和施工方法上采取严格的防火措施。焊割作业不准与油漆、喷漆、脱漆、木工等易燃操作同时间、同部位上下交叉作业。

④焊割现场必须配备灭火器材，危险性较大的应有专人现场监护。

⑤遇有五级以上大风时，禁止在高空和露天作业。

⑥焊割作业点与氧气瓶、电石桶和乙炔发生器等危险物品的距离不得少于 10 m，与易燃易爆物品的距离不得少于 30 m；如达不到上述要求的，应执行动火审批制度，并采取有效的安全隔离措施。

⑦乙炔发生器和氧气瓶之间的存放距离不得小于 2 m；使用时，二者的距离不得小于 5 m。

⑧焊割作业严格执行"十不烧"规定：焊工必须持证上岗，无证者不准进行焊割作业；未经办理动火审批手续，不准进行一、二、三级动火范围的焊割作业；不了解焊、割现场周围的情况，不准焊割；不了解焊件内部是否有易燃、易爆物品时，不准焊割；装过可燃气体、易燃液体和有毒物质的容器，若未经彻底清洗或未排除危险之前，不准焊割；采用可燃材料作为保温层、冷却层和隔声、隔热设备的部位，或火星能飞溅到的地方，在未采取切实可靠的安全措施之前，不准焊割；有压力或密闭的管道、容器，不准焊割；附近有易燃、易爆物品，在未做清理或未采取有效的安全防护措施前，不准焊割；附近有与明火作业相抵触的工种在作业时，不准焊割；与外单位相连的部位，在没有弄清有无险情或明知存在危险而未采取有效的措施之前，不准焊割。

（2）木工作业。

①建筑工地的木工作业场所、木工间严禁动用明火，禁止吸烟。工作场地和个人工具箱内严禁存放油料和易燃、易爆物品。

②在操作各种木工机械前，应仔细检查电气设备是否完好。要经常对工作间内的电气设备及线路进行检查，若发现短路、电气打火和线路绝缘老化、破损等情况要及时找电工维修。

③使用电锯、电刨子等木工设备作业时，应注意不要使刨花、锯末等将电机盖上。熬水胶使用的炉子，应设在单独房间里，用后要立即熄灭。

④木工作业要严格执行建筑安全操作规程，完工后必须做到现场清理干净，剩下的木料堆放整齐，锯末、刨花要堆放在指定的安全地点，并且不能在现场存放时间过长，防止其自燃起火。

⑤在工作完毕和下班时，须切断电源，关闭门窗，检查确无火险后方可离去。油棉丝、油抹布等不得随地乱扔，应放在铁桶内，定期处理。

（3）电工作业。

①电工应经过专门培训，掌握安装与维修的安全技术，并经过考试合格后，方准独立操作。新设、增设的电气设备，必须由主管部门或人员检查合格后，方可通电使用。

②不可用纸、布或其他可燃材料做无骨架的灯罩，灯泡距可燃物应保持一定距离。放置及使用易燃液、气体的场所，应采用防爆型电气设备及照明灯具。

③变(配)电室应保持清洁、干燥。变电室要有良好的通风。配电室内禁止吸烟、生火及保存与配电无关的物品(如食物等)。

④当电线穿过墙壁或与其他物体接触时,应当在电线上套有磁管等非燃材料加以隔绝。

⑤电气设备和线路应经常检查,发现可能引起火花、短路、发热和绝缘损坏等情况时,必须立即修理。电气设备应安装在干燥处,各种电气设备应有妥善的防雨、防潮设施。

⑥各种机械设备的电闸箱内,必须保持清洁,不得存放其他物品,电闸箱应配锁。

(4)油漆作业。

①油漆的作业场地和临时存放油漆材料的库房,严禁动用明火。

②室内作业时,一定要有良好的通风条件,照明电气设备必须使用防爆灯头,周围的动火作业要距离 10 m 以外。

③调油漆或加稀释料应在单独的房间进行,室内应通风;在室内和地下室油漆时,通风应良好,任何人不得在操作时吸烟,防止气体燃烧伤人。

④随领随用油漆溶剂,禁止乱倒剩余漆料溶剂,剩料要及时加盖,注意储存安全,不准到处乱放。

⑤工作时应穿不易产生静电的服装、鞋,所用工具以不打火花为宜。

⑥喷漆设备必须接地良好;禁止乱拉乱接电线和电气设备,下班时要拉闸断电。

(5)防水作业。

①熬制沥青的地点不得设在电线的垂直下方,一般应距建筑物 25 m;锅与烟囱的距离应大于 80 cm,锅与锅之间的距离应大于 2 m;火口与锅边应有 70 cm 的隔离设施。临时堆放沥青、燃料的地方,离锅不小于 5 m。

②熬油必须由有经验的工人看守,要随时测量、控制油温,熬油量不得超过锅容量的 3/4,下料应慢慢溜放,严禁大块投放。下班时,要熄火,关闭炉门,盖好锅盖。

③配制冷底子油时,禁止用铁棒搅拌,以防碰出火星;下料应分批、少量、缓慢,不停搅拌,加料量不得超过锅容量的 1/2,温度不得超过 80 ℃;凡是配置、储存、涂刷冷底子油的地点,都要严禁烟火,绝对不允许在附近进行电焊、气焊或其他动火作业,要设专人监护。

④使用冷沥青进行防水作业时,应保持良好通风,人防工程及地下室必须采取强制通风,禁止吸烟和明火作业,应采用防爆的电气设备。冷防水施工作业量不宜过大,应分散操作。

⑤防水卷材采用热熔黏结,使用明火(如喷灯)操作时,应申请办理用火证,并设专人看火;应配有灭火器材,周围 30 m 以内不准有易燃物。

(6)防腐蚀作业。

凡有酸、碱长期腐蚀的工业建筑与其他建筑,都必须进行防腐处理,如工业电镀厂房、化工厂房等。目前,采用的防腐蚀材料,多为易燃、易爆的高分子材料,如环氧树脂、酚醛树脂、硫黄类、沥青类、煤焦油等材料,固化剂多为乙二胺、丙酮、酒精等。

①硫黄类材料防火。熬制硫黄时,要严格控制温度,当发现冒蓝烟时要立即撤火降温,如果局部燃烧要采用石英粉灭火。硫黄的贮存、运输和施工过程中,严禁与木炭、硝石相混,且要远离明火。

②树脂类材料防火。树脂类防腐蚀材料施工时要避开高温,不要长时间置于太阳下暴晒。作业场地和储存库都要远离明火,储存库要阴凉通风。

③固化剂防火。固化剂乙二胺,遇火种、高温和氧化剂时都有燃烧的危险,与醋酸、二硫化碳、氯磺酸、盐酸、硝酸、硫酸、过氧酸银等发生反应时非常剧烈。它是一种挥发性很强的化学物

质,明露时通常冒黄烟,在空气中挥发到一定浓度时,遇明火还有爆炸的危险。因此,应贮存在阴凉通风的仓库内,并远离火种、热源;应与酸类、氧化剂隔离存放;搬运时要轻装轻卸,防止破损;一旦发生火灾,要用泡沫、二氧化碳、干粉、砂土和雾状水扑灭。乙二胺、丙酮、酒精能溶于或稀释多种化学品,并易挥发产生大量易燃气体。施工时,要随取随用,不要放置时间过长;贮存、运输时要密封好;操作工人作业时严禁烟火,注意通风。

(7)脚手架作业。

①施工现场不准使用可燃材料搭棚,必须使用时需经消防保卫部门和有关部门协商同意,选择适当地点搭设。

②在电气焊及其他用火作业场所支搭架子及配件时,必须用铁丝绑扎,禁止使用麻绳。

③支搭满堂红架子时,应留出检查通道。

④搭完架子或拆除架子时,应将可燃材料清理干净,排木、铁管、铁丝及管卡等及时清理,码放齐整,不得影响道路畅通。

⑤禁止在锅炉房、茶炉房、食堂烧火间等用火部位使用可燃材料支搭临时设施。

3. 高层建筑与地下工程防火

(1)高层建筑施工防火。

①建立防火管理责任制。把防火工作列入高层建筑施工生产的全过程,在计划、布置、检查、总结评比施工生产的同时,要计划、布置、检查、总结评比防火工作。从上到下建立多层次的防火管理网络,配置专职防火人员,成立义务消防队,每个班组都要有一个义务消防员。

②严格控制火源,并对动火过程进行严格监控。每项工程都要划分动火级别,一般高层建筑施工动火划为二、三级,按照动火级别进行动火申请和审批。在复杂、危险性较大的场所进行焊割时,要编制专项的安全技术措施,并严格按预定方案操作。

③按规定配置防火器材。各种防火器材的布置要合理,并保证性能良好、安全有效。施工现场消火栓处日夜设明显标志,配备足够水带,20层及以上的高层建筑应设置专用的高压水泵,每个楼层应安装防火栓和消防水龙带,大楼底层设蓄水池(不小于 20 m³)。当因层次高而水压不足时,在楼层中间应设接力泵,并且每个楼层按面积每 100 m² 设两个灭火器,同时备有通讯报警装置,便于及时报告险情。

④已建成的建筑物楼梯不得封堵。施工脚手架内的作业层应畅通,并搭设不少于两处与主体建筑相衔接的通道口。建筑施工脚手架外挂的密目式安全网必须符合阻燃标准要求,严禁使用不阻燃的安全网。

⑤高层焊接作业要根据作业高度、风力、风力传递的次数,确定火灾危险区域,并将区域内的易燃、易爆物品转移到安全地方,无法移动的要采取切实的防护措施。高层焊接作业应当办理动火证,动火处应当配备灭火器,并设专人监护,若发现险情,应立即停止作业,并采取措施及时扑灭火源。

⑥高层建筑施工临时用电线路应使用绝缘良好的橡胶电缆,严禁将线路绑在脚手架上。施工用电机具和照明灯具的电气连接处应当绝缘良好,保证用电安全。

(2)地下工程防火。

①施工现场的临时电源线不宜直接敷设在墙壁或土墙上,应用绝缘材料架空设置;配电箱应采取防护措施,潮湿地段或渗水部位照明灯具应采取相应措施或安装防潮灯具。

②施工现场应有不少于两个出入口或坡道,施工距离长时,应适当增加出入口的数量;施工区面积不超过 50 m²,且施工人员不超过 20 人时,可只设一个直通地上的安全出口。

③安全出入口、疏散走道和楼梯的宽度应按其通行人数每 100 人不小于 1 m 的净宽计算；每个出入口的疏散人数不宜超过 250 人，安全出入口、疏散走道和楼梯的最小净宽度不应小于 1 m。

④疏散走道、楼梯及坡道内，不宜设置突出物或堆放施工材料和机具，应保证通道畅通，并设置疏散指示标志灯、火灾事故照明灯。

⑤施工区域应设置消防给水管道和消火栓，消防给水管道可以与施工用水管道合用。

⑥地下建筑室内不得贮存易燃物品或作为木工加工作业区，不得在室内熬制或配置用于防腐、防水、装饰的危险化学品溶液。进行地下建筑装饰时，不得同时进行水暖、电气安装的焊割作业。

⑦地下建筑室内施工，施工人员应当严格遵守安全操作规程，易引发火灾的特殊作业应设监护人，并配置必备的气体检测仪和消防器材，必要时应当采取强制通风措施。

4.施工现场灭火

(1)灭火现场的组织工作。

①发现起火时，首先判明起火的部位和燃烧的物质，组织迅速扑救。如火势较大，应立即用电话等快速方法向消防队报警。报警时应详细说明起火的确切地点、部位和燃烧的物质。目前各城市通常采用的火警电话号码为"119"。

②在消防队没有到达前，现场人员应根据不同的起火物质，采用正确有效的灭火方法，如切开电源，撤离周围的易燃易爆物质，根据现场情况，正确选择灭火用具。

③灭火现场必须指定专人统一指挥，并保持高度的组织性、纪律性，行动必须统一、协调、一致，防止现场混乱。

④灭火时应注意防止发生触电、中毒、窒息、倒塌、坠落伤人等事故。

⑤为了便于查明起火原因，认真吸取教训，在灭火过程中要尽可能地注意观察起火的部位、物质、蔓延方向等特点。在灭火后，要特别注意保护好现场的痕迹和遗留的物品，以利查找失火原因。

(2)主要的灭火方法。

起火应具备的三个必要条件：①存在能燃烧的物质(可燃物)。不论固体、液体、气体，凡能与空气中的氧或其他氧化剂起剧烈反应的物质，一般称为可燃物质，如木材、汽油、酒精等。②要有助燃物。凡能帮助和支持燃烧的物质叫助燃物，如空气、氧气等。③达到能使可燃物燃烧的着火源。如明火焰、火星、电火花等。只有这三个条件同时具备并相互作用才能起火。针对上述起火的必要条件，主要的灭火方法有：

①窒息灭火法。

可燃物的燃烧必须在其最低氧气浓度以上进行，否则燃烧不能持续进行。窒息灭火法就是阻止助燃物(通常是空气)流入燃烧区，或用不燃物质(如不燃气体)冲淡空气，降低燃烧物周围的氧气浓度，使燃烧物质断绝氧气的助燃作用而使火熄灭。

②冷却灭火法。

对一般可燃物来说，能够持续燃烧的条件之一就是它们在火焰或热的作用下达到了各自的着火温度。冷却灭火法是扑救火灾常用的方法，即将灭火剂直接喷洒在燃烧物体上，使可燃物质的温度降低到燃点以下，从而终止燃烧。

③隔离灭火法。

隔离灭火法是将燃烧物体和附近的可燃物质与火源隔离或疏散开，使燃烧失去可燃物质而停止。这种方法适用于扑救各种固体、液体或气体火灾。隔离灭火法的具体措施有：将燃烧区附近的可燃、易燃、易爆和助燃物质转移到安全地点；关闭阀门，阻止气体、液体流入燃烧区；设法阻拦流散的易燃、可燃气体或扩散的可燃气体；拆除与燃烧区相毗邻的可燃建筑物，形成防止火势蔓延的间距等。

④抑制灭火法。

抑制灭火法与前三种灭火方法不同,它使灭火剂参与燃烧反应过程,并使燃烧过程中产生的游离基消失,而形成稳定分子或低活性的游离基,这样燃烧反应就将停止。目前,抑制法灭火常用的灭火剂有1211、1202、1301灭火剂。

上述四种灭火方法所采用的具体灭火措施是多种多样的。在实际灭火中,应根据可燃物质的性质、燃烧特点、火场具体条件以及消防技术装备性能等,选择不同的灭火方法。

(3)电气、焊接设备火灾的扑灭。

①电气火灾的扑灭。

扑灭电气火灾时,首先应切断电源,及时用适合的灭火器材灭火。充油的电气设备灭火时,应采用干燥的黄沙覆盖住火焰,使火熄灭。

扑灭电气火灾时,应使用绝缘性能良好的灭火剂,如干粉灭火器、二氧化碳灭火器、1211灭火器等,严禁采用直接导电的灭火剂进行喷射,如使用喷射水流、泡沫灭火器等。

②焊接设备火灾的扑灭。

电石桶、电石库房着火时,只能用干砂、干粉灭火器和二氧化碳灭火器进行扑灭,不能用水或含有水分的灭火器(如泡沫灭火器)来灭火,也不能用四氯化碳灭火器来灭火。

乙炔发生器着火时,首先要关闭出气管阀门,停止供气,使电石与水脱离接触,再用二氧化碳灭火器或干粉灭火器扑灭,不能用水、泡沫灭火器和四氯化碳灭火器来灭火。

电焊机着火时,首先要切断电源,然后再扑灭。在未切断电源前,不能用水或泡沫灭火器来灭火,只能用干粉灭火器、二氧化碳灭火器、四氯化碳灭火器或1211灭火器进行扑灭,因为用水或泡沫灭火器扑灭时容易触电伤人。

习　题

1. 简述文明施工的基本要求。

2. 简述施工现场场容管理的原则和方法。

3. 简述施工现场料具存放的要求。

4. 治安保卫工作有哪些内容?

5. 治安保卫员岗位责任制一般有哪些内容?

6. 施工现场门卫值班人员一般要具备哪些条件?

7. 简述环境管理的特点。

8. 简述建筑施工现场防治大气污染的措施。

9. 简述建筑施工现场防治噪声污染的措施。

10. 如何做好建筑施工现场环境卫生与防疫工作?

11. 工长的消防安全职责是什么?

12. 违反有关的消防安全法律,需承担什么责任?

13. 施工现场平面布置的消防安全要求有哪些?

14. 如何对焊接机具进行消防安全管理?

15. 施工现场有哪些特殊工种需要特别注意防火安全?

16. 防火检查的内容有哪些?

17. 施工现场的灭火方法主要有哪些?

参考文献

［1］陶继水,苟文权.建筑工程质量控制与安全管理［M］.2版.郑州:黄河水利出版社,2019.

［2］林滨滨,郑嫣.建设工程质量控制与安全管理［M］.北京:清华大学出版社,2019.

［3］王胜.建筑工程质量与安全管理［M］.武汉:华中科技大学出版社,2019.

［4］白锋.建筑工程质量检验与安全管理［M］.北京:机械工业出版社,2017.

［5］钟汉华,李玉洁,蔡明俐.建筑工程质量与安全管理［M］.2版.南京:南京大学出版社,2016.

［6］郑伟,许博.建筑工程质量与安全管理［M］.2版.北京:北京大学出版社,2016.

［7］廖品槐.建筑工程质量与安全管理［M］.北京:中国建筑工业出版社,2008.

［8］吴松勤,高新京.工程实体质量控制实施细则与质量管理资料:钢结构工程、装配式混凝土工程［M］.北京:中国建筑工业出版社,2019.

［9］李云锋,建筑工程质量与安全管理［M］.2版.北京:化学工业出版社,2020.

［10］住房和城乡建设部工程质量安全监管司,住建部科技委工程质量安全专业委员会.房屋市政工程施工安全较大及以上事故分析(2018年)［M］.北京:中国建筑工业出版社,2019.

［11］张彦鸽.建筑工程质量与安全管理［M］.郑州:郑州大学出版社,2019.

［12］住房和城乡建设部工程质量安全监管司.建筑施工安全事故案例分析［M］.北京:中国建筑工业出版社,2019.

［13］吴松勤,高新京.工程质量安全管理与控制细则［M］.北京:中国建筑工业出版社,2019.

［14］徐勇戈.建筑工程质量与安全生产管理［M］.北京:机械工业出版社,2019.